"十二五"职业教育国家规划教材
经全国职业教育教材审定委员会审定

中文版Photoshop设计与制作项目教程（第二版）

ZHONGWENBAN PHOTOSHOP
SHEJI YU ZHIZUO XIANGMU JIAOCHENG

主　编/张小志　高　欢
副主编/辛景波　李国娟
编　委/王党利　杨　平　游凯何

U0386077

中国人民大学出版社
·北京·

图书在版编目（CIP）数据

中文版 Photoshop 设计与制作项目教程/张小志，高欢主编．—2 版．—北京：中国人民大学出版社，2015.1

ISBN 978-7-300-20400-0

Ⅰ.①中… Ⅱ.①张…②高… Ⅲ.①图像处理软件，Photoshop-高等职业教育-教材 Ⅳ.①TP391.41

中国版本图书馆 CIP 数据核字（2014）第 292707 号

"十二五"职业教育国家规划教材

经全国职业教育教材审定委员会审定

中文版 Photoshop 设计与制作项目教程（第二版）

主　编　张小志　高　欢

Zhongwenban Photoshop Sheji yu Zhizuo Xiangmu Jiaocheng

出版发行	中国人民大学出版社		
社　　址	北京中关村大街 31 号	**邮政编码**	100080
电　　话	010－62511242（总编室）		010－62511770（质管部）
	010－82501766（邮购部）		010－62514148（门市部）
	010－62515195（发行公司）		010－62515275（盗版举报）
网　　址	http://www.crup.com.cn		
	http://www.ttrnet.com(人大教研网)		
经　　销	新华书店		
印　　刷	北京玺诚印务有限公司	**版　　次**	2010 年 11 月第 1 版
规　　格	185 mm×260 mm　16 开本		2015 年 2 月第 2 版
印　　张	19.75	**印　　次**	2020 年 2 月第 5 次印刷
字　　数	496 000	**定　　价**	48.00 元

版权所有　侵权必究　印装差错　负责调换

前　言

Photoshop是Adobe公司推出的一款图形图像设计和编辑软件，它功能强大、使用方便，广泛应用于广告设计、摄影、印刷、多媒体制作、影视编辑、网站设计等不同的领域，在图像处理领域处于领先地位。

本书以Photoshop CS6的应用为主线，根据其不同应用的特点，将其划分成8个学习项目，包括基本应用、色彩引用、图像合成应用、网页设计应用、特效应用、抠图应用、自动处理应用、综合设计应用。全书完全通过任务来组织学习，本书结合作者的实际教学经验，在任务的选取方面，注重任务的针对性和实用性；在文字描述方面，力求精练、简明。

全书共分为8个项目，共42个任务，其中：

项目1包括9个任务，主要完成简单的图像处理任务，通过本部分的学习可以熟练掌握Photoshop基本工具的运用、熟悉各种基本操作等。

项目2包括10个任务，主要完成图片色彩调整任务，通过本部分的学习可以掌握Photoshop中主要色彩调整工具的运用等。

项目3包括4个任务，主要完成运用多个素材图片实现图像合成的任务，通过本部分的学习可以掌握图层的基本操作以及图层样式、图层混合模式、图层蒙版的运用等。

项目4包括3个任务，主要完成网页标志、导航、模板的设计，通过本部分的学习可以掌握网页素材设计的一般方法与过程。

项目5包括6个任务，主要完成图像特效的设计，通过本部分的学习可以掌握常见滤镜的功能、使用方法及产生的效果。

项目6包括6个任务，主要完成从现有的图像文件中抽取指定区域的任务，通过本部分的学习可以理解通道的原理和作用，掌握综合运用基本工具、通道、蒙版、快速蒙版、图层混合模式、色彩调整工具抠图的技巧等。

项目7包括2个任务，主要完成图像设计和图片编辑过程中自动处理的任务，通过本部分的学习可以掌握动作、批处理的创建与运用等。

项目 8 包括 2 个任务，主要完成复杂图像的设计任务，通过本部分的学习可以掌握如何灵活运用前面的基本知识设计出复杂的效果，为以后从事专业设计工作打下基础。

本书的参考学时为 72 学时，其中实训环节为 36 学时。各部分的参考学时可参见下面的学时分配表。

部　分	课程内容	学时分配	
		讲　授	实　训
项目 1	基本应用	10	10
项目 2	色彩应用	4	4
项目 3	图像合成应用	6	6
项目 4	网页设计应用	4	4
项目 5	特效应用	4	4
项目 6	抠图应用	2	2
项目 7	自动处理应用	2	2
项目 8	综合设计应用	4	4
课时合计		36	36

本书具有如下特点：

（1）编写本书的老师均来自教学或专业设计一线，具有丰富的教学经验和设计经验。

（2）本书侧重于应用和实践，每一部分由若干个典型任务组成，以任务为引导，组织知识点的讲解，每个任务中先提出要设计的效果，再介绍设计所需用到的相关知识，然后讲解本任务的设计步骤，最后给出练习题，以对所学的知识和技能加以巩固和提高。

（3）内容新颖、适用面广、突出应用，既可以作为高职高专院校学生的教材，也可以作为平面设计人员或图像编辑爱好者自学使用的参考书。

本书配套资源提供了全书案例所用到的素材文件及效果图，在教学时可采用 Photoshop CS4、CS5、CS6 等不同版本。

本书由邢台职业技术学院张小志和高欢主编，其中张小志编写项目 8 及负责全书的统稿，项目 1 由李国娟和游凯何负责编写，项目 2、项目 5 由高欢负责编写，项目 3、项目 4 由辛景波负责编写，项目 6 由王党利负责编写，项目 7 由杨平负责编写。同时，在编写过程中，李相臣、吴丽丽老师提出了很多中肯的意见，在此表示衷心的感谢。

由于编者水平有限，书中不妥之处在所难免，希望读者批评指正。

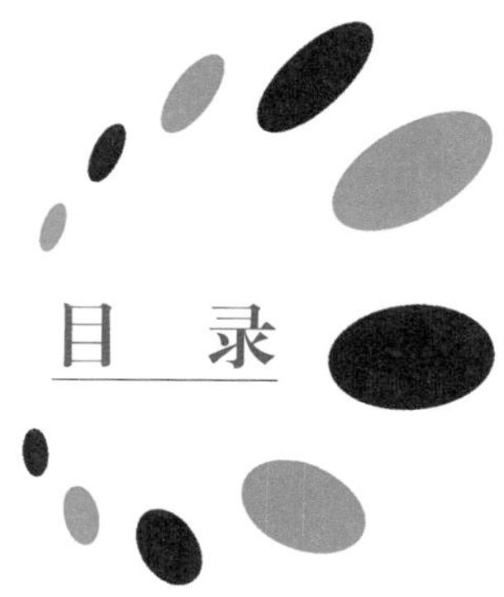

目录

项目1　基本应用

教学目标

- 掌握各种基本命令的操作方法。
- 掌握各种选择工具使用。
- 掌握自由变换、羽化等操作的运用。
- 掌握各种修复、修补工具的使用。
- 掌握文字工具和钢笔工具的使用。
- 掌握模糊工具、锐化工具、减淡工具、加深工具的使用。

课前导读

在日常的生活或工作中，经常会碰到需要处理图片、修复图片、设计简单素材和简单图片效果之类的情况。Photoshop 提供了强大的图片处理、编辑、设计功能，本项目将结合常见的应用以几个典型的任务来引领读者掌握 Photoshop 的各种基本工具的使用。

任务1　制作斜纹背景图案

1.1.1　任务描述

在浏览网页时，经常会看到各种斜纹的背景图案，而使用 Photoshop 可以很轻松地制作出类似的图案。如图1.1所示是一种常见的网页背景斜纹图案，本任务将完成图1.1所示斜纹图案的设计。

图1.1　斜纹图案

1.1.2　相关知识

1. Photoshop 工作环境

Photoshop 的工作环境是用户的主要操作界面，界面中包含工具箱、菜单栏、选项栏、文档窗口等组成元素，工作界面如图1.2所示。随着 Photoshop 版本的不断升级，其工作界面布局也更加合理、友好。

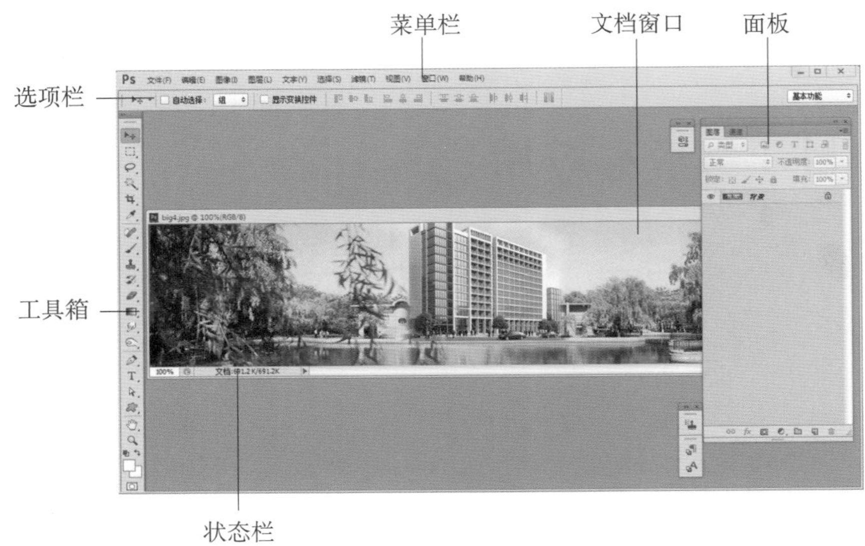

图 1.2　Photoshop 工作界面

（1）恢复初始设置。

在 Photoshop 刚刚启动时按住“Shift＋Alt＋Ctrl”组合键，可打开如图 1.3 所示的对话框，在此对话框中单击“是”按钮就可以删除 Photoshop 的设置文件，所有的参数设置都会恢复到初始默认状态。下次启动 Photoshop 时，将会自动创建新的设置文件。

图 1.3　“删除 Photoshop 设置文件”对话框

（2）定制和优化工作环境。

在 Photoshop 中可对其工作环境进行定制和优化，以方便用户操作。选择“编辑｜首选项｜常规”菜单，将打开如图 1.4 所示的“首选项”对话框，下面介绍几个常用的设置选项。

1）常规选项卡。

● 拾色器：该下拉列表有两个选项，可以选择“Adobe”（Photoshop 拾色器）或“Windows”（Windows 操作系统自带的拾色器），用户可以根据自己的习惯进行选择。

● HUD 拾色器：便于在绘制图像时快速选择色彩。

● 图像插值：图像重新分布像素时所用的运算方法，也是决定中间值的一个数学过程。在重新取样时，Photoshop 会使用多种复杂方法来保留原始的品质和细节。

2）界面选项卡。

在 Photoshop CS6 中，界面的个性化得到加强，用户在这里可以使用多种方式来定义自己的工作界面。

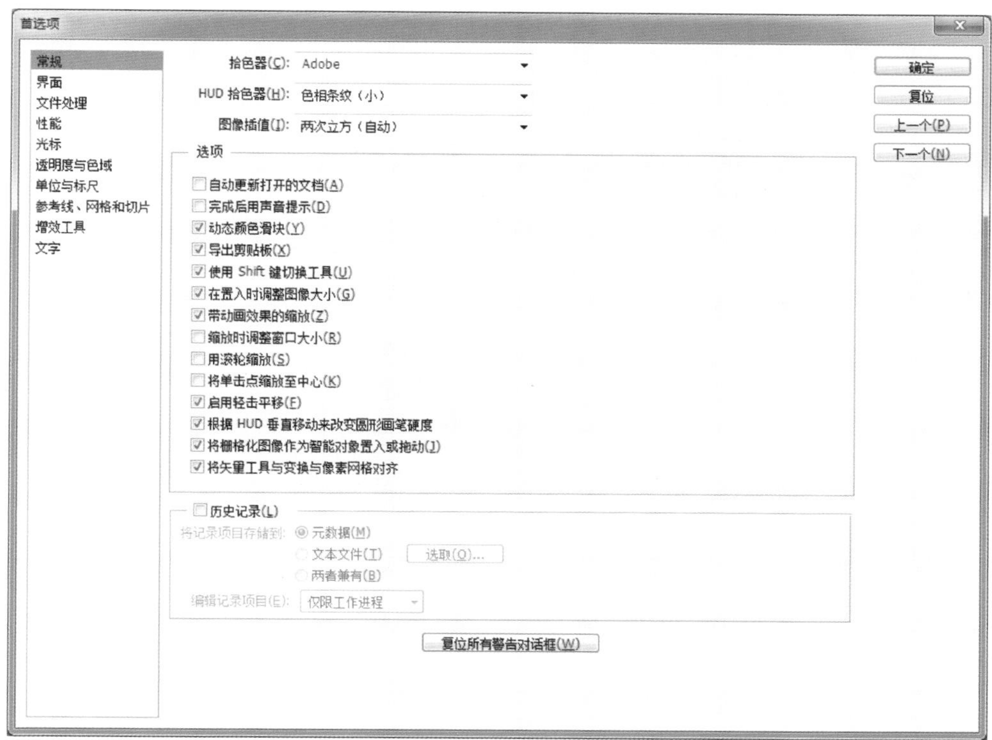

图 1.4　“首选项”对话框

3）文件处理选项卡。

为避免因为意外掉电、忘记保存、意外退出软件而导致未保存的工作成果丢失，Photoshop CS6 提供了“后台自动存储”功能，用户可在该选项卡中启用该选项。当用户的文件未能保存时，如果启用了“后台自动存储”功能，那么再次打开 Photoshop 时，未保存的文件将会自动打开后台自动存储的版本。

4）性能选项卡。

● 内存使用情况：用于设置 Photoshop 所允许占用的内存大小，一般建议使用系统可用内存的 55%～71%，用户可以通过拖动滑块进行调整，特殊情况下也可调整到更高，如图 1.5 所示。

● 暂存盘：如果系统没有足够的内存来执行某项操作，Photoshop 将使用一种专有的虚拟内存技术，也称为暂存盘。暂存盘可以是任何具有空闲存储空间的驱动器或驱动器分区。默认情况下，Photoshop 将安装了操作系统的硬盘驱动器用作主暂存盘。Photoshop 检测所有可用的磁盘并将其显示在“性能”选项卡中。在“性能”选项卡中，用户可以选择多个磁盘作为暂存盘。

● 历史记录状态：默认值为 20，也就是说在 Photoshop 中可以恢复有效的 20 个步骤的操作。历史记录状态的数值越高所消耗的内存也越大。

● 高速缓存级别：可加快屏幕刷新的速度。缓存的图像是原图像的低分辨率的复制版，它存储在 RAM 中，高速缓存的级别为 1～8。当设定为 8 时，为最大缓存，提供最快的刷新时间。默认的缓存级别为 4，因为缓存的图像存在 RAM 中，所以如果运行软件的内存较少，最好设定较小的缓存级别。也可以通过“高而窄”、“默认”和“大而平”按钮来设置更合理的缓存级别。

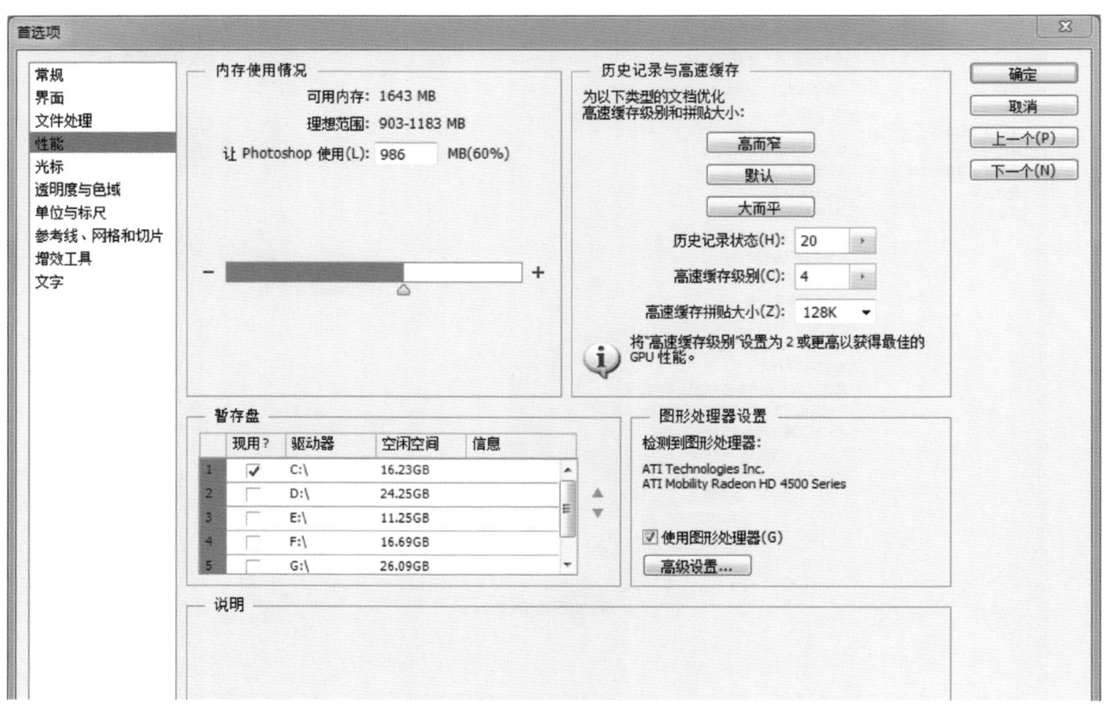

图 1.5 “性能”选项卡

5）增效工具选项卡。

网上可以下载大量由 Adobe 公司或第三方软件商发布的增效工具，用户可以自行附加各种增效工具，附加后的增效工具会显示在“滤镜”菜单下。增效工具为 Photoshop 增加了一些实用的功能，如抠图、图像特效、输入、输出、自动化处理等。

2. 像素

像素是组成图像的最基本单元，一幅图像通常由许多像素组成。如图 1.6 所示，将图中虚线框内的图像放到足够大时，就可以看到类似马赛克的效果，如图 1.7 所示，每一个小矩形颜色块实际上就是一个像素。每个像素都有不同的颜色值和位置，像素的数目和密度越高，图像就越逼真。

图 1.6 原图像

图 1.7 马赛克效果

3. 矢量图和位图

矢量图：由点、线、面组成，由数学计算完成。矢量图可任意放大或缩小，不影响图像的清晰度，也不会变形，如CorelDraw等工具软件可处理矢量图。

位图：称为像素图或点阵图，由屏幕上发光的颜色点（像素）组成，其图像大小和质量取决于图像中像素点的多少，像素越多图像就越清晰，所存储的文件占用的存储空间也就越大。位图在放大或缩小的情况下显示效果会发生变化。

4. 分辨率

分辨率是指每英寸图像含有多少个颜色点或像素，分辨率的单位为像素数/英寸，英文缩写为ppi（pixels per inch），例如200ppi就表示该图像每英寸含有200个颜色点或像素。在位图图像中，分辨率的大小直接影响图像的品质。分辨率越高，图像越清晰，所产生的文件也就越大，在工作中所需的内存和CPU处理时间也就越多。所以在制作图像时，不同品质的图像就需设置适当的分辨率，才能最经济有效地设计出作品，例如用于打印输出的图像的分辨率就需要高一些，如果只是在屏幕上显示的作品（如多媒体图像或网页图像），分辨率就可以低一些。另外，图像的尺寸大小、图像的分辨率和图像文件大小三者之间有着密切的关系。一个分辨率相同的图像，如果尺寸不同，它的文件大小也不同，尺寸越大所保存的文件也就越大。同样，提高图像的分辨率，也会使图像文件变大。

5. 新建文件

“新建”菜单用于新建图像文件，选择“文件｜新建”菜单，打开“新建”对话框，如图1.8所示。

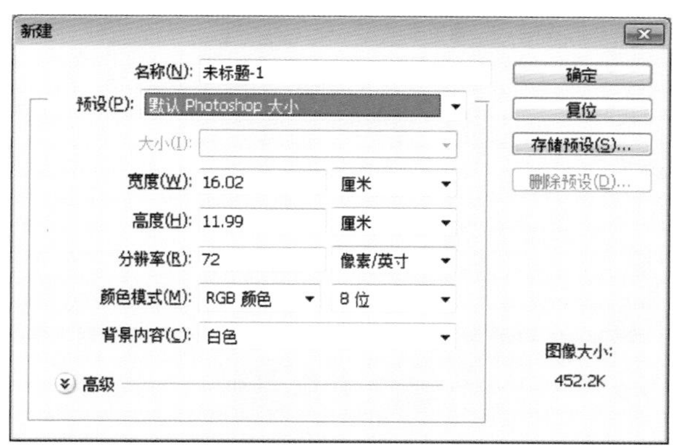

图1.8　“新建”对话框

该对话框中各选项作用如下：

● 名称：新建图像的文件名，Photoshop的默认名称是“未标题-1”，用户可以自己修改。

● 预设：预先定义好的图像参数，用户可以选择不同的预设方案，也可以选择自定义图像参数。

● 大小：设定画布的宽、高、分辨率以及颜色模式。

● 颜色模式：如果图像需要印刷或打印，建议选择CMYK模式；默认是RGB模式。灰度模式图像中不包含色彩信息；位图模式下图像只有黑白两种颜色。

● 背景内容：图像的初始背景有白色、背景色和透明三个选项。

6. 缩放工具

在Photoshop中操作时，经常需要完成一些细节性的操作，此时可将画布放大若干倍，以方便完成操作。

单击工具箱中的“缩放工具”，在画布上拖动鼠标就可将图像“放大”或“缩小”。

7. 定义图案

选择“编辑｜定义图案”菜单，打开“图案名称”对话框，如图 1.9 所示，可以对新定义的图案进行命名。“定义图案”菜单的作用是将可见的图像或文本定义成图案。如果图像或文本存在于不同的图层中，只要可见就可被定义成一个图案，可以用定义好的图案来填充画布或选区。

图 1.9 “图案名称”对话框

8. 填充

选择“编辑｜填充”菜单，打开“填充”对话框，如图 1.10 所示，可以为当前的选区或活动图层填充“前景色”、“背景色”、“黑色”、“白色”、“50%灰色”或定制的“图案”以及“历史记录”图样等内容，除此之外还可设定混合模式及不透明度。

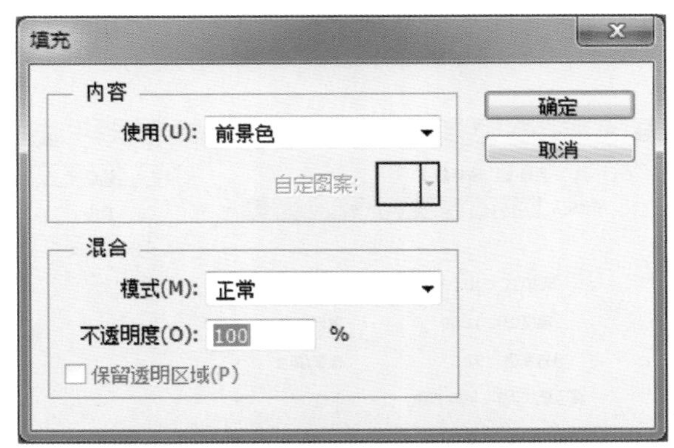

图 1.10 “填充”对话框

9. 保存文件

图像编辑或者制作完成后，需要保存文件。选择“文件｜存储”或者“文件｜存储为”菜单可保存当前文件。第一次保存新建图像文件时，会出现“存储为”对话框，如图 1.11 所示，在这里可以选择保存位置、定义文件名、选择文件类型。如果编辑的是已经存在的图像文件，保存时直接选择“文件｜存储”即可。

该对话框中各选项说明如下：

- 保存在：选择文件的保存位置。
- 文件名：为要保存的文件命名。
- 格式：选择文件的保存格式。

文件格式是存储图像数据的方式，它决定了图像的压缩方法、支持何种 Photoshop 功能以及文件是否与一些文件相兼容等。常用的保存格式主要有：

➢PSD 格式：Photoshop 默认的存储格式，能保存图层、蒙版、通道、路径、未栅格化

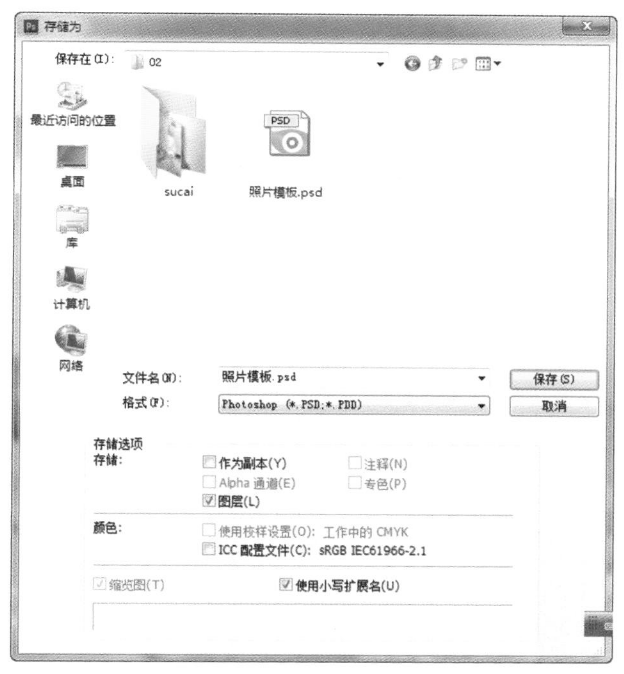

图 1.11　“存储为”对话框

的文字、图层样式等。一般情况下，保存文件都采用这种格式，以便随时进行修改。

➢JPEG 格式：最常用的图像格式，它是一个最有效、最基本的有损压缩格式，为绝大多数图像处理软件所支持。

➢BMP 格式：一种用于 Windows 操作系统的图像格式。图像深度可以设置为从黑白色（每像素 1 位）到最高 24 位色（1 670 万种颜色）。

1.1.3　任务实现

本任务的实现步骤如下：

步骤 1：选择“文件｜新建”菜单，打开“新建”对话框，设置宽度和高度均为“15 像素”，分辨率为“72 像素/英寸”，背景内容为“透明”，其他采用默认设置，如图 1.12 所示，设置完毕单击“确定”按钮。

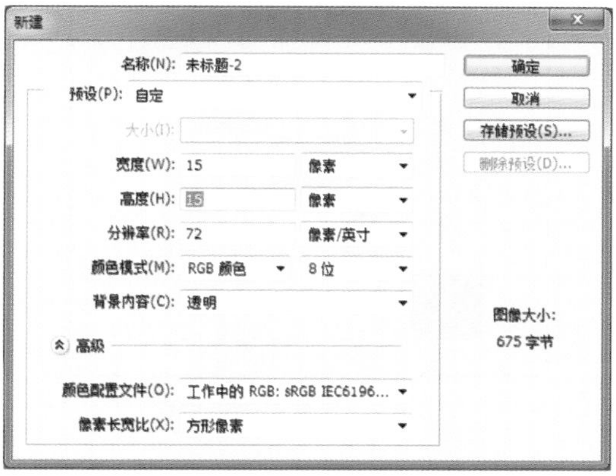

图 1.12　“新建”对话框

步骤 2：使用工具箱中的“缩放工具”🔍，在文档窗口中拖动出一个矩形框，放大视图，重复操作直到放大到 1 600%的比例。

步骤 3：单击工具箱中的设置前景色图标■，打开“拾色器（前景色）”对话框，设置颜色为“浅灰色”，颜色值为“#747474”，如图 1.13 所示，单击“确定”按钮完成前景色的设置。

步骤 4：选择工具箱中的“铅笔工具”，在选项栏中将画笔直径大小设置为“1 像素”，在“图层”面板中单击“创建新图层”按钮新建一个图层，然后在上面绘制出如图 1.14 所示的图案。

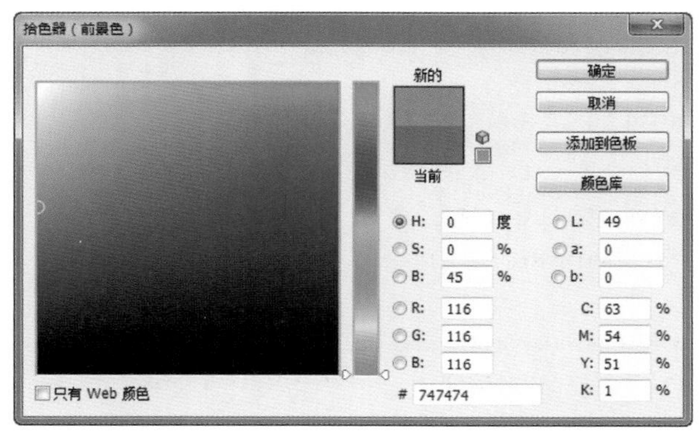

图 1.13 “拾色器（前景色）”对话框

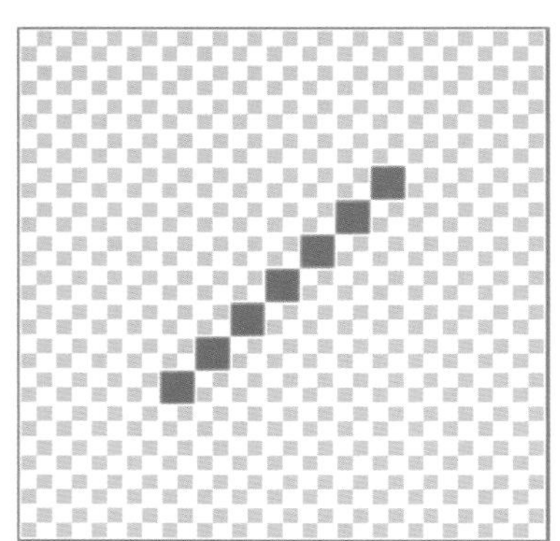

图 1.14 绘制图案

步骤 5：使用工具箱中的“矩形选框工具”，在选项栏中，设置样式为“固定大小”，宽度和高度均为“5 像素”，如图 1.15 所示。

图 1.15 “矩形选框工具”的选项栏

步骤 6：在图像中单击鼠标，绘制一个“正方形”选区，移动选区到如图 1.16 所示的图案上。

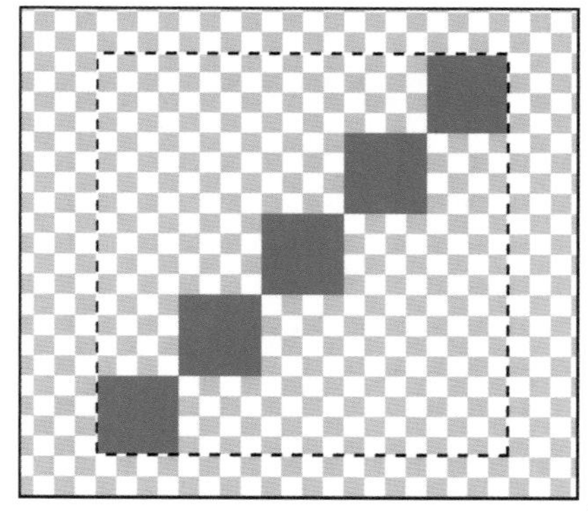

图 1.16 创建正方形选区

步骤 7：选择“编辑｜定义图案”，打开“图案名称”对话框。在“名称”文本框中可以为该图案取名，此处为默认值“图案 1”。如图 1.17 所示。

图 1.17　“图案名称”对话框

步骤 8：选择“文件｜新建”菜单，新建一个较大的文档，比如将宽和高都设置为“300 像素”。

步骤 9：选择“编辑｜填充”菜单，在“使用”下拉列表中选择“图案”，在“自定图案”中选择“图案 1”，如图 1.18 所示。设置完毕后单击“确定”按钮完成填充，填充后的效果如图 1.1 所示。

步骤 10：选择“文件｜存储为”菜单，在出现的“存储为”对话框中选择保存的位置、输入文件名以及选择保存的格式，如图 1.19 所示。

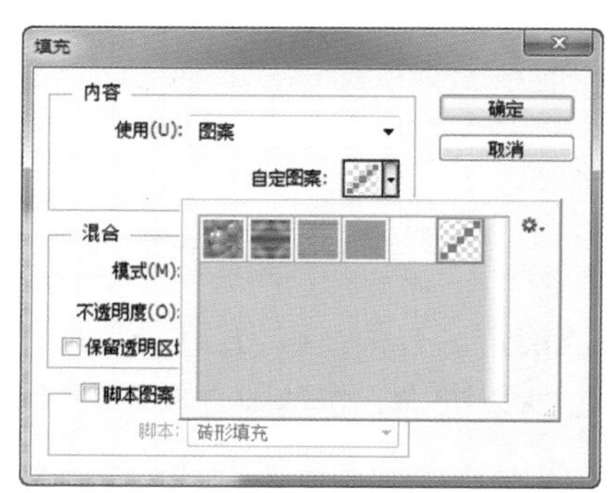

图 1.18　“填充”对话框

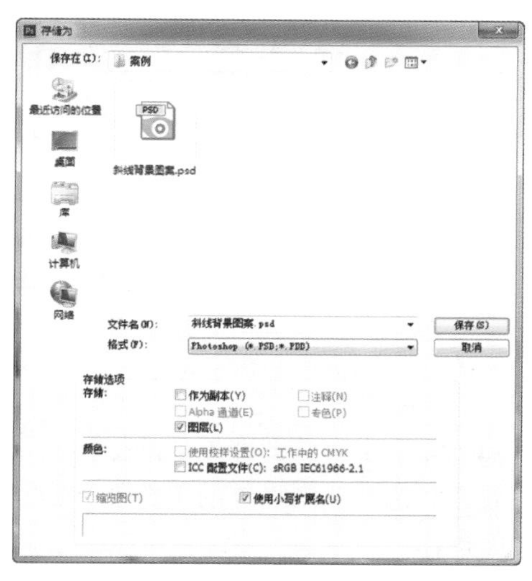

图 1.19　“存储为”对话框

1.1.4　练习实践

根据前面介绍的创建背景图案的方法，灵活运用“定义图案”和“填充”功能制作如图 1.20 所示的背景图案。

图 1.20　背景图案效果

任务 2　制作艺术照

1.2.1　任务描述

本任务通过运用“椭圆选框工具”、“矩形选框工具”、“自由变换”、“标尺”、“参考线”制作出如图 1.21 所示的艺术照片效果。通过完成本任务，可以掌握创建规则选区、改变图像大小、精确定位图像位置的方法。

图 1.21　艺术照效果

1.2.2　相关知识

在 Photoshop 中有关图像处理的操作几乎都与当前选区有关，因为操作只对选区内的图像部分有效，对选区范围之外的图像部分不起作用。所以准确、快速地选取图像区域是一个非常重要的操作。

本部分内容主要介绍规则选区的创建工具：选框工具组的用法。选框工具组包括 4 种基本工具：“矩形选框工具”、“椭圆选框工具”、“单行选框工具”、“单列选框工具”。

鼠标右键单击工具箱上的“矩形选框工具”按钮，会打开下拉工具列表，在其中可选择不同的选框工具，如图 1.22 所示。

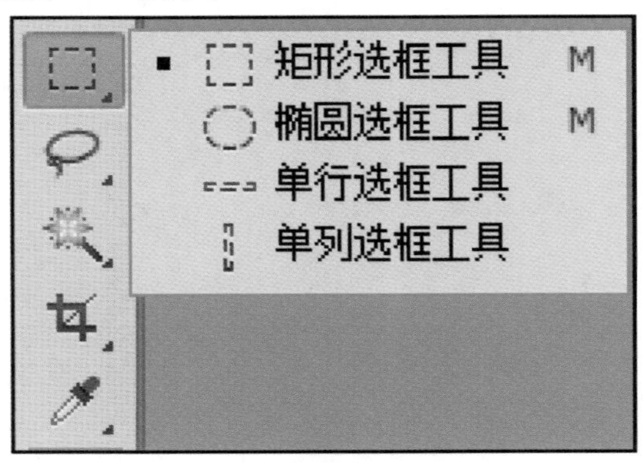

图 1.22　选框工具组

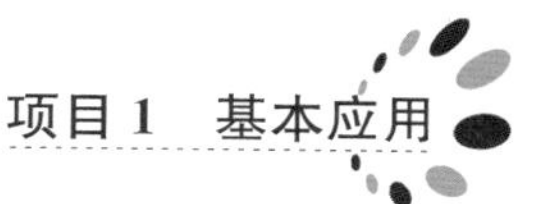

1. 矩形选框工具

“矩形选框工具”可以创建一个矩形或正方形的选区范围，具体操作方法如下：

步骤 1：打开配套素材文件 01/相关知识/管材 .jpg，单击工具箱中的“矩形选框工具”按钮，其选项栏如图 1.23 所示。

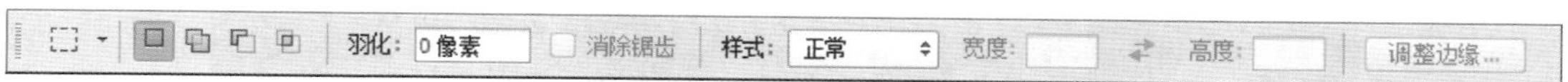

图 1.23　“矩形选框工具”的选项栏

步骤 2：在“矩形选框工具”的选项栏中进行相应参数的设置。各参数作用如下：

- 新选区：创建新选区并替换原选区，效果如图 1.24 所示。
- 添加到选区：创建的新选区将与原选区合并成一个选区，效果如图 1.25 所示。一般用于扩大原选区或选取较复杂的区域。

图 1.24　创建“新选区”效果

图 1.25　“添加到选区”效果

- 从选区减去：在原选区中减去新选区与原选区相交的部分，一般用于缩小选区，效果如图 1.26 所示。

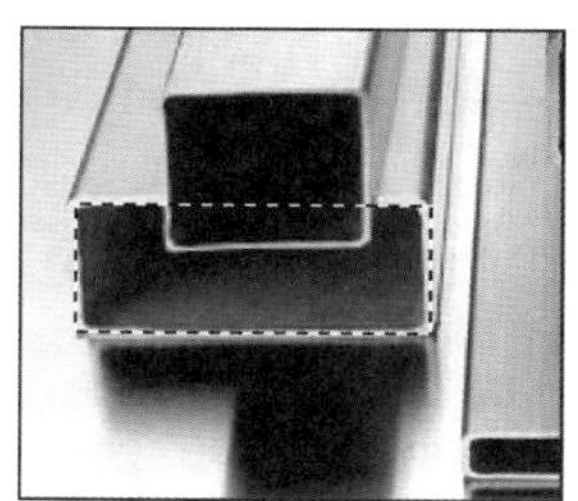

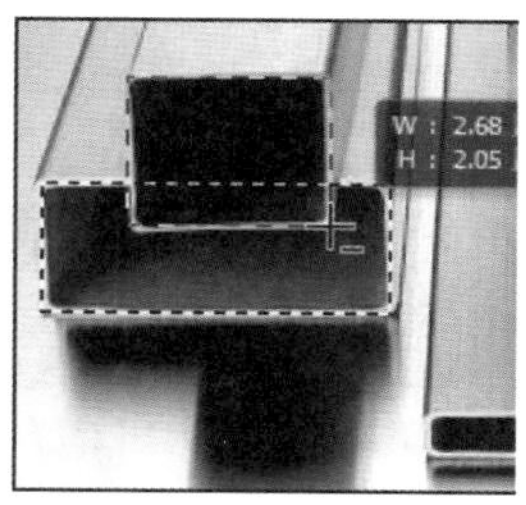

图 1.26　“从选区减去”效果

- 与选区交叉：将新创建的选区与原选区交叉的部分作为新选区，效果如图 1.27 所示。

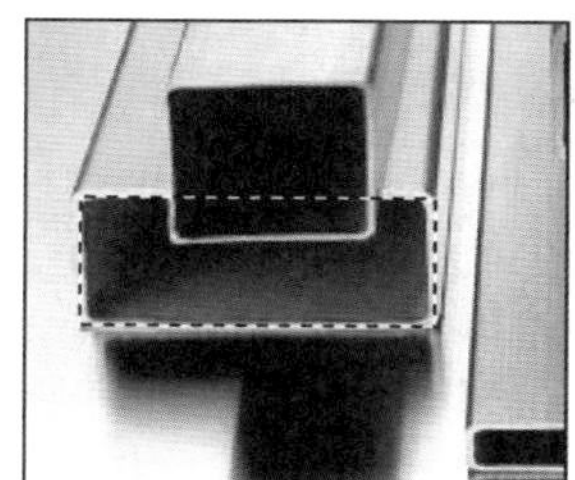

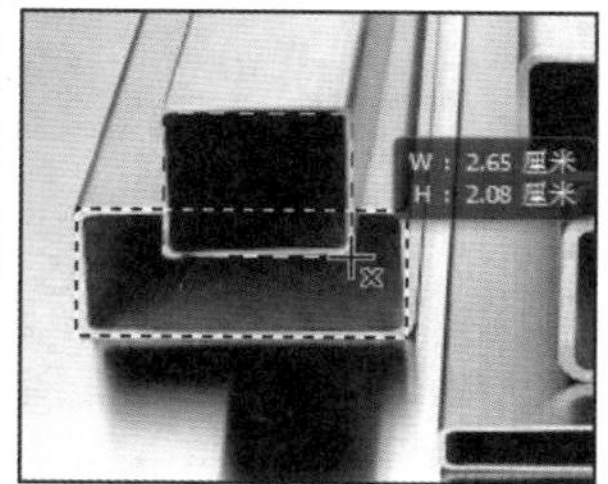

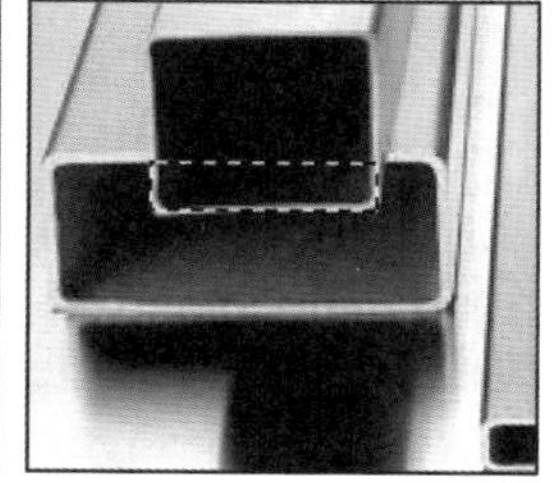

图 1.27　“与选区交叉”效果

● 羽化：在该文本框中通过输入数值可设置羽化效果。经过羽化后的选区边缘会产生模糊效果，会融入到画面中，如图 1.28 中间图所示为粘贴左图选区的效果，羽化值为“30 像素”，羽化的取值范围是“0～255 像素”；图 1.28 右图所粘贴的选区则没有经过羽化处理。

图 1.28　选区羽化和非羽化的比较

● 样式：该下拉列表框包括“正常”、“固定比例”和“固定大小”三个选项，各选项的含义如下：

➢正常：该选项是系统默认选项，用户可以不受任何约束，创建任意大小的选区。

➢固定比例：选择该选项后，将激活“宽度”和“高度”文本框，在其中分别输入比例值，创建固定宽度和高度比例的选区，系统默认值为“1∶1”，如图 1.29 所示。

图 1.29　“固定比例”选项

➢固定大小：选择该选项后，将激活“宽度”和“高度”文本框，如图 1.30 所示，在其中分别输入数值，创建固定宽度和高度的选区。宽度和高度默认值均为“64 像素”。

图 1.30　“固定大小”选项

2. 椭圆选框工具

使用工具箱中的“椭圆选框工具”按钮，可以绘制一个椭圆形或正圆形区域。具体操作方法如下：

步骤 1：用鼠标右键单击工具箱中的“矩形选框工具”按钮，在打开的下拉工具列表中选择“椭圆选框工具”按钮，选项栏如图 1.31 所示。

图 1.31　“椭圆选框工具”的选项栏

步骤 2：在“椭圆选框工具”的选项栏中进行相应参数的设置。该选项栏中的参数与“矩形选框工具”的选项栏中的参数大致相同，只有“消除锯齿”参数是“椭圆选框工具”特有的，其作用在于消除选区边缘的锯齿，平滑选区边缘。“消除锯齿”只作用于椭圆形或圆形选区。取消与选中该复选框对选区边缘的影响效果如图 1.32 所示。

图 1.32 “消除锯齿”的作用

说明：在图像编辑区中的适当位置单击鼠标左键并拖动，即可创建一个椭圆选区，如图 1.33 左图所示；按住“Shift”键的同时并拖动，即可创建一个正圆形选区，如图 1.33 右图所示。

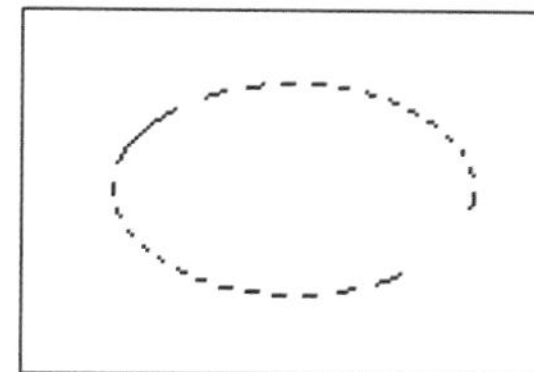
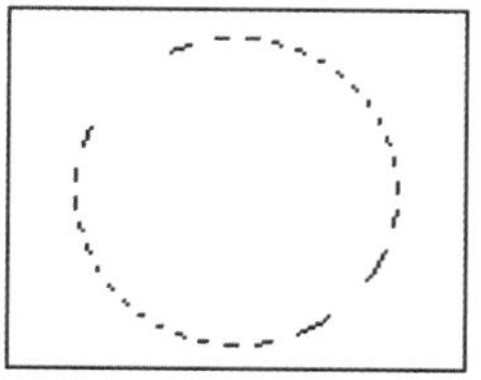

图 1.33 创建椭圆、正圆形选区

3. 参考线

参考线和网格可帮助用户精确地定位图像或元素。参考线显示为浮动在图像上方的一些不会打印出来的线条。可以移动或者移去参考线。还可以锁定参考线，从而不会将之意外移动。

一般而言，先显示标尺再设参考线。选择“视图｜标尺”菜单，在图像窗口的左边和上方就会打开标尺，如图 1.34 所示。标尺的单位可以改变，选择“编辑｜首选项｜单位与标尺”菜单，将出现如图 1.35 所示的“单位与标尺”选项对话框。在此对话框中可以选择不同的单位。

图 1.34 标尺

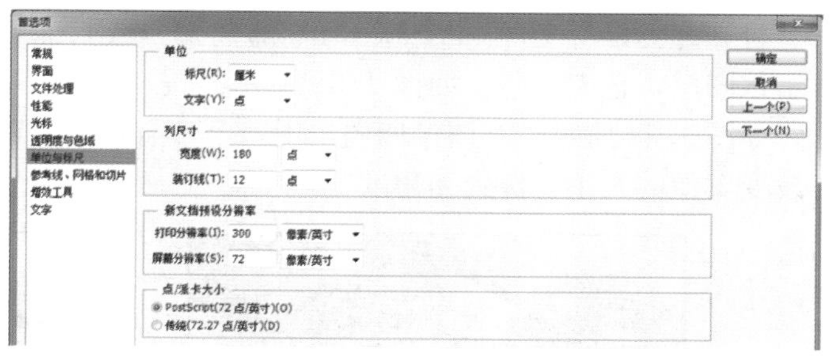

图 1.35 “单位与标尺”选项对话框

（1）新建参考线。

在图像窗口中，将鼠标放在标尺的位置向外拖拽，就会拉出参考线。或者选择“视图｜新建参考线”菜单，在对话框中，选择“水平”或“垂直”方向，并输入位置，然后单击

"确定"即可新建参考线，如图 1.36 所示。

参考线的颜色也是可以改变的，选择"编辑｜首选项｜参考线、网格和切片"菜单。将打开如图 1.37 所示的"首选项"的"参考线、网格和切片"选项对话框。在这个对话框中，不但可以设定参考线的颜色，还可以在"样式"后面选择参考线的类型："直线"和"虚线"。

在此对话框里面还可以设定网格的颜色和样式。"网格线间隔"用来设定网格之间的距离。"子网格"用来设定两个主要网格间所均分的等份。

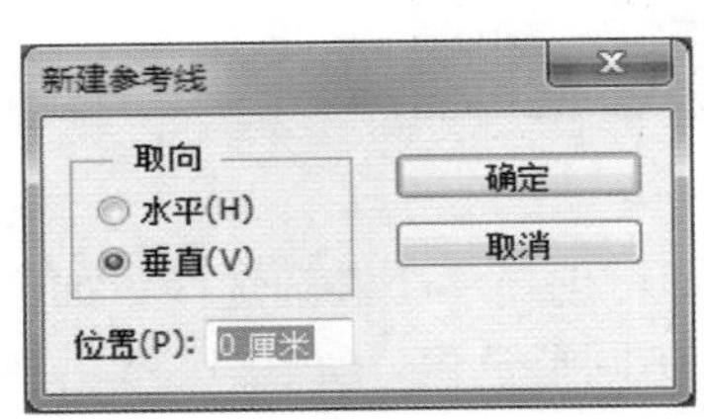

图 1.36 "新建参考线"对话框

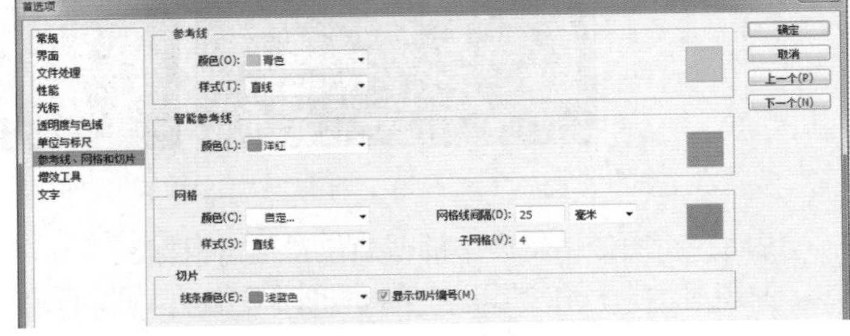

图 1.37 "参考线、网格和切片"选项对话框

从水平标尺拖移可创建水平参考线；按住"Alt"键，然后从垂直标尺拖动可创建水平参考线。

从垂直标尺拖移可创建垂直参考线；按住"Alt"键，然后从水平标尺拖动可创建垂直参考线。

按住"Shift"键并从水平或垂直标尺拖动可创建与标尺刻度对齐的参考线。拖动参考线时，指针会变为双箭头。

（2）移去、移动参考线。

要移去一条参考线，可将该参考线拖移到图像窗口之外。要移去全部参考线，可选择"视图｜清除参考线"菜单。

拖动参考线时按住"Shift"键，可使参考线与标尺上的刻度对齐。如果网格可见，选择"视图｜对齐到｜网格"菜单，则参考线将与网格对齐。

4. 自由变换图像

在实际操作过程中，"自由变换"是一种常见的命令，它可以对图像进行变换比例、旋转、斜切、伸展或变形等处理。还可以在选区、整个图层、多个图层或图层蒙版应用中变换。

打开配套素材文件 01/相关知识/郁金香.psd，然后选择图层"花朵"，按住"Ctrl"键单击该图层，选中花朵，如图 1.38 所示。按"Ctrl+T"组合键，花朵将处于自由变换状态，如图 1.39 所示。在图像四周出现一个带有控制点的定界框。在此状态下，用户可以任意改变图像的大小、位置和角度等。

图 1.38 选中花朵

图 1.39 自由变换状态

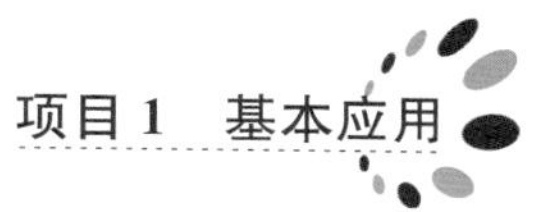

“自由变换”选项栏如图1.40所示。

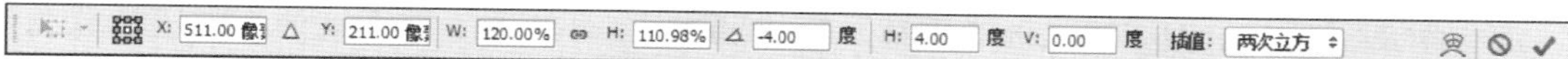

图1.40　“自由变换”的选项栏

该选项栏中各项参数的作用如下：

- ：用于控制选区内参考点的位置。提供了8个控制点和一个参考点，如图1.41所示。如果想将选区内的参考点设在其中的某一个位置，只需在相应的控制点上单击即可。例如，将参考点设在选区的左上角，只要单击左上角的控制点，此时参考点位置的参数与选区中参考点的位置将发生变化。
- ：用于设置选区内参考点的水平位置，这里设置为“511.00像素”。
- ：用于设置选区内参考点的垂直位置，这里设置为“211.00像素”。
- ：用于设置水平缩放比例，这里设置为“120.00%”。
- ：用于设置垂直缩放比例，这里设置为“110.98%”。
- ：用于设置选区旋转的角度，这里设置为“－4.00”。
- ：用于设置选区垂直斜切的角度，这里设置为“4.00”。

按照以上参数数值设置后，按“Enter”键，效果如图1.42所示。

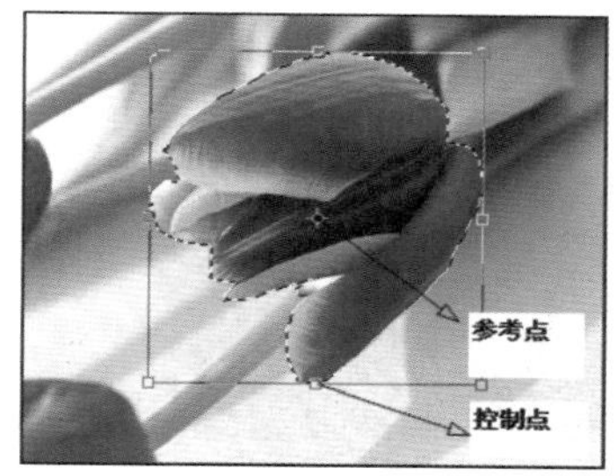

图1.41　参考点和控制点

图1.42　调整后的效果

- ：用于设置选区在自由变换与变形模式之间进行切换。单击该按钮后，选区上将会显示一个三行三列的网格，如图1.43左图所示。拖拽网格上的各个控制点，可以随意拉伸或扭曲选区，如图1.43右图所示。拖拽后的效果如图1.44所示。感觉花又开大了点。
- ：用于取消对图像所进行的变换操作。
- ：用于确认对图像所进行的变换操作。

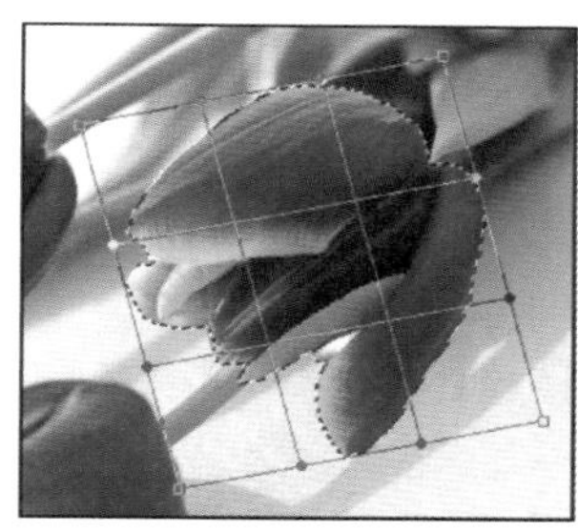

图1.43　调整过程

图1.44　拖拽后的效果

5. 魔棒工具

右键单击工具箱中的“快速选择工具”按钮，在打开的下拉工具列表中选择“魔棒工具”按钮，此时“魔棒工具”的选项栏如图 1.45 所示。

图 1.45 “魔棒工具”的选项栏

“魔棒工具”选项栏中各参数的作用如下：

● 容差：用于设置颜色取样时的范围，取值范围为 0～255，系统默认值为“32”。取值越小，选取的颜色越接近，选取的颜色范围越小；取值越大，选取的颜色范围越大。

● 消除锯齿：用于平滑选区边缘。

● 连续：选中该复选框表示只选择颜色相近的连续区域，如图 1.46 所示；未选中该复选框会选取颜色相近的所有区域，如图 1.47 所示；素材参见配套素材文件 01/相关知识/菊花 .jpg。

● 对所有图层取样：当图像含有多个图层时，选中该复选框可以对该图像的所有图层起作用，未选中该复选框时则只对当前图层起作用。

图 1.46 选中“连续”复选框的效果

图 1.47 未选中“连续”复选框的效果

6. 裁剪工具

单击工具箱中的“裁剪工具”，在如图 1.48 所示的“裁剪工具”选项栏中分别输入裁剪“宽度”和“高度”的比例。也可以单击“不受约束”打开下拉菜单来选择不同的预设进行裁切。

图 1.48 “裁剪工具”的选项栏

在工具箱中选择“裁剪工具”，在图像中要保留的部分上拖动，以便创建一个选框。如图 1.49 所示，如有必要，可以调整裁剪选框：

● 如果要将选框移动到其他位置，可将指针放在外框内并拖动。

● 如果要缩放选框，可拖动手柄。如果要约束比例，可在拖动角手柄时按住“Shift”键。

● 如果要旋转选框，可将指针放在外框外（指针变为弯曲的箭头）并拖动。如果要移动选框旋转时所围绕的中心点，可拖动该中心点。

● 可以通过“移动工具”移动图像，使隐藏区域可见。选择“删除”将扔掉裁剪区域。

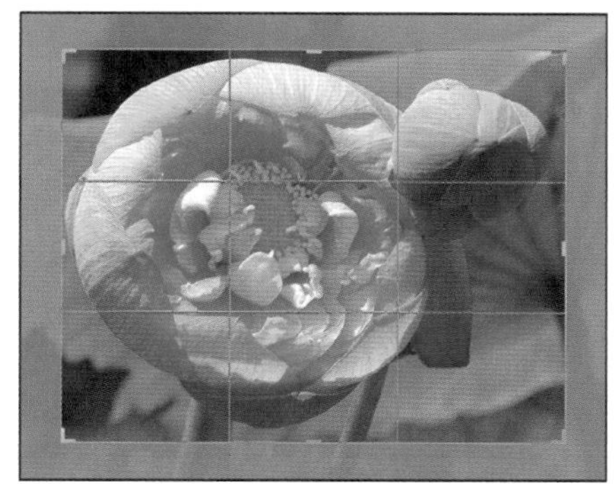

图 1.49　“裁剪”图像

● 选择“三等分”可以添加参考线，以帮助用户以 1/3 增量放置组成元素。选择“网格”可以根据裁剪大小显示具有间距的固定参考线。

● 要完成裁剪，按“Enter”键、单击选项栏中的“提交”按钮或者在裁剪框内双击都可以。

● 要取消裁剪，可按“Esc”键或单击选项栏中的“取消”按钮 。

7. 透视裁剪工具

选择“透视裁剪工具”，拖动鼠标形成裁剪框后，裁剪框的每个角把手都可以任意拖动，拖动的位置如图 1.50 所示。可以使正常的图像具有透视效果，如图 1.51 所示。也可以使具有透视效果的图像变成平面的效果。

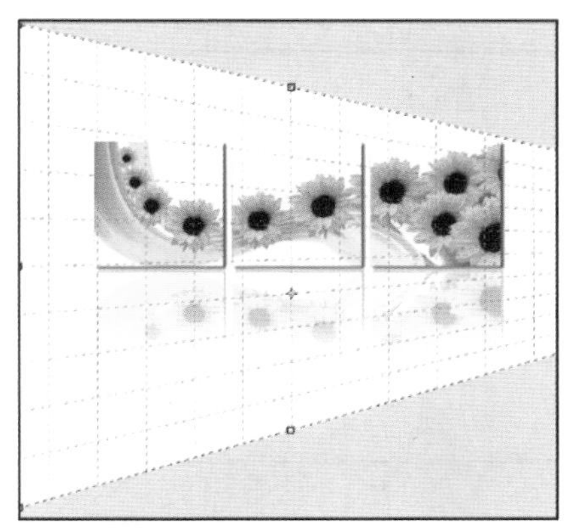

图 1.50　拖动位置

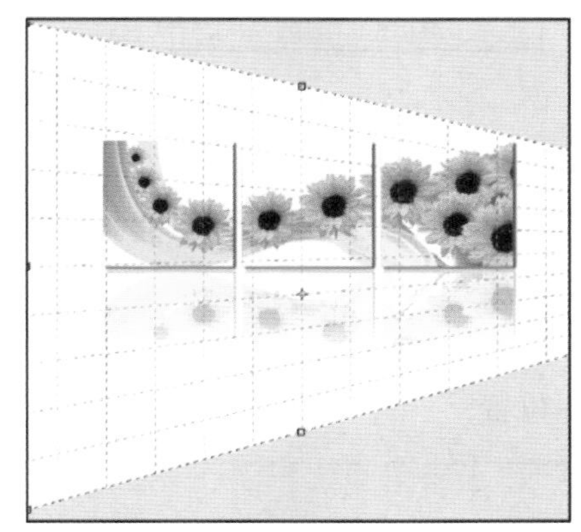

图 1.51　透视裁剪效果

当确认裁剪范围时，需要在裁剪框内双击鼠标或者按“Enter”键，若要取消裁剪框，按“Esc”键即可。也可以单击“裁剪工具”选项栏中的✔按钮确认，或单击⊘按钮取消当前操作。

1.2.3　任务实现

本任务的实现步骤如下：

步骤 1： 打开配套素材文件 01/任务实现/底版 .jpg，如图 1.52 所示。

步骤 2： 选择“视图｜标尺”菜单，再选择“视图｜显示｜网格”菜单，在工作区显示出标尺和网格，效果如图 1.53 所示。

图 1.52　素材图

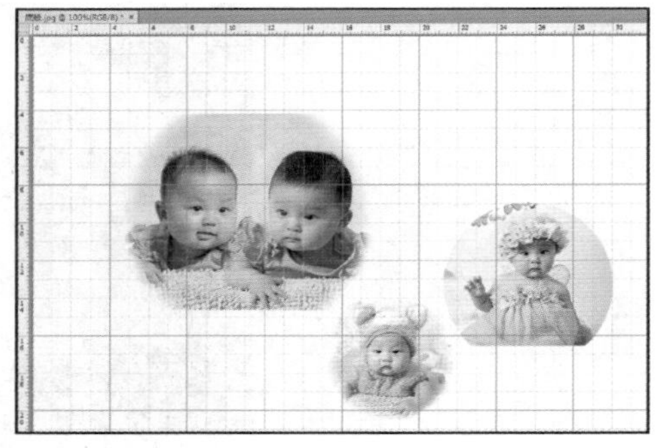

图 1.53　显示出标尺和网格

步骤 3： 从标尺上拖出 2 根水平参考线、2 根垂直参考线，4 根参考线环绕的区域正好是小女孩的图像部分，如图 1.54、1.55 所示。

图 1.54　创建水平参考线

图 1.55　创建垂直参考线

步骤 4： 打开配套素材文件 01/任务实现/照片模板 .jpg，用“矩形选框工具”选择整个图像，然后按“Ctrl＋C”组合键，复制选区，如图 1.56 所示。

步骤 5： 切换到“底版 .jpg”文件中，按“Ctrl＋V”粘贴，粘贴的效果如图 1.57 所示。为了让最右侧的花形正好在 4 根参考线包围的范围之内，可以用“移动工具”将图像拖到合适位置。

图 1.56　复制选区

图 1.57　粘贴选区

步骤 6： 选择“魔棒工具”，将选项栏中的容差设置为“15”，在花朵的白色区域单击，然后按“Delete”键，删除选区内容，然后按“Ctrl＋D”组合键取消选区，效果如图 1.58 所示。

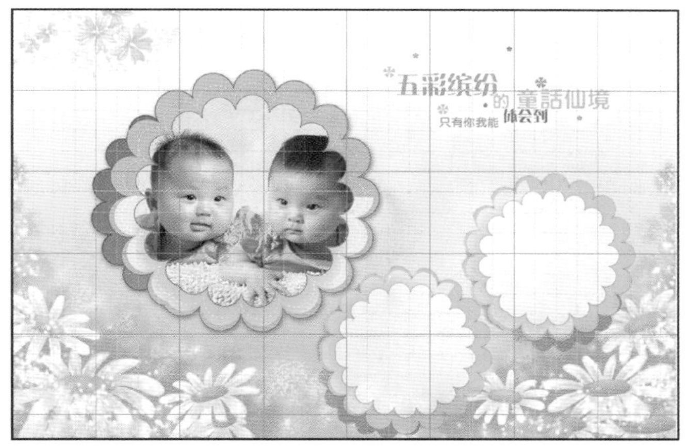

图 1.58　删除选区后的效果

步骤 7：重复步骤 6，将选项栏中的容差设置为“25”，删除另外两处花朵的白色区域，最终的效果如图 1.21 所示。

1.2.4　练习实践

根据前面介绍的有关选区的创建与编辑方法，利用配套素材文件 01/练习实践/背景 .jpg和女孩 .jpg，如图 1.59、图 1.60 所示，设计出如图 1.61 所示的效果。

图 1.59　素材图 1

图 1.60　素材图 2

图 1.61　合成效果

任务 3　设计水中花效果

1.3.1　任务描述

本任务主要利用“椭圆选框工具”、“渐变工具”、“自由变换”命令绘制出花瓣效果，然后复制多个花瓣并旋转使其成为花朵形状，最后复制出多个大小不一的花朵。通过完成本任务，可以掌握“渐变工具”和“自由变换”命令的使用方法和使用技巧。最终效果如图 1.62 所示。

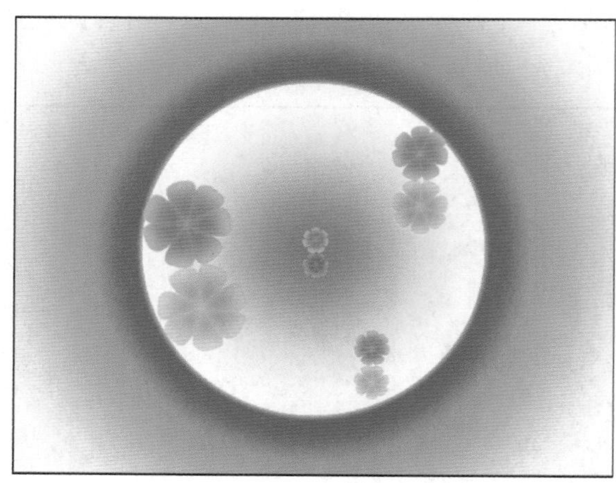

图 1.62　水中花效果

1.3.2　相关知识

1. 前景色、背景色

Photoshop 使用前景色来绘画、填充和描边选区，使用背景色来生成渐变填充和在图像已抹除的区域中填充。部分滤镜也使用前景色和背景色。

可以使用“吸管工具”、“颜色”面板、“色板”面板等指定新的前景色或背景色。默认前景色是黑色，默认背景色是白色。

要设置前景色、背景色，只需要在工具箱中单击设置前景色、背景色的按钮，在打开的拾色器对话框设置所需要的颜色即可，如图 1.63 所示为“拾色器（背景色）”对话框。

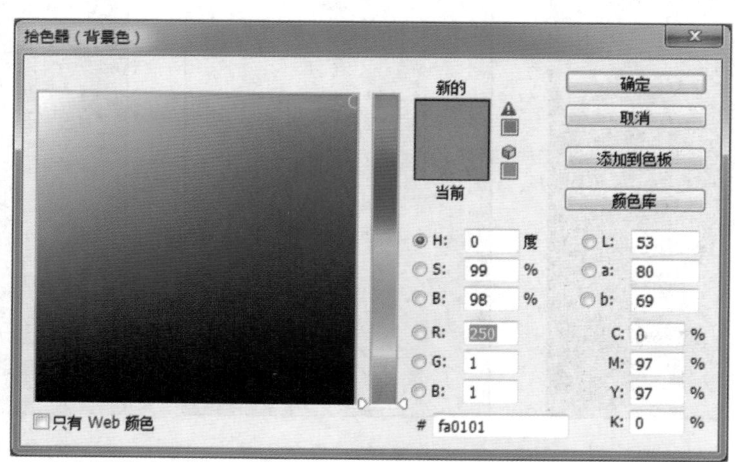

图 1.63　“拾色器（背景色）”对话框

2. 色板

单击“窗口｜色板”打开“色板”面板，如图 1.64 所示，将鼠标移到“色板”面板上会变成吸管的形状，此时单击鼠标就可改变当前前景色，按住“Ctrl”键单击鼠标则可改变当前背景色。

3. 吸管工具

可以使用“吸管工具”选取颜色，“吸管工具”采集色样以指定新的前景色或背景

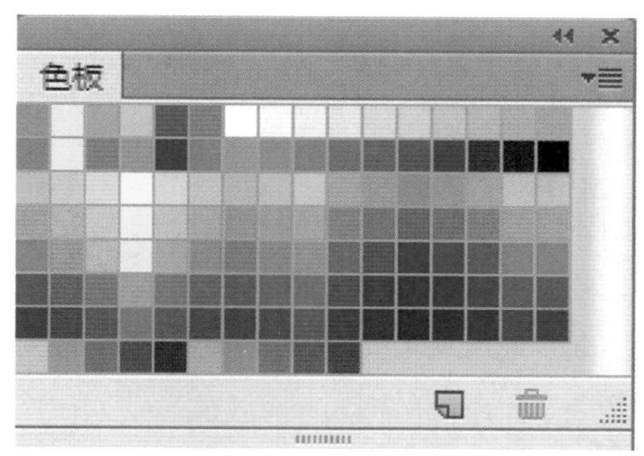

图 1.64　“色板”面板

色。可以从当前图像或屏幕上的任何位置采集色样。“吸管工具”的选项栏如图 1.65 所示。

图 1.65　“吸管工具”的选项栏

● 取样大小：用于更改吸管的取样大小。

● 样本：用来设置取样的图层。

选择前景色，可在图像内直接单击；也可将鼠标指针放置在图像上，按鼠标按钮并在屏幕上随意拖动，前景色会随着拖动不断变化，松开鼠标按钮，即可选取当前位置的颜色为前景色。

选择背景色，可按住“Alt”键在图像内单击；或者将鼠标指针放置在图像上，按住“Alt”键，按下鼠标按钮并在屏幕上随意拖动，背景色会随着拖动不断变化，松开鼠标按钮，即可选取当前位置的颜色为背景色。

4. 油漆桶工具

使用“油漆桶工具”可以在图像中填充前景色或者图案，其选项栏如图 1.66 所示，如果创建了选区，填充的区域为当前选区；如果没有创建选区，填充的就是与鼠标单击处颜色相近的区域。

图 1.66　“油漆桶工具”的选项栏

● 填充源：用来设置填充区域的源，包括“前景”和“图案”两种。

● 模式：用来设置填充内容的混合模式。

● 不透明度：用来设置填充内容的不透明度。

● 容差：用来定义填充像素颜色的相似程度。设置较低的“容差”值会填充颜色范围内与鼠标单击处像素非常相似的像素；设置较高的“容差”值会填充更大范围的像素。

“油漆桶工具”的使用非常简单，只需在选区或者图像中单击鼠标就可以按照在选项栏上所设置的参数进行填充，此处不再举例说明。

5. 渐变工具

利用“渐变工具”可以创建多种颜色间的逐渐混合，产生多种颜色过渡的色彩效果。单击工具箱上的“渐变工具”按钮，其选项栏如图 1.67 所示。

图 1.67 “渐变工具”的选项栏

- 渐变拾色器：可以选择一种用于填充的渐变颜色。
- 线性渐变：以线性的形式从起点渐变到终点。
- 径向渐变：以圆形的形式从中心向周围渐变，产生辐射状渐变效果。
- 角度渐变：围绕起点以逆时针环绕的形式渐变，能产生螺旋形渐变效果。
- 对称渐变：在起点两侧以对称线的形式渐变。
- 菱形渐变：从起点向外以菱形的形式渐变。
- 反向：选中该复选框，可以反转渐变的颜色，即填充后的渐变颜色与预先设置的渐变颜色相反。
- 仿色：选中该复选框可用递色法来表现中间色调，可使渐变效果更加自然、柔和、平滑。
- 透明区域：选中该复选框，可对渐变填充应用透明蒙版。

“渐变工具”的使用方法如下：

新建一个 RGB 颜色模式的图像文件，选择“渐变工具”，在渐变拾色器下拉列表中选择渐变颜色为“橙、黄、橙渐变”。分别选择五种不同的渐变模式，将鼠标移到图像编辑区，从起点拖动到终点，产生渐变效果，各种渐变模式产生的效果如图 1.68 所示。

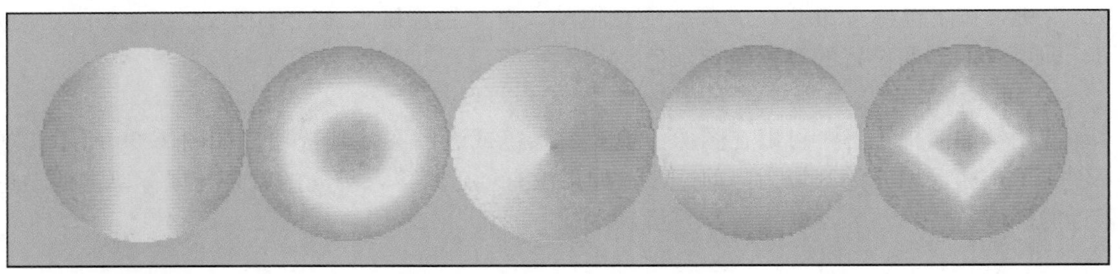

线性渐变　　径向渐变　　角度渐变　　对称渐变　　菱形渐变

图 1.68 各种渐变效果对比

用户除了可以使用 Photoshop 提供的渐变模式外，还可以自己定义渐变模式。单击“渐变工具”选项栏中的渐变颜色块，会打开“渐变编辑器”对话框，如图 1.69 所示。在该对话框中用户可以根据需要来自定义渐变模式，具体定义方法如下：

步骤 1： 双击渐变条下方的色标，这时会打开“拾色器”对话框，在该对话框中可以选择一种颜色（如黄色）。

步骤 2： 然后在渐变条下方单击，可添加一个色标，参照步骤 1，将其设置为“绿色”。

步骤 3： 单击“绿色”色标并向右侧拖动，以调整该渐变色的位置。

步骤 4： 在“名称”框中输入新的渐变模式名称。

步骤 5： 单击“新建”按钮，新的渐变模式即被添加到“预设”框中，如图 1.70 所示。

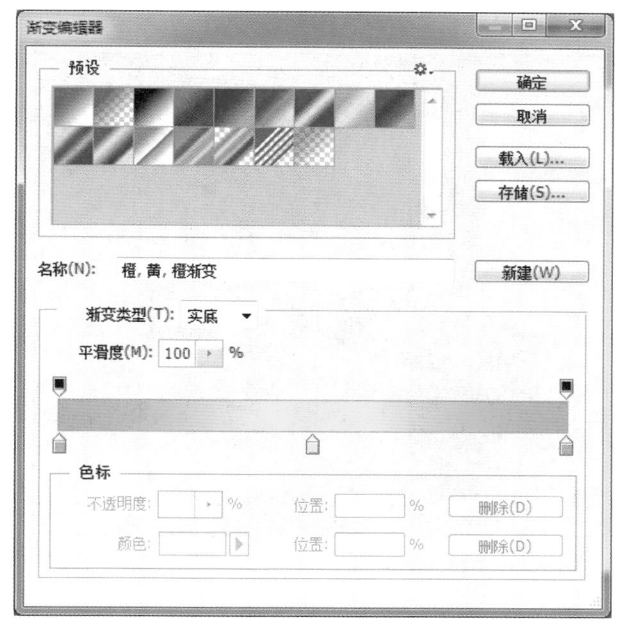

图 1.69　“渐变编辑器”对话框

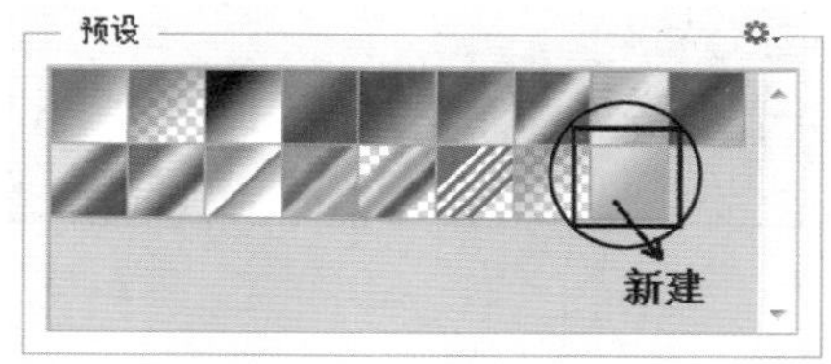

图 1.70　自定义渐变模式

6. 翻转图像

Photoshop 提供了“水平翻转”、“垂直翻转”命令，帮助用户实现图像的水平和垂直翻转。

下例是运用“水平翻转”、“垂直翻转”命令制作的效果，具体操作步骤如下：

步骤 1：打开配套素材文件 01/相关知识/蛙 . psd，如图 1.71 所示，可以从图中看出，图像和影子不协调。

步骤 2：选择右侧的青蛙，按“Ctrl+T”组合键，然后单击右键将出现如图 1.72 所示的快捷菜单。选择“水平翻转”命令。

图 1.71　素材图

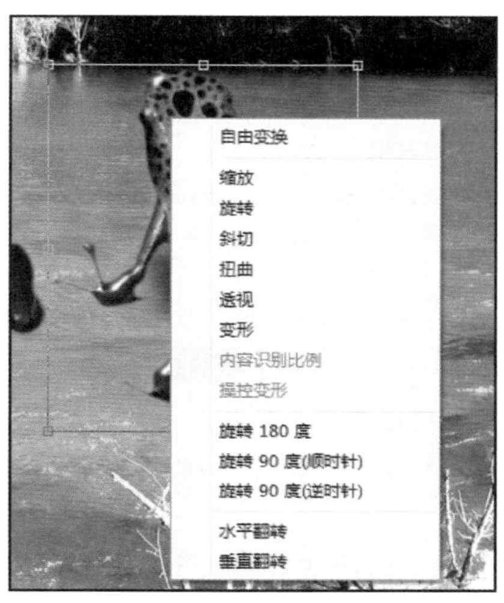

图 1.72　快捷菜单

步骤 3：对右侧青蛙进行水平翻转，效果如图 1.73 左图所示。对两只青蛙的影子分别进行垂直翻转，操作的最后效果如图 1.73 右图所示。

图 1.73　水平翻转和垂直翻转后的效果

1.3.3　任务实现

步骤 1： 新建一个背景为白色的 RGB 文件。具体设置如图 1.74 所示。

新建
名称(N)：水中花
预设(P)：自定
大小(I)：
宽度(W)：518　像素
高度(H)：400　像素
分辨率(R)：72　像素/英寸
颜色模式(M)：RGB 颜色　8 位
背景内容(C)：白色
高级
颜色配置文件(O)：工作中的 RGB: sRGB IEC6196...
像素长宽比(X)：方形像素
确定
取消
存储预设(S)...
删除预设(D)...
图像大小：
607.0K

图 1.74　“新建”对话框

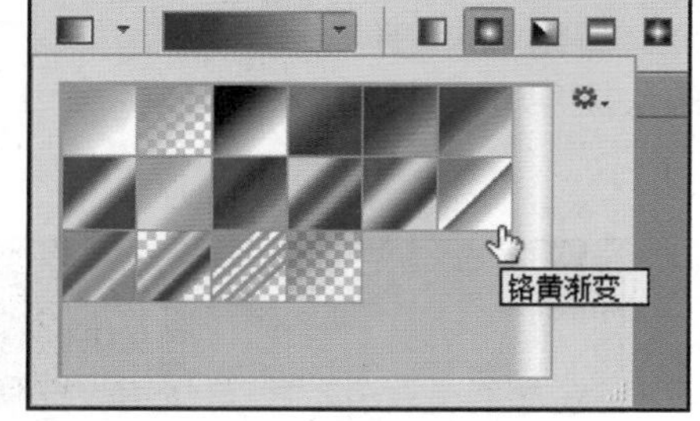

图 1.75　选择渐变色

步骤 2： 选择工具箱中的“渐变工具”，在选项栏中选择“径向渐变”模式，然后点击“渐变颜色”下拉列表，在打开的“渐变编辑器”对话框中选择预设的“铬黄渐变”，如图 1.75 所示。

步骤 3： 从画布的中心点开始拖动鼠标左键到画布的右下角，最终的填充效果如图 1.76 所示。

步骤 4： 按“Ctrl ＋ Shift ＋ N”组合键，弹出“新建图层”对话框，如图 1.77 所示，单击“确定”按钮，选择“椭圆选框工具”，绘制一个椭圆选区，如图 1.78 所示。

图 1.76　填充效果

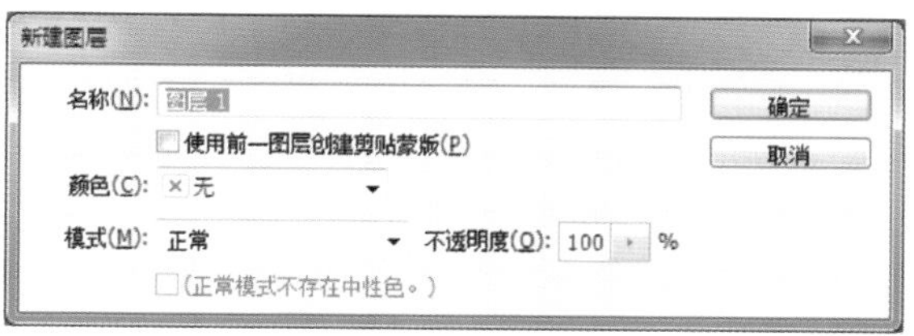

图 1.77　“新建图层”对话框

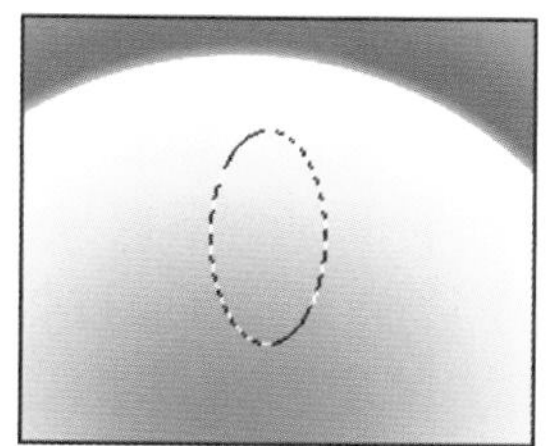

图 1.78　绘制椭圆选区

步骤5：选择“渐变工具”，在其选项栏中选择“径向渐变”模式，打开“渐变编辑器”对话框，新建渐变色，其色标设置如图1.79所示，对选区进行填充，如图1.80所示。

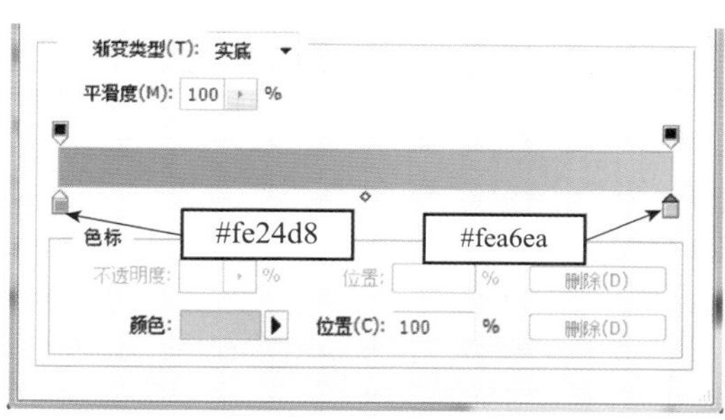

图 1.79　“渐变编辑器”对话框

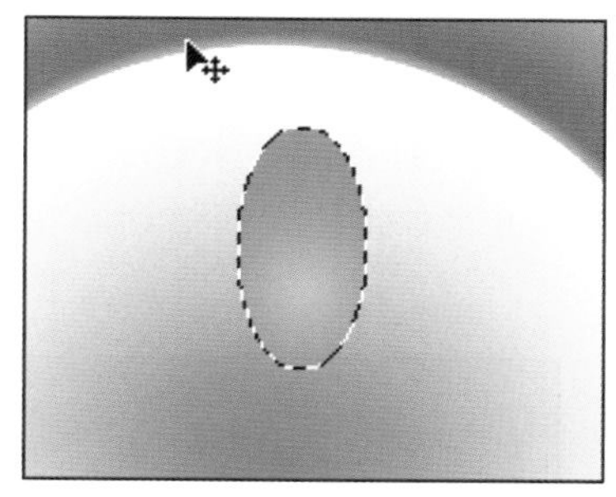

图 1.80　填充选区

步骤6：按“Ctrl+ T”组合键，在选项栏按 按钮，对选区进行变形操作，变形后的效果如图1.81所示，按“Enter”键确认。

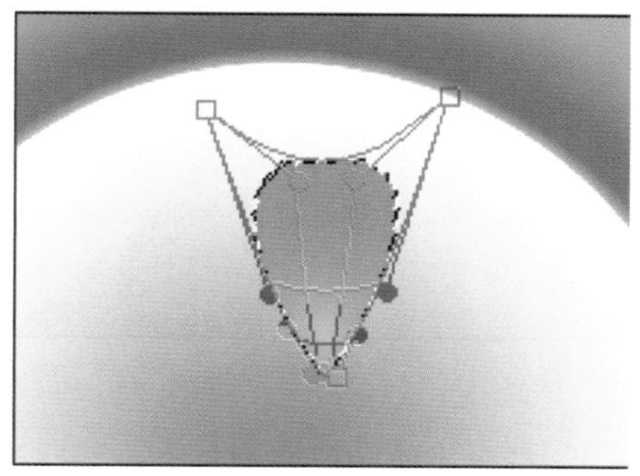

图 1.81　变形效果

步骤 7：按“Ctrl+J”组合键，复制“图层 1”，按“Ctrl + T”组合键，将中心点位置移动到花的底端，如图 1.82 左图所示。然后将其旋转，旋转后的花瓣效果如图 1.82 右图所示。

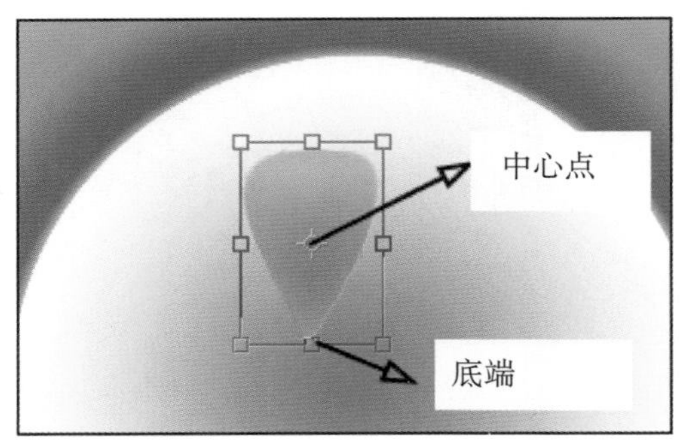

图 1.82　改变中心点的位置以及旋转后的花瓣

步骤 8：多次重复步骤 7，得到如图 1.83 所示的效果，将除了背景层外的花瓣图层都选中（单击背景层上面的图层，按住“Shift”键，再单击“图层”面板最上面的图层），然后按“Ctrl+ E”组合键合并图层。

图 1.83　花的效果

步骤 9：选中花所在的图层，按“Ctrl+T”组合键，将花朵调小，再按“Ctrl+J”组合键复制图层，再次按“Ctrl + T”组合键，然后单击右键并在出现的快捷菜单中选择“垂直翻转”，如图 1.84 所示。

步骤 10：按键盘的数字键“5”，将复制的图层变成半透明，将位置调整到原花朵下方，并将两朵花所在的图层合并，效果如图 1.85 所示。

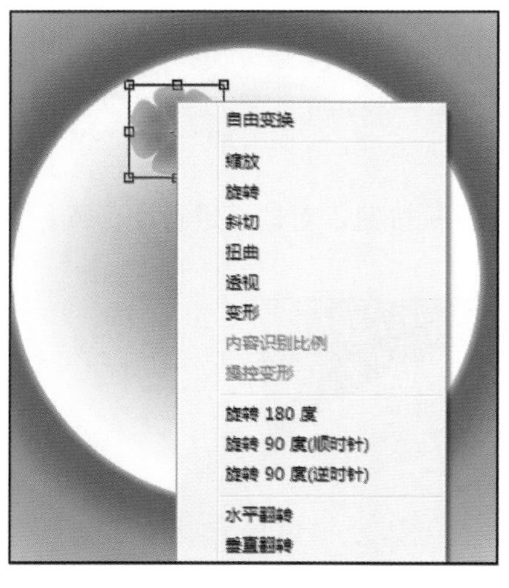

图 1.84　垂直翻转

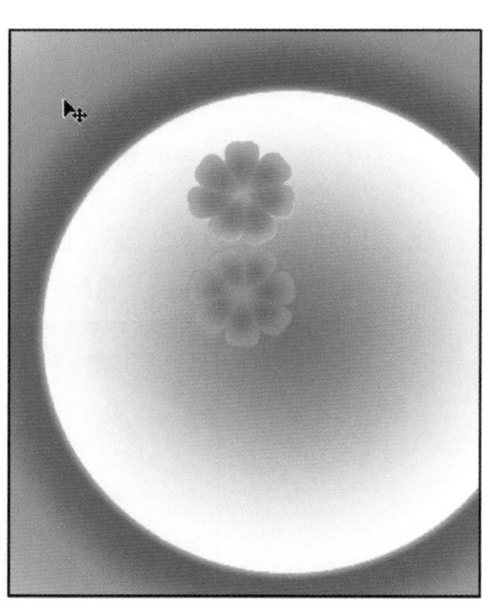

图 1.85　合并两朵花所在的图层

步骤 11：再按住“Ctrl+J”复制当前图层，调整大小并移动位置，如图 1.86 所示。

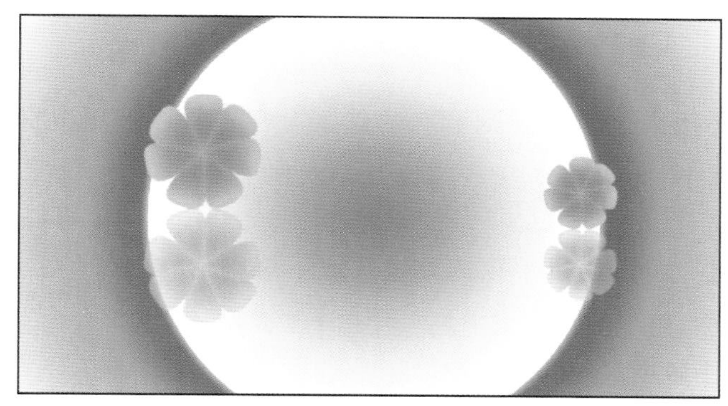

图 1.86　再次调整后花的效果

步骤 12：重复步骤 11，再复制，并调整位置，最终的效果如图 1.62 所示。

1.3.4 练习实践

运用“椭圆选框工具”、“渐变工具”、“自由变换”等制作一个变形球体，复制并垂直翻转后，改变其透明度。按照同样的方式，再制作两个颜色不一样的球体，效果如图 1.87 所示。

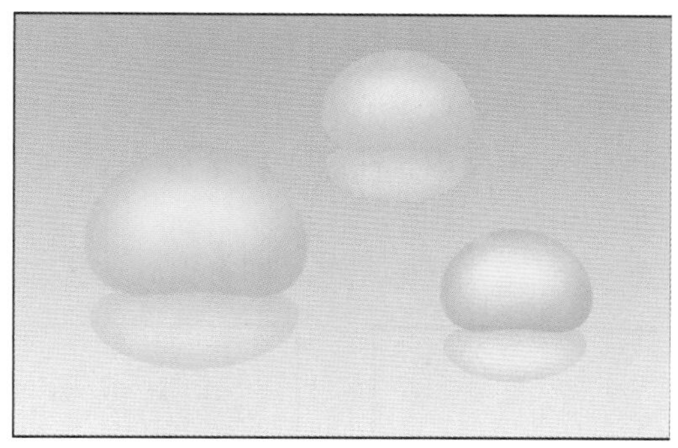

图 1.87　变形球体效果

任务 4　设计鲜花字效果

1.4.1　任务描述

本任务实现的是文字特效的设计，首先利用“横排文字工具”并结合特殊字体创建文本图层，再利用“魔棒工具”、“磁性套索工具”、“自由变换”功能对置入的图像进行调整变换，最后运用“图层样式”功能为图像设置阴影、投影、外发光等效果，其最终效果如图 1.88 所示。

图 1.88　鲜花字效果

1.4.2 相关知识

1. 套索工具组

套索工具组主要用来创建不规则形状的选区。在工具箱上用鼠标右键单击“套索工具”按钮，会打开下拉工具列表，可在其中选择不同的套索工具，如图 1.89 所示。

（1）套索工具。

使用“套索工具”可以通过手控的方式选取不规则形状的曲线区域。单击工具箱中的“套索工具”按钮，选项栏如图 1.90 所示，其中各项参数的含义与“矩形选框工具”选项栏中各参数的含义基本相同。

图 1.89 套索工具组

图 1.90 “套索工具”的选项栏

使用“套索工具”创建不规则选区的具体操作方法如下：

步骤 1：打开配套素材文件 01/相关知识/条形图 .jpg，单击工具箱中的“套索工具”按钮，在其选项栏中对相应的参数进行设置。

步骤 2：将光标移动到图像编辑区中，此时光标将变为形状，从要创建选区的起点开始，按住鼠标左键并拖动，如图 1.91 所示。

步骤 3：当起点与终点重合时释放鼠标左键，即可得到选区。如图 1.92 所示。

图 1.91 绘制选区的过程

图 1.92 “套索工具”创建的选区

（2）多边形套索工具。

使用“多边形套索工具”可以通过手控的方式选取具有直边的图像部分，一般多用于选取多边形选区，如三角形、梯形和五角星等。右键单击工具箱中的“套索工具”按钮，在打开的下拉工具列表中选择“多边形套索工具”按钮，选项栏如图 1.93 所示。其中各参数的含义与“矩形选框工具”选项栏中各参数的含义基本相同。

使用“多边形套索工具”创建选区的具体操作方法如下：

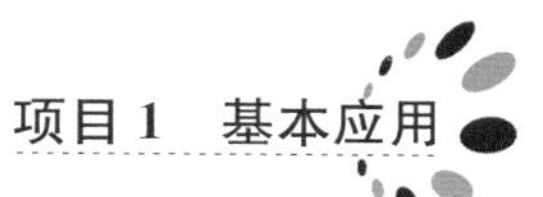

图 1.93　“多边形套索工具”的选项栏

步骤 1：打开配套素材文件 01/相关知识/五角星 .jpg，右键单击工具箱中的“套索工具”按钮，在打开的菜单中选择“多边形套索工具”按钮，在其选项栏中对相应的参数进行设置。

步骤 2：将鼠标移动到图像编辑区中，此时光标将变为形状，单击鼠标以确定起点。

步骤 3：移动鼠标，在转折处单击以确定选区的另一个端点，如图 1.94 所示。

步骤 4：当欲选择的范围全部选中且起点与终点重合时，光标将变为形状，此时单击鼠标即可得到一个封闭的选区，如图 1.95 所示。

图 1.94　绘制选区的过程

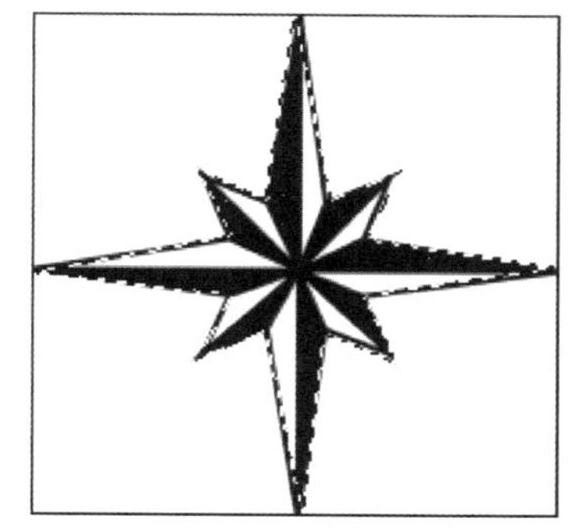

图 1.95　“多边形套索工具”创建的选区

（3）磁性套索工具。

“磁性套索工具”是三种套索工具中功能最强大的，该工具可以自动与区域的边缘对齐，具有方便、准确、灵活的特点。

右键单击工具箱中的“套索工具”按钮，在打开的下拉工具列表中选择“磁性套索工具”按钮，此时选项栏如图 1.96 所示。

图 1.96　“磁性套索工具”的选项栏

“磁性套索工具”选项栏中的各项参数作用如下：

- 羽化和消除锯齿：这两个参数与“矩形选框工具”中的羽化和消除锯齿作用一样。
- 宽度：用于设置磁性套索的宽度，取值范围为 1～40 像素，值越小，检测越精确。
- 对比度：用于设置创建选区时边缘的对比度，取值范围为 1%～100%，较高的百分比可以检测对比鲜明的边缘，较低的百分比则检测低对比度边缘。
- 频率：用于设置选取时的定位节点的数量，取值范围为 1～100。值越大，节点越多，如图 1.97 所示。
- 钢笔压力：用于设定绘图板的笔刷压力。该选项只有安装了绘图板及其驱动程序时才有效。

频率值为 20

频率值为 100

图 1.97　不同频率值的节点效果

使用“磁性套索工具”创建选区的具体操作方法如下：

步骤 1： 打开配套素材文件 01/相关知识/向日葵 .jpg，右键单击工具箱中的“套索工具”按钮，在打开的下拉工具列表选择“磁性套索工具”按钮，在其选项栏中对相应的参数进行设置。

步骤 2： 将鼠标移动到图像编辑区中，此时光标将变为形状，单击鼠标以确定起点。

步骤 3： 沿着要选取的区域边缘移动鼠标，将产生一条套索线并自动附着在图像的边界，每隔一段距离将产生一个节点，节点数量与设置的“频率”值有关。

步骤 4： 当起点与终点重合时，光标将变为形状 ，此时单击鼠标即可得到一个封闭的选区，如图 1.98 所示。

2. 快速选择工具组

快速选择工具组提供的工具可以选择图像内色彩相同或相近的区域，而不必跟踪其轮廓。在工具箱上用鼠标右键单击快速选择工具按钮，出现快速选择工具的下拉列表，如图 1.99 所示。

图 1.98　“磁性套索工具”创建的选区

图 1.99　快速选择工具组

“快速选择工具”的使用方法是基于画笔模式的。也就是说，可以拖动“快速选择工具”“画”出所需要的选区。如果是选取离边缘比较远的较大区域，就要使用粗一些的画笔；如果要选取边缘则换成细一些的画笔，这样才能尽量避免选取背景像素。

再次打开配套素材文件01/相关知识/向日葵.jpg，单击工具箱中的“快速选择工具”，设置画笔大小为“30”，在花朵内部拖动鼠标，即可创建如图1.100所示的选区。继续在花朵内部拖动鼠标，直到选区创建完成，如图1.101所示。

图1.100 绘制选区的过程

图1.101 “快速选择工具”创建的选区

3. 文字工具组

文字是艺术作品中常用的元素之一，使用Photoshop制作各种精美的图像时，可以使用文字增加作品的主题内容，图像中适当的文字可以起到画龙点睛的效果。如果为文字赋予合适的艺术效果，可以使图像的美感得到极大的提升。

在工具箱中右键单击文字工具组按钮，会打开下拉工具列表，其中包括“横排文字工具”、“直排文字工具”、“横排文字蒙版工具”和“直排文字蒙版工具”。

（1）横排文字工具。

使用“横排文字工具”，可以在图像上创建水平排列的文字，操作方法如下：

步骤1：在工具箱中选择“横排文字工具”，此时选项栏如图1.102所示，可对输入的横排文字进行格式设置。

图1.102 “横排文字工具”的选项栏

步骤2：在图像中放置文字处单击一下，即可在该位置插入了一个文本光标，在光标后面输入要添加的文字，如图1.103所示。

（2）直排文字工具。

为图像添加垂直排列文本的操作方法与添加水平排列文本的操作方法相同。

在工具箱中选择“直排文字工具”，然后在图像中单击并在光标后面输入文字，即可得到垂直排列的文字，效果如图1.104所示。

（3）文字选区工具。

使用“横排文字蒙版工具”和“直排文字蒙版工具”，能够创建水平或垂直文字选区。文字选区是一类特别的选区，它具有文字的外形。使用文字选择区域可以非常轻松地创建文字形选区，下面通过一个实例来说明文字选区工具的用法。

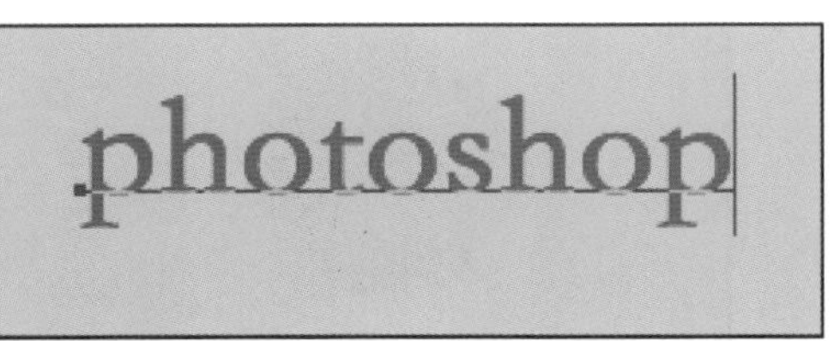

图 1.103　输入横排文字

图 1.104　输入直排文字

步骤 1： 在工具箱中选择“横排文字蒙版工具”，在图像中插入一个文本光标，在输入状态下图像背景呈淡红色。

步骤 2： 在淡红色背景下输入文字，此时文字为实心文字，如图 1.105 所示。

步骤 3： 在选项栏中单击“提交所有当前编辑”按钮退出文字编辑状态，可看到如图 1.106 所示的文字选区。

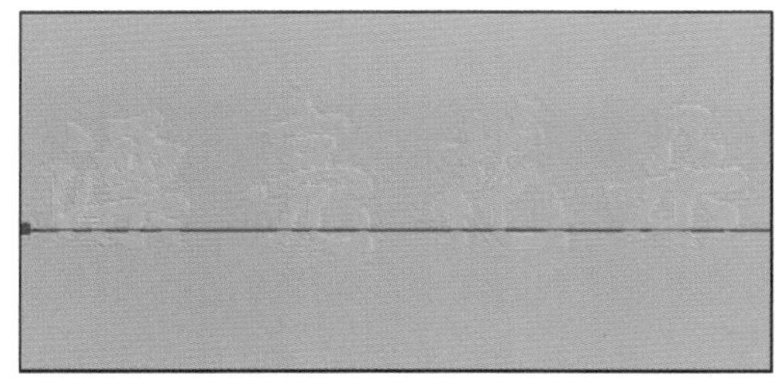

图 1.105　输入文字

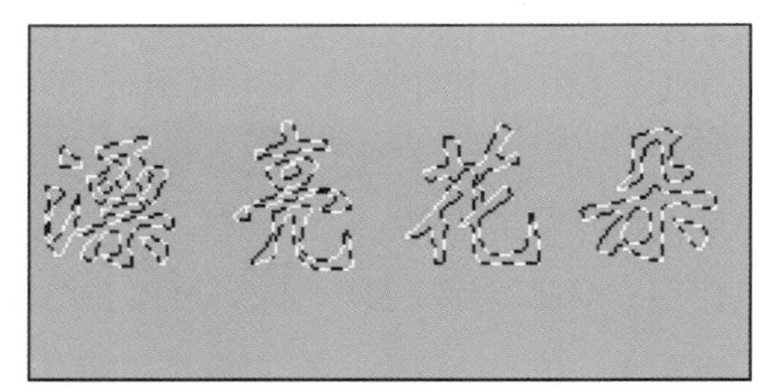

图 1.106　创建文字选区

步骤 4： 打开配套素材文件 01/相关知识/花瓣 .jpg，如图 1.107 所示。

步骤 5： 按“Ctrl＋A”组合键，执行全选操作，按“Ctrl＋C”组合键，执行复制操作。

步骤 6： 切换到文字选择区域所在文件，选择“编辑｜选择性粘贴｜贴入”菜单，得到如图 1.108 所示的图像文字效果。

图 1.107　素材图

图 1.108　图像文字效果

4. 格式化文本

格式化文本包括对文本字符和文本段落的格式设置，除了在介绍“横排文字工具”时使用的选项栏之外，还可以通过“字符/段落”面板对文字进行格式化处理。

（1）字符面板。

使用“字符”面板可以对文字的字符属性进行设置，包括设置文字的字体、大小、颜色、间距和行距等。在选项栏中单击“切换字符和段落面板”按钮，可打开“字符”面板，如图 1.109 所示。在面板中设置需要改变的选项，然后单击选项栏中的“提交所有当前编辑”按钮✔确认即可。

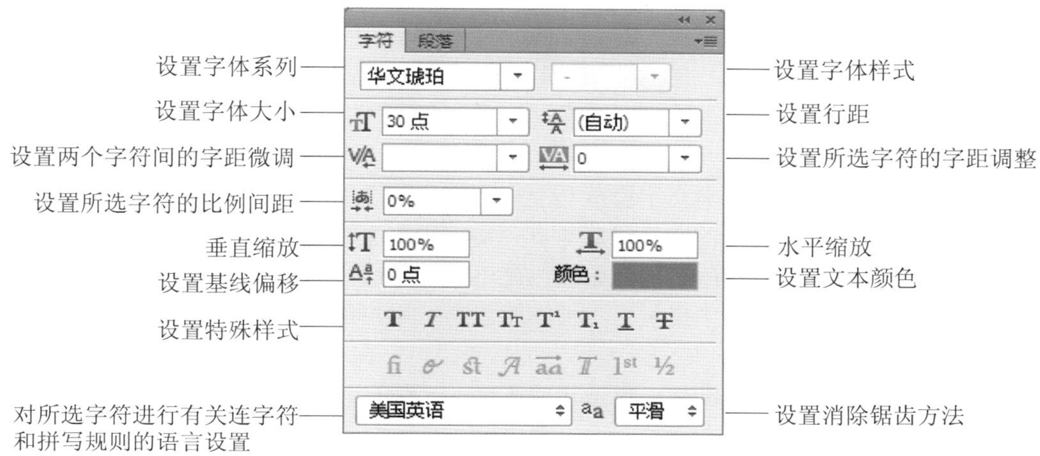

图 1.109　“字符”面板

“字符”面板各选项的作用如下：

- 设置行距：在此数据框中输入数值或在下拉表框中选择一个数值，可以设置两行文字之间的距离，数值越大，行间距越大。
- 垂直缩放/水平缩放：这两个数值能够改变被选中文字的水平及垂直缩放比例，得到较高或较宽的文字效果。
- 设置所选字符的字距调整：此数值控制了所有选中文字的间距，数值越大，间距越大。
- 设置特殊样式：单击其中的按钮可以将选中的文字改变为该按钮指定的特殊显示形式。可将文字改变为粗体、斜体、全部大写、小型大写、上标、下标或为文字添加下划线和删除线等。

（2）段落面板。

如果输入的文本较多，形成段落后，就需要对文字的段落进行调整。对段落的设置是应用于整个段落而不只是单个字符，例如段前空格、段后空格、对齐方式等，下面将讲解如何通过“段落”面板来设置段落属性。

单击“字符”面板右侧的“段落”标签，打开如图 1.110 所示的“段落”面板。在面板中设置需要改变的选项，然后单击选项栏中的“提交所有当前编辑”按钮✔确认即可。

“段落”面板各选项的作用如下：

- 文本对齐方式：选中要设置的文本，单击其中的选项为所选文本设置对齐方式。
- 左缩进：设置文字段落的左侧相对于左编辑框的缩进值。
- 右缩进：设置文字段落的右侧相对于右编辑框的缩进值。
- 首行缩进：设置选中段落的首行相对其他行的缩进值。

图 1.110 “段落”面板

- 段前添加空格：设置当前文字段落与上一文字段落之间的垂直间距。
- 段后添加空格：设置当前文字段落与下一文字段落之间的垂直间距。
- 避头尾法则设置：设置一行的开始或结尾不能出现固定的字符集。
- 间距组合设置：该选项中提供了 4 种间距组合。用户可以通过选择一种组合来设置字符间距。
- 连字：设置手动或自动断字，仅适用于 Roman 字符。

5. 文字变形效果

使用“文字工具”选项栏中的“创建文字变形”按钮，可以使文字扭曲变形，用这一功能可以使图像中的文字效果更加丰富，在 Photoshop 中提供了 15 种文字扭曲效果，图 1.111 所示是“变形文字”对话框。

6. 置入文件

“置入文件”功能可以将照片、图片或任何 Photoshop 支持的文件作为智能对象添加到文档中。可以对智能对象进行缩放、定位、斜切、旋转或变形操作，而不会降低图像的质量。

智能对象是包含栅格或矢量图像（如 Photoshop 或 Illustrator 文件）中的图像数据的图层。智能对象将保留图像的源内容及其所有原始特性，从而让用户能够对图层执行非破坏性编辑。

选择“文件｜置入”菜单，将出现如图 1.112 所示的对话框，选择要置入的文件，单击“置入”按钮。

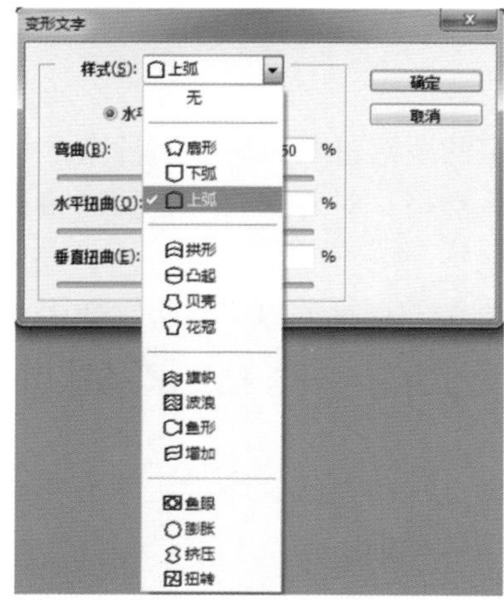

图 1.111 “变形文字”对话框

图 1.112 “置入”对话框

此时可看到置入的图像，但不能应用，图像上面有方框和叉线。如图 1.113 所示，按“Enter”键或双击图层可以激活置入的图像。

如果需要对置入的图像进行编辑，需对该图层进行“栅格化”处理，具体方式是：在“图层”面板中右键单击该图层，在打开的快捷菜单中选择“栅格化图层”，如图 1.114 所示。

图 1.113　置入图像

图 1.114　栅格化图层

7. 编辑选区

创建选区后，经常要根据实际情况对选区进行修改，如移动选区、增减选区、调整选区、反选、存储和载入选区等操作。

（1）移动选区。

要移动选区，可先选择工具箱中的任意选择工具，然后将指针移动到当前选区内，按下鼠标左键，将其拖动到适当的位置后释放鼠标左键即可，移动前后的效果如图 1.115 所示。

图 1.115　选区移动前后的效果

（2）增减选区。

1）增加选区。

步骤 1： 利用选择工具选项栏中的“添加到选区”按钮，可以增加选区。打开配套素材文件 01/相关知识/圆柱体 .jpg，如图 1.116 所示。首先使用工具箱中的“矩形选框工具”，绘制一个矩形选区，如图 1.117 所示。

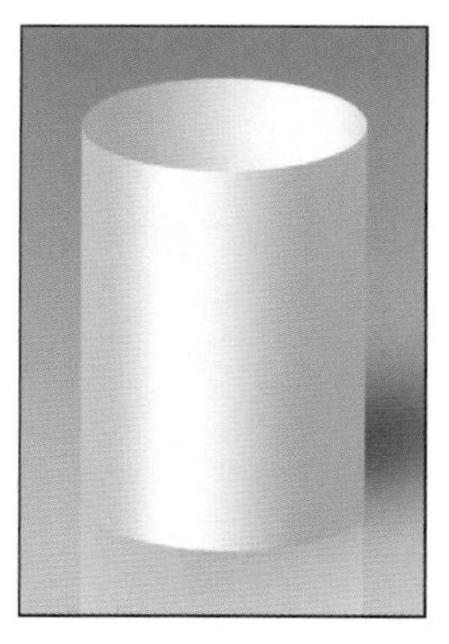
图 1.116　素材图

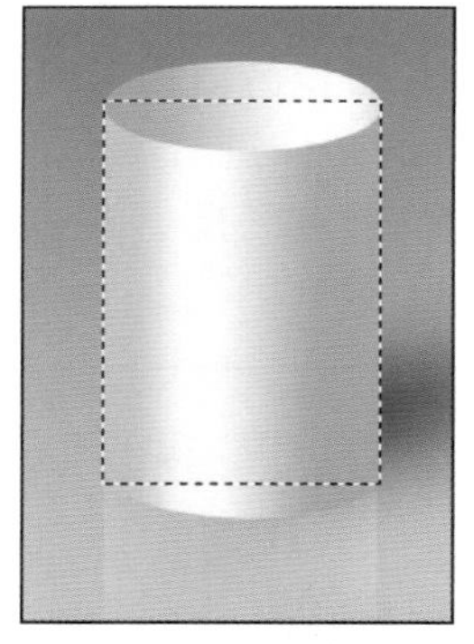
图 1.117　绘制矩形选区

步骤 2：使用工具箱中的“椭圆选框工具”，在如图 1.118 所示的鼠标指针位置按住“Shift”键，并拖动鼠标左键，增加选区。增加后的选区如图 1.119 所示。

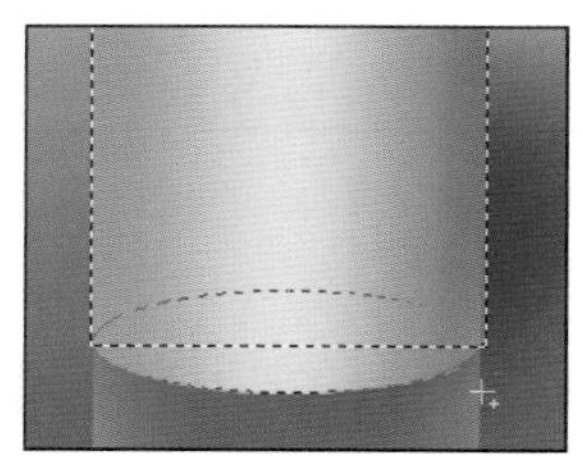
图 1.118　鼠标指针在右下

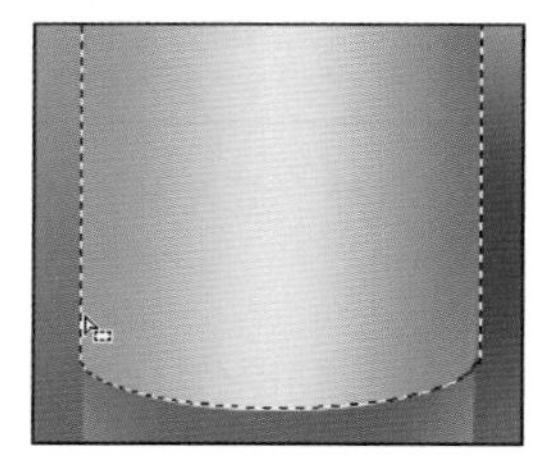
图 1.119　增加选区后的效果

2）减去选区。

选择工具箱中的“椭圆选框工具”，在如图 1.120 所示的鼠标指针位置按住“Alt”键，并拖动鼠标左键，减少选区，如图 1.121 所示。这样就将圆柱体的柱面选中了。

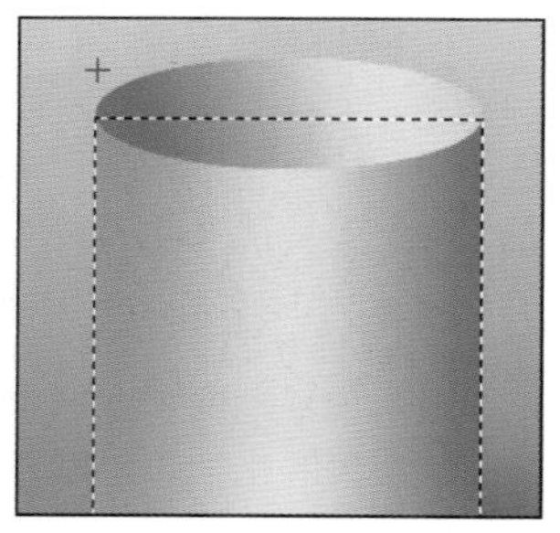
图 1.120　鼠标指针在左上

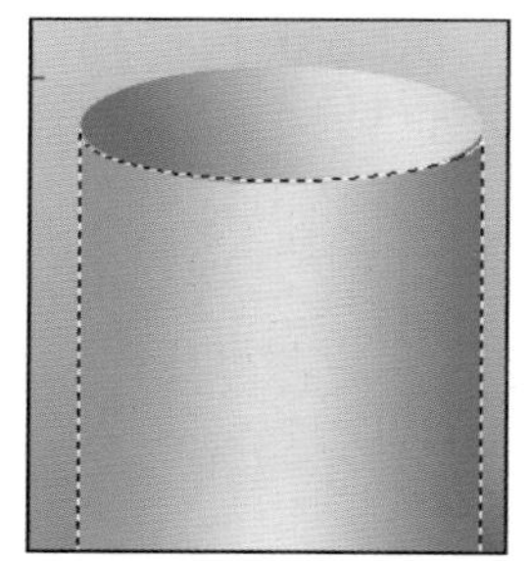
图 1.121　减去选区后的效果

（3）调整选区。

调整选区操作主要包括扩大选区、缩小选区、扩边等。

1）扩大选区。

扩大选区就是指扩大选区的范围，下面主要介绍三种扩大选区的方法。

方法一：

步骤 1：打开配套素材文件 01/相关知识/玫瑰花 .jpg，选择“魔棒工具”，设置容差为“15”，单击图像白色区域部分，然后按“Ctrl+Shift+I”组合键反选，如图 1.122 所示。

步骤 2：选择“选择｜修改｜扩展”菜单，打开“扩展选区”对话框，在“扩展量”文

本框中输入需要的像素值，如图 1.123 所示。

图 1.122　创建选区

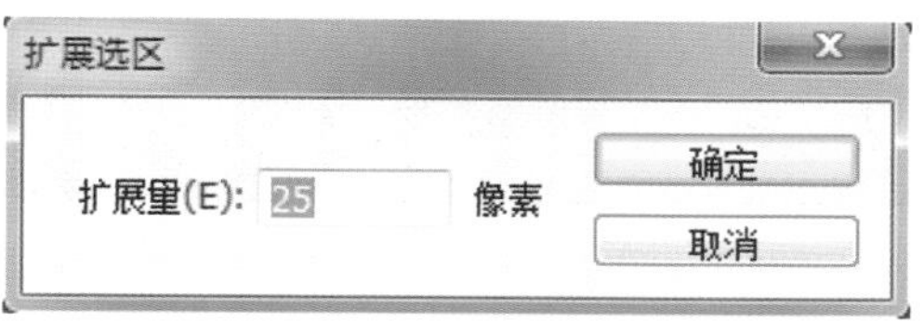

图 1.123　“扩展选区”对话框

步骤 3：单击“确定”按钮，即可扩大选区，效果如图 1.124 左图所示。将前景色设置为粉色，新建一个图层，然后按“Alt+Delete”键填充选区，并按键盘的数字键“5”，将图层调整为半透明状态，将可以看到扩展的粉色半透明玫瑰区域，如图 1.124 右图所示。

图 1.124　“扩展选区”以及填充半透明粉色后的效果

方法二：打开配套素材文件 01/相关知识/美人蕉 .jpg，在选区已经创建的情况下，选择“选择｜扩大选取”菜单，可以扩大原有的选取范围，所扩大的范围是原选区相邻和颜色相近的区域，颜色的近似程度取决于“魔棒工具”选项栏中的“容差”参数值。执行“扩大选取”操作前后的效果如图 1.125 所示。

图 1.125　执行“扩大选取”操作前后的效果

方法三：利用方法二所用的素材，在选区已创建的情况下，选择“选择｜选取相似”菜单，可以扩大原有的选取范围，所扩大的范围是把图像中所有近似颜色的区域都包括进来。执行“选取相似”操作前后的效果如图 1.126 所示。

图 1.126　执行“选取相似”操作前后的效果

2）缩小选区。

缩小选区功能可以使选区内容减少，与扩大选区的功能恰好相反。打开配套素材文件 01/相关知识/香蕉.jpg，选择“选择｜修改｜收缩”菜单，打开“收缩选区”对话框，如图 1.127 所示。在该对话框中设置“收缩量”参数值（在这里设置为“20”），单击“确定”按钮，即可完成缩小选区的操作。缩小选区前后的效果如图 1.128 所示。

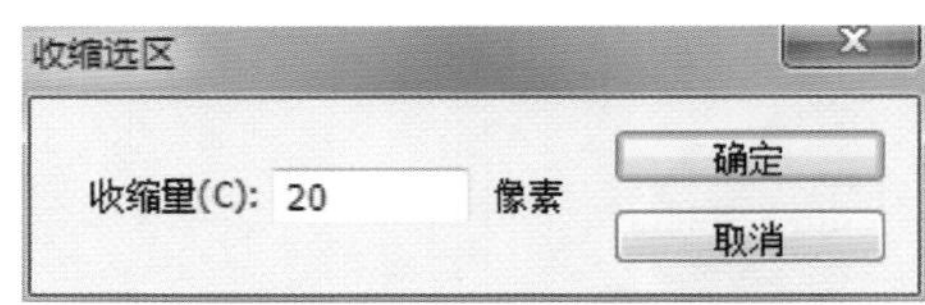

图 1.127　“收缩选区”对话框

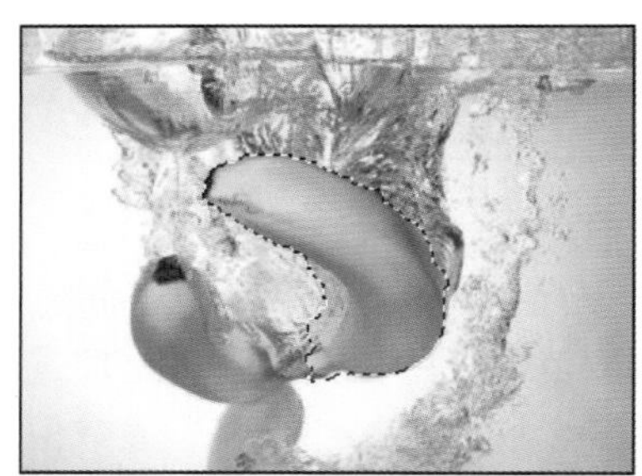
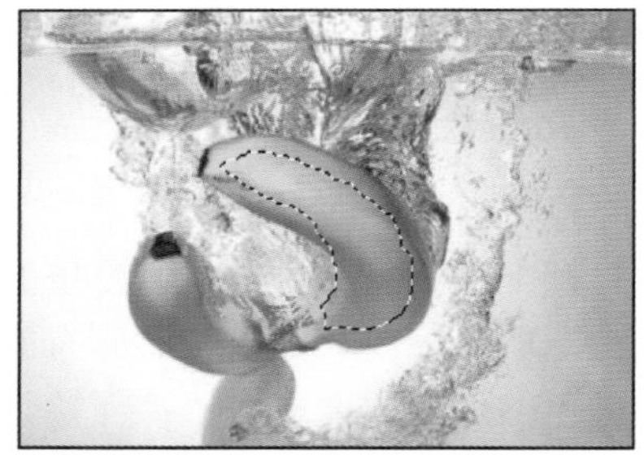

图 1.128　缩小选区前后的效果

3）扩边。

选择“选择｜修改｜边界”菜单，打开“边界选区”对话框，如图 1.129 所示。在“宽度”文本框中输入一个像素值，介于 1～200（在这里输入“50”），然后单击“确定”按钮，即可扩大选区，如图 1.130 所示。

图 1.129　“边界选区”对话框

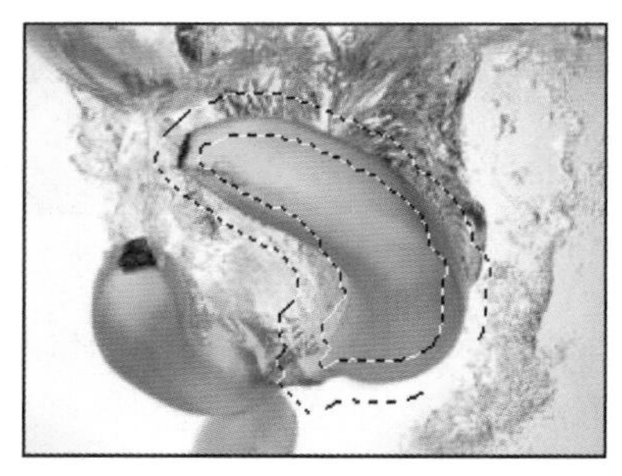

图 1.130　扩边后的效果

（4）反选。

反选是指选取当前选区之外的部分，即非当前选区。方法是选择“选择｜反向”菜单，或按“Ctrl＋Shift＋I”组合键，效果如图 1.131 所示。通常情况下，可以先选取图像中易选取的部分，然后通过“反选”操作得到其余需要而不易选取的部分。

图 1.131　原选区与反选效果

（5）存储和载入选区。

选区创建完成后，可以利用 Photoshop 提供的存储选区功能将其保存；也可以将已经保存的选区应用到图像中，即载入选区。

1）存储选区。

选区创建完成后，选择“选择｜存储选区”菜单，打开“存储选区”对话框，如图 1.132 所示。

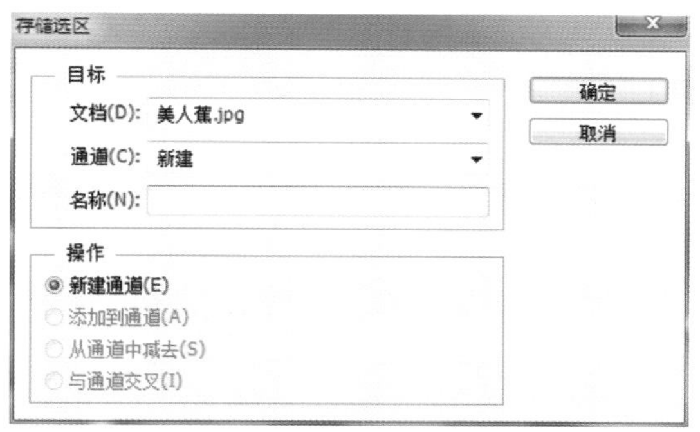

图 1.132　“存储选区”对话框

该对话框中各选项的作用如下：

- 文档：用于选择存储选区的目标图像文件，默认为当前图像文件；也可选择“新建”选项，创建一个新文档来保存选区。
- 通道：用于设置保存选区的通道。
- 名称：在“通道”下拉列表框中选择“新建”选项后，该项设置才有效，其作用在于设置新通道的名称。
- 操作：用于设置保存的选区和原选区之间的组合关系。默认为“新建通道”，其他选项只有在“通道”下拉列表框中选择了已经保存的 Alpha 通道时才有效。

在“存储选区”对话框中设置好各项内容后，单击“确定”按钮即可保存该选区。

2）载入选区。

若要将已保存好的选区应用到图像中，可以选择“选择｜载入选区”菜单，打开“载入选区”对话框，如图 1.133 所示。

载入选区
源
文档(D): 未标题-2
通道(C): 图层 1透明
反相(V)
操作
新建选区(N)
添加到选区(A)
从选区中减去(S)
与选区交叉(I)
确定
取消

图 1.133 “载入选区”对话框

该对话框中各选项的作用如下：

- 文档：用于选择要载入选区的图像文件。
- 通道：用于选择载入哪一个通道中的选区。
- 反相：用于将选区反选。
- 新建选区：用于将新载入的选区代替原选区。
- 添加到选区：用于将新载入的选区与原选区相加。
- 从选区中减去：用于将新载入的选区与原选区相减。
- 与选区交叉：用于将新载入的选区与原有的选区交叉。

在“载入选区”对话框中设置好各选项后，单击“确定”按钮即可载入该选区。

1.4.3 任务实现

步骤 1： 打开配套素材文件 01/任务实现/背景.jpg，如图 1.134 所示。

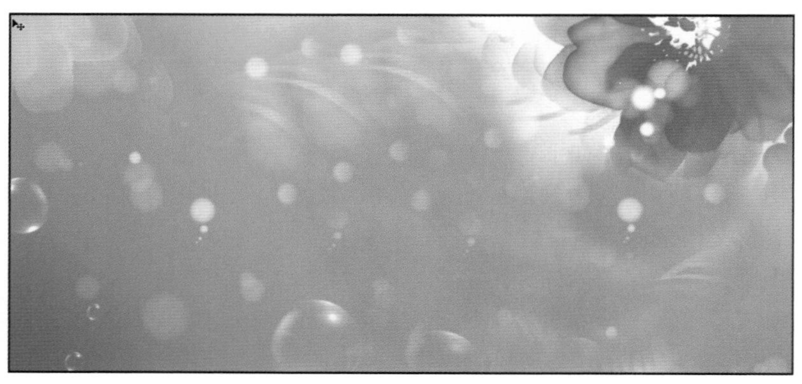

图 1.134 素材图

步骤 2： 选择“文件｜置入”菜单，置入本书的配套素材文件 01/任务实现/向日葵.jpg，然后按“Enter”键，如图 1.135 所示。

步骤 3： 在“图层”面板中右键单击“向日葵”图层，在打开的快捷菜单中选择“栅格

化图层”，如图 1.136 所示。

图 1.135　置入文件

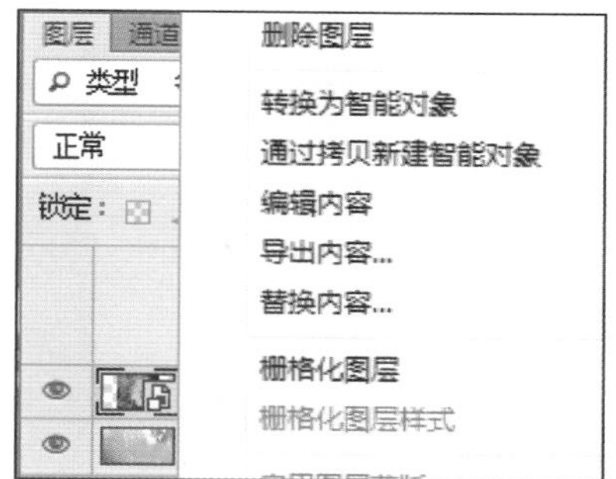

图 1.136　栅格化图层

步骤 4：选择“文件｜置入”菜单，置入本书的配套素材文件 01/任务实现/红花.jpg，然后按“Enter”键，并栅格化图层，效果如图 1.137 所示。

步骤 5：选择“魔棒工具”，容差设为“50”，单击花朵背景处，将背景选中，然后单击“Delete”键，删除花朵以外的图像部分，效果 1.138 所示。

图 1.137　置入文件并栅格化图层

图 1.138　删除花朵以外的图像部分

步骤 6：置入配套素材文件 01/任务实现/白花.jpg，重复步骤 4、步骤 5，注意此时的“魔棒工具”容差设置为“15”，最终的效果如图 1.139 所示。

步骤 7：置入配套素材文件 01/任务实现/黄花.jpg，按“Enter”键栅格化图层，用“磁性套索工具”选择黄花所在的区域，然后按“Ctrl+Shift+I”组合键反选。按“Delete”键，将花朵以外的图像部分删除。再按“Ctrl+D”组合键取消选区，效果如图 1.140 所示。

图 1.139　白花效果

图 1.140　删除花朵以外的图像部分

步骤 8：从工具箱中选择“横排文字工具”，打开“字符”面板，并按照如图 1.141 所示进行设置（字体见素材文件夹 01/任务实现/ilsscript. ttf，需先安装该字库文件），输入“HearT”，注意“H”、“T”要大写，输入后的效果如图 1. 142 所示。

图 1. 141 “字符”面板

图 1. 142 文字输入后的效果

步骤 9：按“F7”键，显示“图层”面板，单击文字所在图层前面的图标，将该图层隐藏。按住“Alt”键，拖动各个花朵所在的图层，复制花朵，改变花的大小，让花充满文字区域，按照如图 1. 143 所示的位置摆放。

图 1. 143 花朵摆放的位置

步骤 10：显示文字所在的图层，在文字的上面再放置一些小花做装饰，摆放位置和大小调整可以参考图 1. 144。鼠标单击文本图层下面的图层，按住“Shift”键，再单击“背景”图层上面的图层，然后按“Ctrl+E”组合键将选中的图层合并。

图 1. 144 在文字上放置花朵

步骤 11：按“Ctrl”键单击文本图层，生成文字选区，右键单击文本图层，在打开的快捷菜单中选择“栅格化文字”，然后按“Delete”键删除文字填充部分。选中文本图层下面的图层，按“Ctrl+Shift+I”反选，按“Delete”键，删除后的效果如图 1. 145 所示。

图 1.145 反选并删除选区

步骤 12：单击“图层”面板下面的 fx 按钮添加图层样式，选择“投影”、“内发光”、“外发光”，外发光颜色设置为“＃0353cc”，内发光颜色设置为“＃02e3f7”，其他选项设置如图 1.146 所示，最终效果如图 1.88 所示。

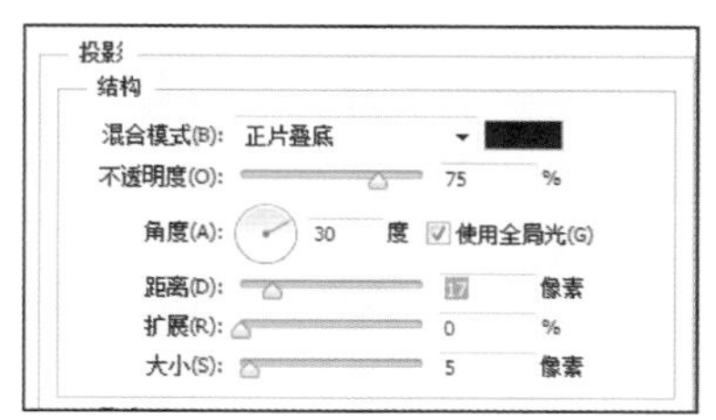

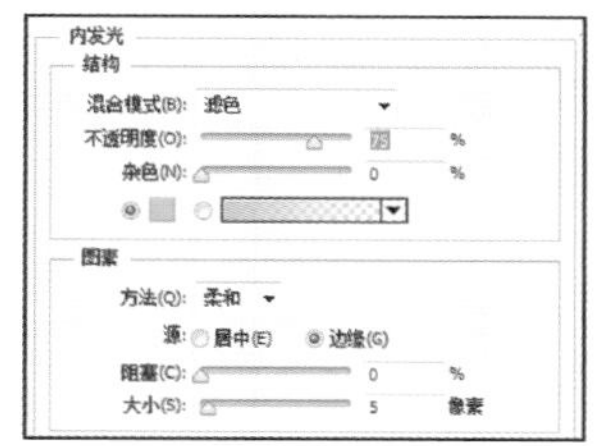

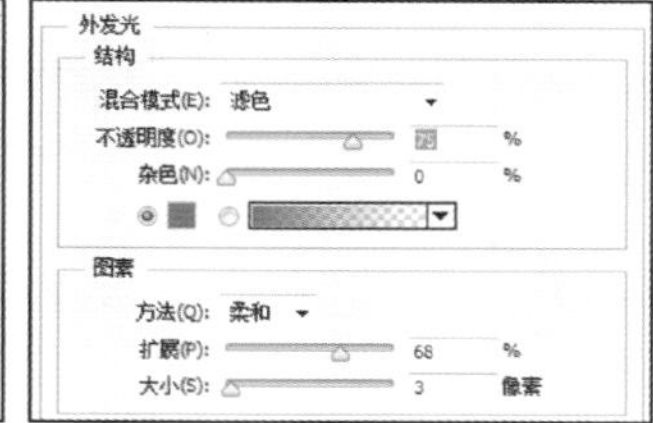

图 1.146 设置图层样式

1.4.4 练习实践

利用配套素材文件 01/练习实践/背景.jpg，制作出如图 1.147 所示的特效文字效果。文字所采用的字体是“钟齐流江毛笔草体”，参见配套素材文件 01/练习实践/钟齐流江毛笔草体.ttf（需先安装该字库文件）。

图 1.147 特殊文字效果

任务 5 修复数码照片

1.5.1 任务描述

本任务主要通过运用“仿制图章工具”、“图案图章工具”，并配合使用“多边形套索工具”、“磁性套索工具”及“修补工具”对图片中的瑕疵进行修复，从图 1.148 左图中可以看出，背景右上角有一个三角区域未覆盖到、小女孩上衣中间白条处有污渍、裙带松了。修复后的效果如图 1.148 右图所示。

图 1.148　修复前后的效果

1.5.2　相关知识

1. 修复画笔工具

“修复画笔工具”用于去除图像中的瑕疵，可以在不改变原图像形状、纹理、光照及透明度等属性的基础上对图像中的缺陷进行修复。

在工具箱上单击“修复画笔工具”按钮，此时的选项栏如图 1.149 所示。

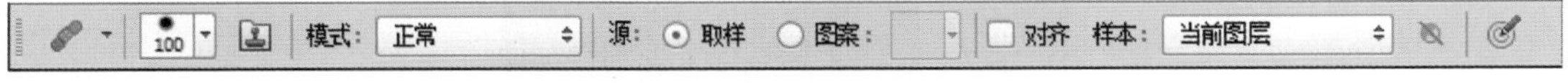

图 1.149　“修复画笔工具”的选项栏

- 源：用于选择修复像素的源，包括“取样”和“图案”两个选项。“取样”表示使用当前图像的像素；“图案”表示使用某图案的像素，选中该选项后，可以单击右侧的下三角按钮，在打开的下拉列表中选择某一种图案进行填充。
- 对齐：选中该复选框后，可以对像素连续取样，而不会丢失当前的取样点；未选中该复选框，则每次停止或重新开始绘图时将使用初始取样点的样本像素。

使用“修复画笔工具”修复图像的具体方法如下：

打开配套素材文件 01/相关知识/雀斑女 .jpg，如图 1.150 左图所示。单击工具箱上的“修复画笔工具”按钮。在选项栏中设置画笔类型为，选中“取样”单选按钮，将鼠标移到图像编辑区中的取样点上（无雀斑皮肤处），按住“Alt”键，当光标变成形状时，单击鼠标进行取样。松开“Alt”键，将光标移至雀斑处，单击或拖动鼠标，进行修复。修复后的效果如图 1.150 右图所示。

图 1.150 修复前后的效果

2. 污点修复画笔工具

"污点修复画笔工具"可以快速移去照片中的污点和其他有瑕疵的部分。可以在不改变原图像形状、纹理、光照及透明度等属性的基础上与所修复的图像相匹配。"污点修复画笔工具"不要求指定取样点，而是自动从所修复区域的周围取样。

在工具箱上右键单击"修复画笔工具"按钮，会打开下拉工具列表，在其中选择"污点修复画笔工具"，此时的选项栏如图 1.151 所示。

图 1.151 "污点修复画笔工具"的选项栏

其中"类型"参数包括"近似匹配"、"创建纹理"和"内容识别"三个选项。若选择"近似匹配"选项，将使用要修复区域周围的像素来修复图像；若选择"创建纹理"选项，将使用要修复图像中的所有像素来创建用于修复的纹理；若选择"内容识别"，将使用修复区域周围的颜色或图像进行智能构图，然后用合成的相似图像来修复图像。

3. 修补工具

使用"修补工具"可以用其他区域或图案中的像素来修复选区内的图像。"修补工具"会将样本像素的纹理、光照和阴影与源像素相匹配。

在工具箱上右键单击"修复画笔工具"按钮，在打开的菜单中单击"修补工具"按钮，此时的选项栏如图 1.152 所示。

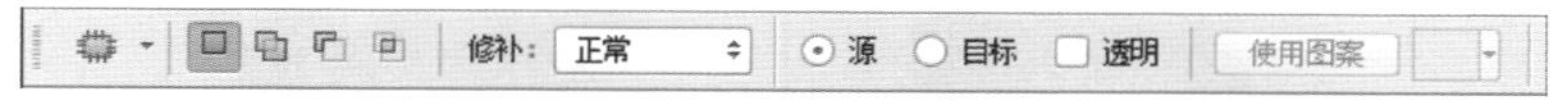

图 1.152 "修补工具"的选项栏

修补：包含"正常"和"内容识别"两种方式。

● 正常：修补工具用于移去不需要的图像元素。若选中"源"选项，可运用其他区域的图像对所选区域进行修复；若选中"目标"选项，可运用所选区域的图像对其他区域进行修复；若选中"透明"复选框，将对取样点图像与需修补图像进行比较，并将取样点图像中差异较大的图像或颜色修补到目标图像中。

● 内容识别：可合成附近的内容，以便与周围的内容无缝混合。

使用“修补工具”修复图像的具体方法如下：

步骤 1：打开配套素材文件 01/相关知识/旧照片.jpg，右键单击工具箱上的“修复画笔工具”按钮，在打开的下拉工具列表中选择“修补工具”。

步骤 2：在选项栏中选中“源”单选按钮，取消“透明”选项；将鼠标移到图像中有瑕疵的地方，拖动鼠标创建一个选区，如图 1.153 左图所示。

步骤 3：拖动该选区到取样点位置，如图 1.153 中图所示，即可用取样点的颜色替换原来有瑕疵的区域。

步骤 4：重复以上步骤，再次修补，修补后的效果如图 1.153 右图所示。

图 1.153　使用“修补工具”修复图像的过程

4. 红眼工具

Photoshop CS6 提供了红眼工具，可去除照片中人物的红眼以及动物眼中的白色或绿色的光。

在工具箱上右键单击“修复画笔工具”按钮，在打开的工具列表中选择“红眼工具”，此时的选项栏如图 1.154 所示。

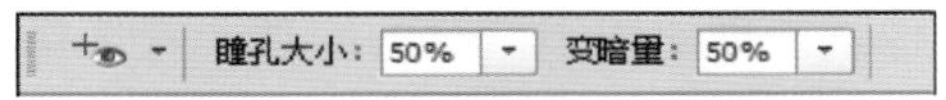

图 1.154　“红眼工具”的选项栏

- 瞳孔大小：用于设置瞳孔（眼睛暗色的中心）大小。
- 变暗量：用于设置瞳孔的暗度。

打开配套素材文件 01/相关知识/红眼.jpg，如图 1.155 左图所示，单击工具箱中的“红眼工具”，将鼠标移动到图像中红眼的位置，单击即可除去红眼，效果如图 1.155 右图所示。

图 1.155　去除红眼前后的效果

5. 内容感知移动工具

使用“内容感知移动工具”可以先用“选择工具”或者“内容感知移动工具”选择对象，然后将选择的对象移动或者复制到其他地方，进行重组与混合图像。

在工具箱中右键单击“修复画笔工具”按钮，在打开的下拉工具列表中选择“内容感知移动工具”，此时的选项栏如图 1.156 所示。

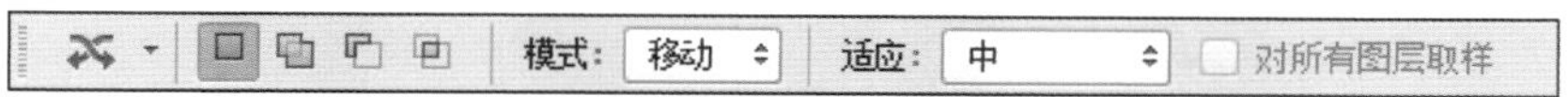

图 1.156 “内容感知移动工具”的选项栏

- 模式：包含“移动”和“扩展”两种模式：

➢移动：创建完选区后，可以将选区中的图像移到完全不同的位置。

➢扩展：创建完选区后，将选区移到其他位置，可以将选区中的图像复制到新位置。

- 适应：用于设置修复的精度。

打开配套素材文件 01/相关知识/鸳鸯 .jpg，用“快速选择工具”创建一个区域，如图 1.157 所示，然后选择“内容感知移动工具”，模式设为“移动”，其他选项按默认设置，移动鼠标到一个新的位置，经过“内容感知移动工具”移动后的效果如图 1.158 所示。从图中可以看出，未经过精确选取的图像在移动后出现的空隙位置，Photoshop 会智能修复。

图 1.157 创建选区

图 1.158 移动后的效果

6. 仿制图章工具

使用“仿制图章工具”可以将一幅图像的全部或部分复制到同一幅图像或其他图像内。单击工具箱上的“仿制图章工具”按钮，此时的选项栏如图 1.159 所示。该选项栏与“修复画笔工具”的选项栏类似。

图 1.159 “仿制图章工具”的选项栏

“仿制图章工具”的使用方法如下：

步骤 1： 打开配套素材文件 01/相关知识/图章 .jpg，单击工具箱上的“仿制图章工具”按钮；将鼠标移到图像中的“花朵”部分，按住“Alt”键，当光标变成⊕形状时，单击鼠标进行取样。如图 1.160 所示。

步骤 2： 将鼠标移到图像中的其他位置，此时光标将变成“○”形状，在适当的位置拖动鼠标，即可仿制出“花朵”图像，如图 1.161 所示。

图 1.160　取样

图 1.161　仿制图像

7. 图案图章工具

在工具箱上右键单击“仿制图章工具”按钮，在打开的工具列表中选择“图案图章工具”，此时的选项栏如图 1.162 所示。

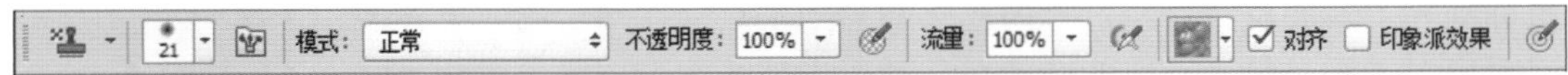

图 1.162　“图案图章工具”的选项栏

该选项栏与“仿制图章工具”的选项栏类似，其中部分不同选项的作用如下：

● 图案：该下拉列表框提供了 Photoshop 自带和用户自定义的图案，选择其中一种后，可使用图案图章工具将图案绘制到图像中。

● 印象派效果：选中该复选框，绘制的图案将变得模糊，类似于印象派的效果。

“图案图章工具”的使用方法如下：

打开配套素材文件 01/相关知识/图章 .jpg，如图 1.163 左图所示，利用“矩形选框工具”在图像中的“花”部分创建一个选区，然后选择“编辑 | 定义图案”菜单，将选区内的图像定义成图案；右键单击工具箱上的“仿制图章工具”按钮，在打开的下拉工具列表中选择“图案图章工具”。在选项栏中设置图案为，在图像中拖动鼠标即可逐渐绘制出所选图案，效果如图 1.163 右图所示。

图 1.163　使用“图案图章工具”前后的效果

8. 注释工具

在 Photoshop 中可以将文字注释附加到图像上，这对于在图像中加入评论、制作说明或其他信息非常有用。Photoshop 注释与 Adobe Acrobat 兼容，因此通过注释可使 Acrobat 用户和 Photoshop 用户交换信息。

文字注释在图像上都显示为不可打印的小图标。它们与图像上的位置相关联，而不是与图层相关联。可以打开文字注释查看或编辑其内容，也可以隐藏注释。

（1）文字注释。

在吸管工具组中选择“注释工具”，选项栏如图 1.164 所示，可以在“作者”后面输入作者姓名，姓名将出现在注释窗口的标题栏中。“颜色”框用来选择注释图标和注释窗口的标题栏的颜色。

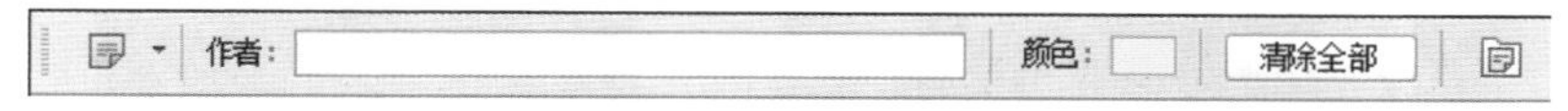

图 1.164　“注释工具”的选项栏

（2）注释面板。

“注释”面板可以更加快捷地管理图像中的注释内容。在图 1.164 所示的“作者”栏输入“张三”，在“注释”面板的左上角则将显示作者名字，如图 1.165 所示。单击图像内“注释”图标，将在“注释”面板中显示注释的文本内容。

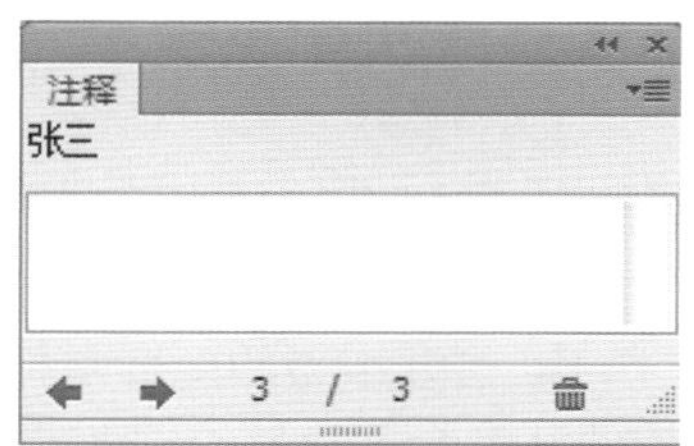

图 1.165　“注释”面板

1.5.3　任务实现

步骤 1： 打开配套素材文件 01/任务实现/修改前.jpg，如 1.166 左图所示。

步骤 2： 首先修复右上角的问题，选择“污点修复画笔工具”，在要修复处多次单击，即可修复好，修复后的图像如图 1.166 右图所示。

图 1.166　修复前后的效果

步骤 3： 然后将光标移至衣服中间部分，选择“矩形选框工具”，在要修复处绘制一个选区，如图 1.167 所示，选择“修补工具”，将要修补处拖至上面完整的白线处，运用上面的图像对所选区域进行修复，修复后的效果如图 1.168 所示。为了更好地实施操作，可按“Ctrl＋＋”组合键，将图像放大修复。

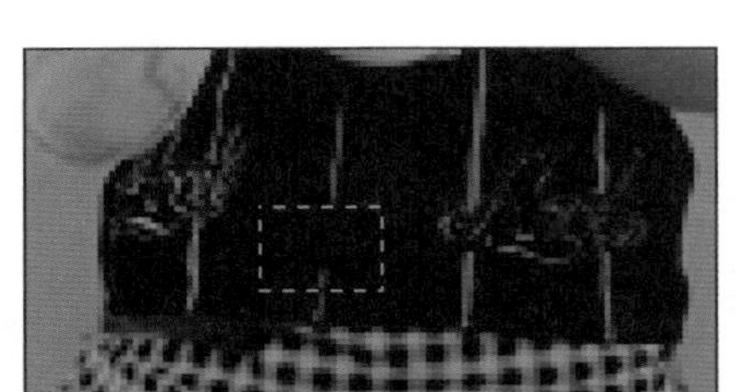

图 1.167　绘制选区

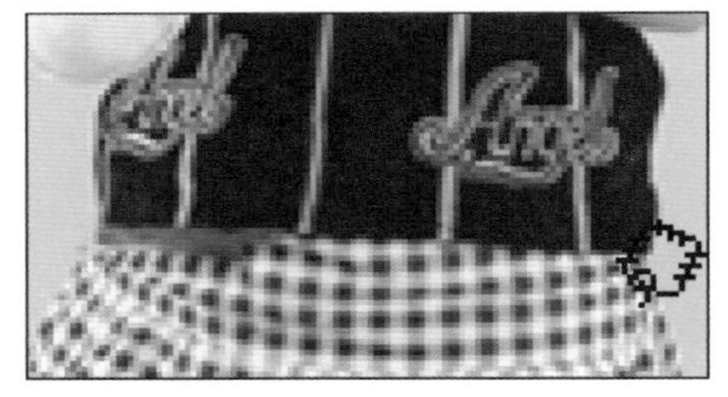

图 1.168　修复后的效果

步骤 4：选择“仿制图章工具”，对上衣和裙子交接处进行修补，首先按住“Alt”键取样，然后多次仿制，取样处及大小如图 1.169 左图所示，修复后的效果如图 1.169 右图所示。

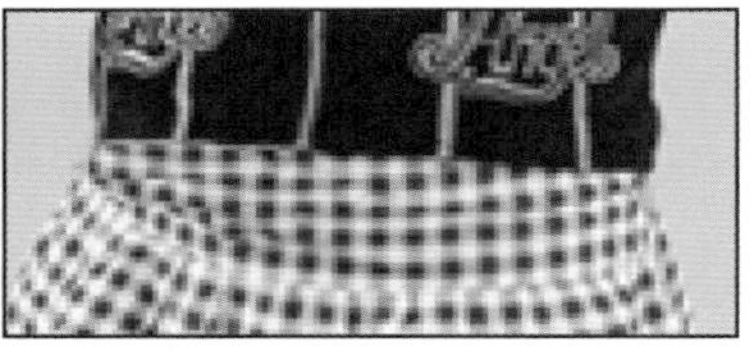

图 1.169　在修复过程中取样和修复后的效果

步骤 5：修复完成之后的最终效果如图 1.148 右图所示。

1.5.4　练习实践

1. 打开本书的配套素材文件 01/练习实践/花 .jpg，如图 1.170 所示，将图像左上角模糊的礼品盒去掉并绘制花朵，最终效果如图 1.171 所示。

图 1.170　原图像

图 1.171　效果图

2. 打开本书的配套素材文件 01/练习实践/红眼 .jpg，利用“红眼工具”在图 1.172 所示的左图的眼睛处进行修复，修复后的效果如图 1.172 右图所示。

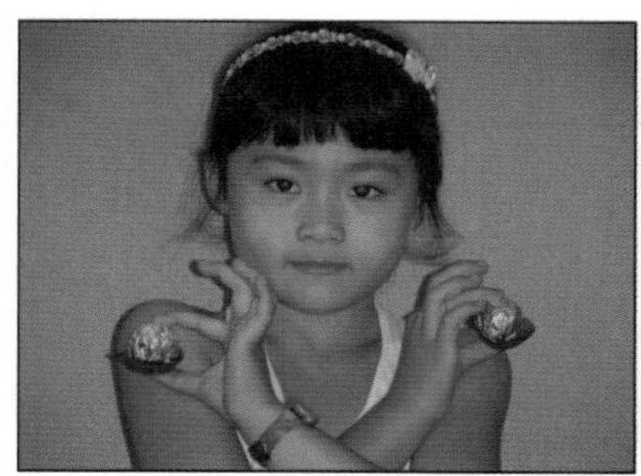

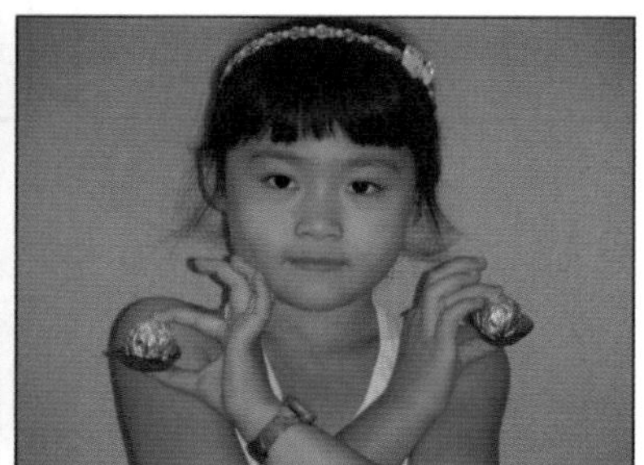

图 1.172　修复前后的效果

任务 6　设计圆角网格效果

1.6.1　任务描述

本任务中主要用圆角矩形工具制作一个圆角矩形路径，然后将其转换为选区，并进行描边，将其定义成图案后，用定义的图案填充图片，实现透明网格效果。填充前后对比效果如图 1.173 所示。

图 1.173　填充前后的效果

1.6.2　相关知识

1. 形状工具组

形状是一些预先定义的路径，可以对它们进行填充、描边或者以它们为基础建立选区，在工具箱中专门设置有形状工具组帮助进行形状的绘制，形状工具组包括矩形、圆角矩形、椭圆、多边形、直线和自定形状等工具，如图 1.174 所示。

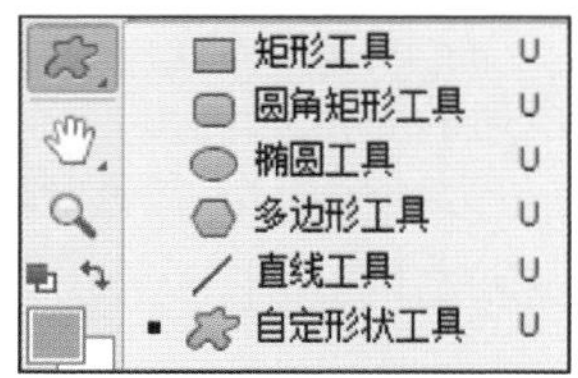

图 1.174　形状工具组

（1）矩形工具。

“矩形工具” 可以用来绘制矩形或者正方形的形状或路径，单击工具箱中的“矩形工具”，选项栏会发生变化，如图 1.175 所示。

图 1.175　“矩形工具”的选项栏

- 绘制模式：有三个选项：

➢形状：选中该选项，在编辑窗口中可绘制一个带路径的形状，同时在“图层”面板中就会添加一个新的形状图层。

➢路径：选中该选项，在编辑窗口中可绘制工作路径，创建的工作路径会出现在“路径”面板中。

➢像素：选中该选项，既不生成工作路径，也不生成形状图层，只会出现一个由前景色填充的形状，即填充区域，并且这个填充区域无法作为矢量对象编辑，选中“钢笔工具”的时候，该按钮为不可用状态。

三种绘制模式如图 1.176 所示。

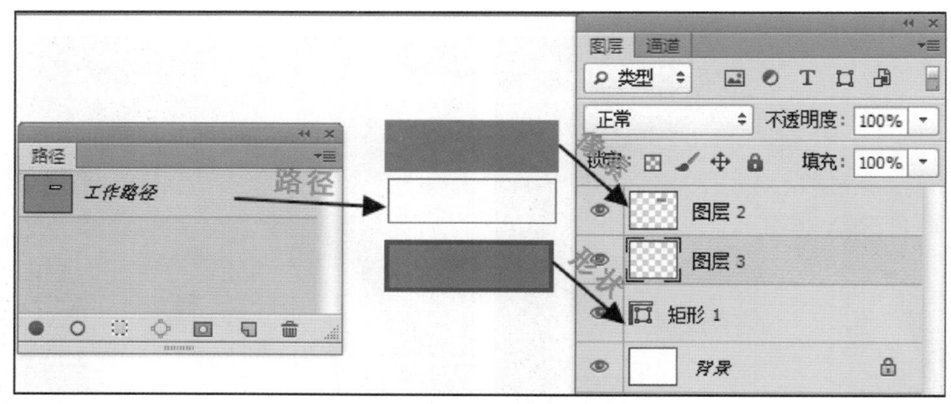

图 1.176　三种绘制模式

● 建立：单击“选区”按钮，可以将当前路径转换为选区；单击“蒙版”按钮，可以基于当前路径为当前图层创建矢量蒙版；单击“形状”按钮，可以将当前路径转换为形状。

● 按钮：单击此按钮，会出现如图 1.177 所示的“矩形工具”参数设置对话框。

其对话框的各个选项具体作用如下：

➢不受约束：选择该项后矩形的宽度和高度比例和大小不受约束。

➢方形：选择该项后绘制出来的是正方形。

➢固定大小：选择该项后可以在宽度和高度文本框中输入矩形的宽度和高度。

➢比例：选择该项后在宽度和高度文本框中输入的数值是宽和高的比例。

➢从中心：选择该项后从中心开始绘制矩形。

图 1.177　“矩形工具”参数设置对话框

（2）圆角矩形工具。

“圆角矩形工具”可以绘制出圆角的矩形，其选项栏和“矩形工具”的选项栏类似，唯一的不同是在“圆角矩形工具”选项栏中有一个半径文本框，在这里可以输入圆角矩形半径的大小，不同的数值决定着圆角不同的圆滑度，数值越大，绘制的圆角矩形的圆角越圆滑。如图 1.178 所示分别为半径“10 像素”、“20 像素”、“30 像素”、“40 像素”的圆角矩形。

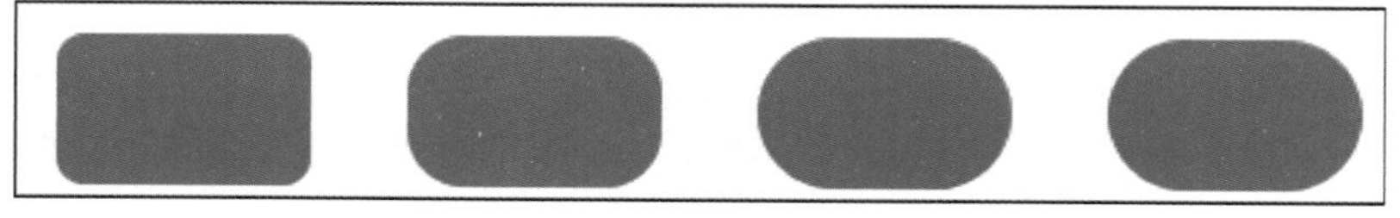

图 1.178　不同半径的圆角矩形

(3) 椭圆工具。

“椭圆工具”主要用来绘制椭圆或者正圆，其选项栏和“矩形工具”的选项栏基本相同，可以参考“矩形工具”选项栏的各项设置。

(4) 多边形工具。

“多边形工具”可以绘制出正多边形，例如正三角形、正五边形等。单击“多边形工具”，会出现“多边形工具”选项栏，如图1.179所示。

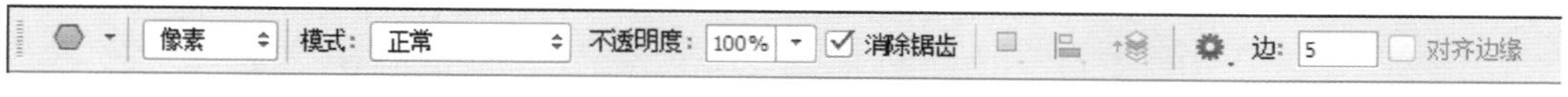

图1.179 “多边形工具”的选项栏

- 按钮：单击此按钮，会出现如图1.180所示的“多边形工具”选项设置。

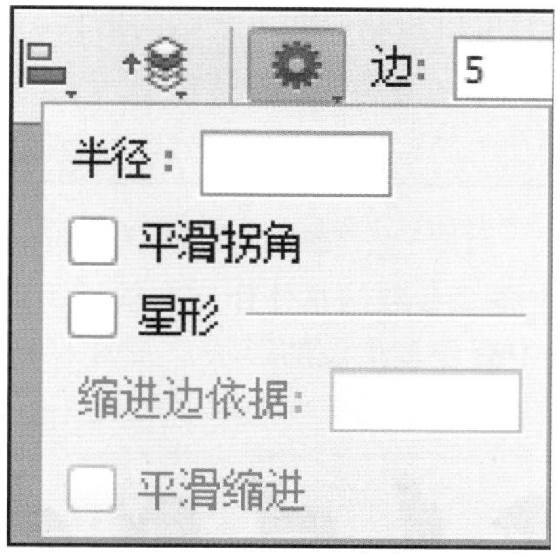

图1.180 “多边形工具”选项设置

该对话框中各个选项的具体作用如下：

➢半径：在半径后面的文本框中可以输入多边形的半径，设置完成后在编辑窗口中单击鼠标并拖动，满足半径要求的多边形就可以绘制完成。

➢平滑拐角：这个选项使绘制出的多边形的拐角保持平滑。

➢星形：选中此选项，绘制出的多边形为向中心缩进的星形，缩进的程度由其下面的“缩进边依据”文本框中输入的数值来决定。

➢平滑缩进：选中这个复选框，可以使绘制的多边形的边平滑地向中心缩进。

- 边：设置绘制的多边形的边数，可以直接在文本框中输入数值，例如：输入“10”，则绘制的图形就是10边形。

(5) 直线工具。

使用“直线工具”可以绘制直线和箭头，它的选项栏如图1.181所示。

图1.181 “直线工具”的选项栏

- 按钮：单击选项栏中此按钮，会出现如图1.182所示的“直线工具”选项设置。

“直线工具”选项栏中各个选项的具体作用如下：

➢起点：为直线起始端添加箭头。

➢终点：为直线终止端添加箭头。

➢宽度：可以在“宽度”文本框中输入箭头宽度和直线宽度的比例，可输入 10%～100%的数值。

➢长度：可以在“长度”文本框中输入箭头长度和直线长度的比例，可输入 10%～5000%的数值。

➢凹度：定义箭头的凹陷程度，可输入－50%～50%的数值。

● 粗细：可以在“粗细”文本框中输入直线的宽度，默认单位是像素。

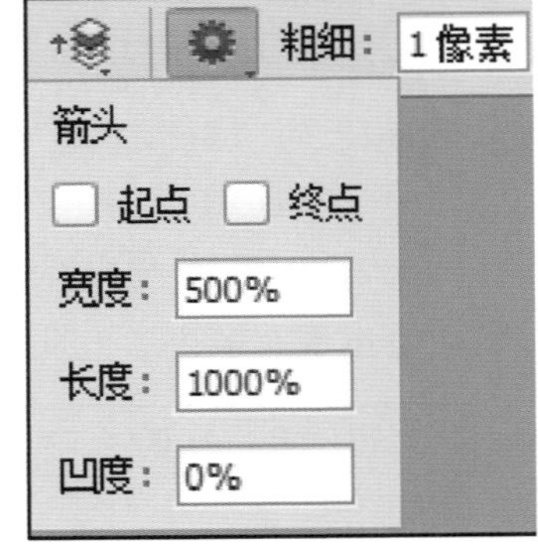

图 1.182 “直线工具”选项设置

（6）自定形状工具。

使用“自定形状工具” 可以绘制一些不规则的形状。选择工具箱中的“自定形状工具”，显示“自定形状工具”选项栏，如图 1.183 所示。

图 1.183 “自定形状工具”的选项栏

“自定形状工具”选项栏中各个参数的具体作用与前面类似，此处不再介绍。“自定形状工具”选项栏的“形状”列表中有许多预设的形状，如图 1.184 所示。

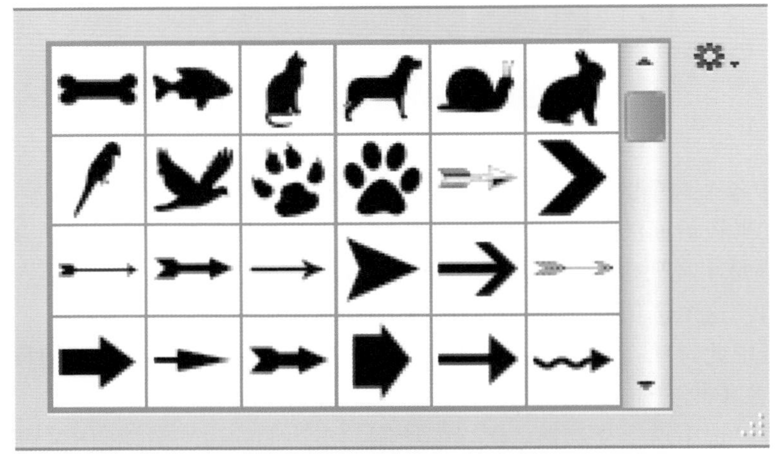

图 1.184 系统提供的自定形状

2. 描边

“描边”命令可以给选区描边，选择“编辑｜描边”菜单，将出现如图 1.185 所示的对话框，选择描边的“宽度”和“颜色”即可给选区描边。

3. 图像的恢复

在实际设计工作中，经常需要撤销某些操作，恢复之前的图像。Photoshop 提供了还原操作的菜单，同时“历史记录”面板提供了更强大的还原功能。

（1）恢复。

大多数误操作都可以还原，也就是说，可将图像的全部或部分内容恢复到上次存储的状态。

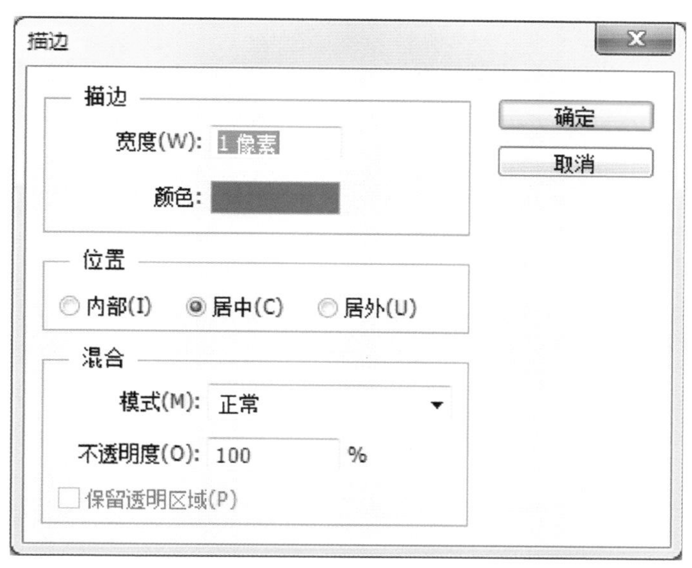

图 1.185 “描边”对话框

● 恢复：选择“文件｜恢复”菜单，能将被编辑过的图像恢复到上一次存储的状态。

● 还原/重做：选择“编辑｜还原”菜单，可以还原前一次对图像所执行的操作。如果操作不能还原，则此菜单将变成灰色状态。而选择“编辑｜重做”菜单，则能重新执行前一次操作。

● 前进一步/后退一步：此操作与“还原/重做”不同的是它可以多次执行“前进一步/后退一步”菜单，可将文件还原成处理前或处理后的数个状态。

（2）“历史记录”面板。

“历史记录”面板是用来记录操作步骤的，如果有足够的内存，“历史记录”面板会将所有的操作步骤都记录下来，可以随时返回任何一个操作步骤，查看任何一步操作时的图像效果。不仅如此，配合“历史记录画笔工具”和“历史记录艺术画笔工具”的使用，还可以将不同步骤所创建的效果结合起来。

图 1.186 “历史记录”面板

选择“窗口｜历史记录”菜单，会打开“历史记录”面板，如图 1.186 所示。

在“历史记录”面板的最左边，是一排方框，单击方框，会出现图标，表示此状态作为历史记里面板的“源”图像，一次只能选择一种状态。

如图 1.186 所示，图标右边的小图像是当前图像的缩微图，被称为“快照”。

当刚刚打开一幅图像时，只有一个“状态”，表明执行了一个操作步骤，其名称通常是“打开”，当执行不同的步骤时，在“历史记录”面板中会记录下来，并根据所执行操作自动命名。用户用鼠标单击任何一个记录的状态时，其下面的状态就会变成灰色，名称变成斜体字。

1.6.3 任务实现

步骤1：新建一个文件，将前景色设置为"暗色"，按"Alt+Delete"组合键填充背景，选择"圆角矩形工具"，在选项栏里选择"路径"模式，半径设置"5像素"。具体设置如图1.187所示。

图1.187 "圆角矩形工具"的选项栏

步骤2：按住"Shift"键，拖动鼠标绘制一个正圆角矩形路径。如图1.188所示。

步骤3：按"Ctrl+Enter"键，将路径转换成选区，如图1.189所示。

步骤4：按"Ctrl+Shift+N"组合键，新建图层，选择"编辑｜描边"菜单将出现如图1.190所示的"描边"对话框。宽度设置为"1像素"，填充白色。单击"确定"按钮。

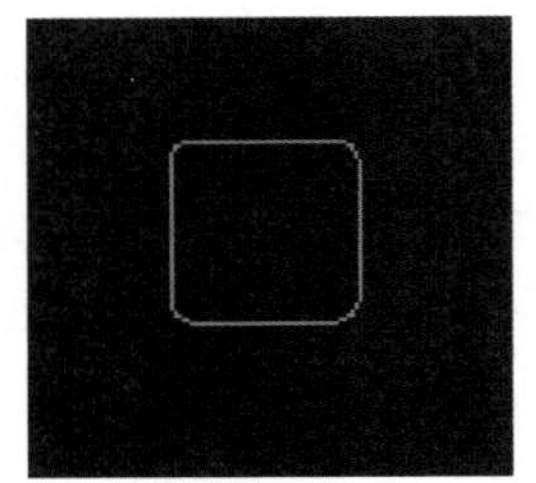

图1.188 绘制正圆角矩形路径

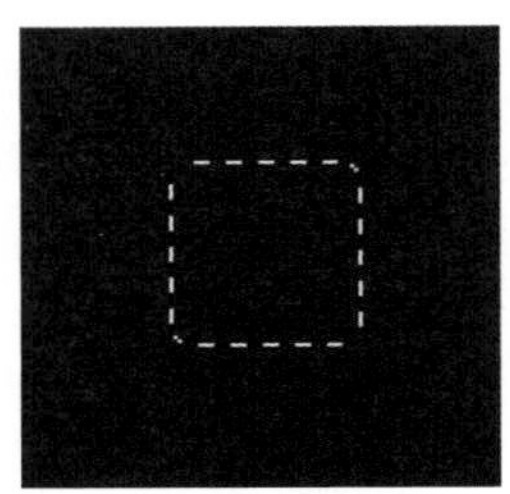

图1.189 路径转换成选区

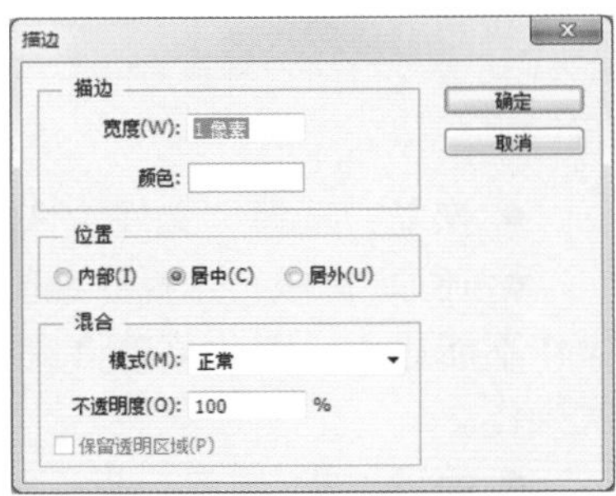

图1.190 "描边"对话框

步骤5：按"Ctrl + D"组合键取消选区，用"矩形选框工具"将白边选中，如图1.191所示，隐藏"背景"图层，如图1.192所示。

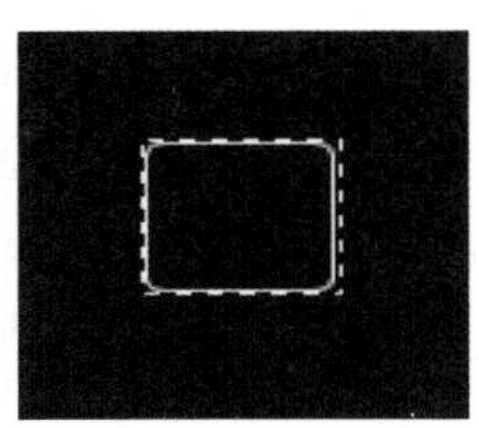

图1.191 选中白边

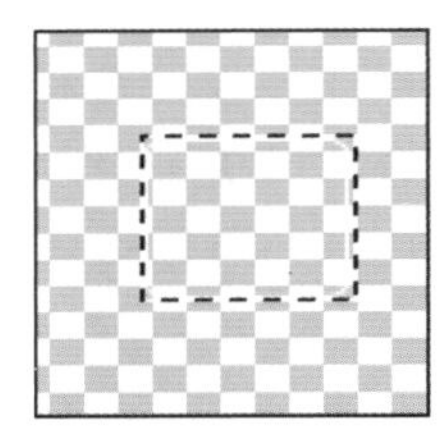

图1.192 隐藏"背景"图层

步骤6：选择"编辑｜定义图案"菜单，打开"图案名称"对话框，在"名称"文本框输入"白边"，单击"确定"按钮，如图1.193所示。

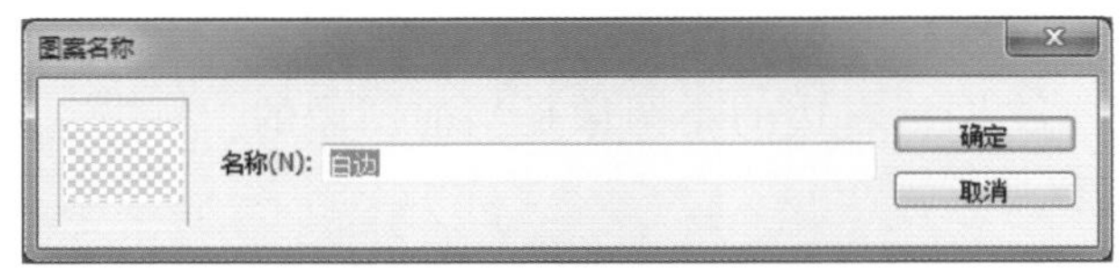

图1.193 "图案名称"对话框

步骤7：按"Ctrl + O"组合键，打开配套素材文件01/任务实现/美女.jpg，如图1.194所示。

步骤 8：选择“编辑 | 填充”菜单，出现如图 1.195 所示的“填充”对话框，在“填充”对话框里单击“自定图案”下拉列表，选择刚才定义的“白边”图案，然后单击“确定”按钮，最终效果如图 1.173 右图所示。

图 1.194　素材图

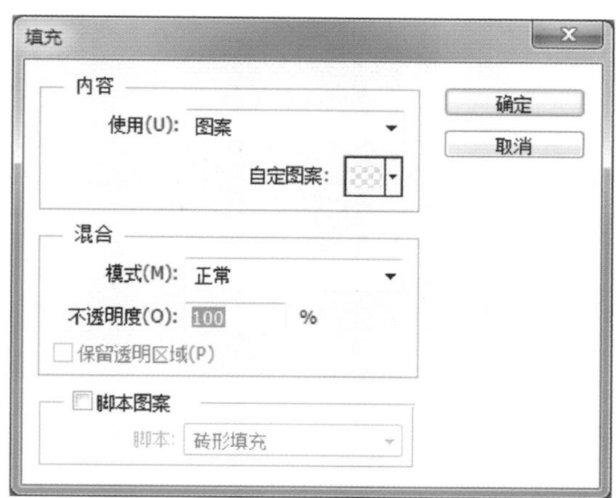

图 1.195　“填充”对话框

1.6.4　练习实践

打开本书的配套素材文件 01/练习实践/美女.jpg，利用“圆角矩形工具”、“描边工具”、“定义图案工具”、“填充”等制作如图 1.196 所示的网格效果。

图 1.196　网格效果

任务 7　绘制七星瓢虫

1.7.1　任务描述

本任务主要利用“椭圆工具”制作一只瓢虫的身体以及身上的黑点，再利用“钢笔工具”制作头和两个触须，利用“减淡工具”和“加深工具”处理绘制的圆，使其具有高光和阴影的效果，用“单列选框工具”绘制身体分割线，最终效果如图 1.197 所示。

图 1.197　七星瓢虫效果

1.7.2　相关知识

1. 钢笔工具

“钢笔工具”是最常使用的路径工具，利用它可以绘制直线路径或曲线路径。选择“钢笔工具”，在编辑窗口的任意位置单击产生一个锚点，在另一个位置单击产生另一个锚点，在两个锚点之间产生一条线段，根据选择锚点和线段的不同，可绘制多种类型的路径。

（1）绘制直线路径。

绘制直线路径是绘制路径中最基本的操作，具体操作步骤如下：

步骤 1：选取工具箱中的“钢笔工具”，在选项栏中选择“路径”模式，移动鼠标到编辑窗口并单击，制作出直线路径的起始点，如图 1.198 所示。

步骤 2：移动鼠标到另一个位置再次单击，出现一条连接第一个点和第二个点的线段，这样，一条线段就绘制作好了，如图 1.199 所示。

步骤 3：按照相同的方法绘制第二条、第三条、第四条线段，完成多边形的绘制，因为绘制的是一个封闭图形，所以要把起点和终点重合，当鼠标的形状变为时，如图 1.200 所示，表示终点已经连接起点，此时单击鼠标就会绘制出封闭的路径。

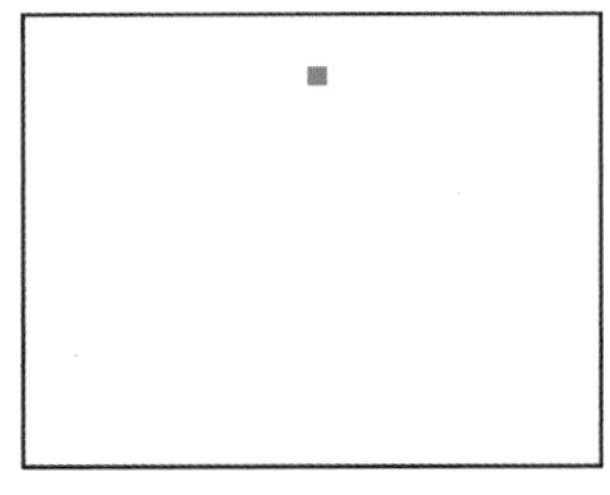

图 1.198　绘制起始点

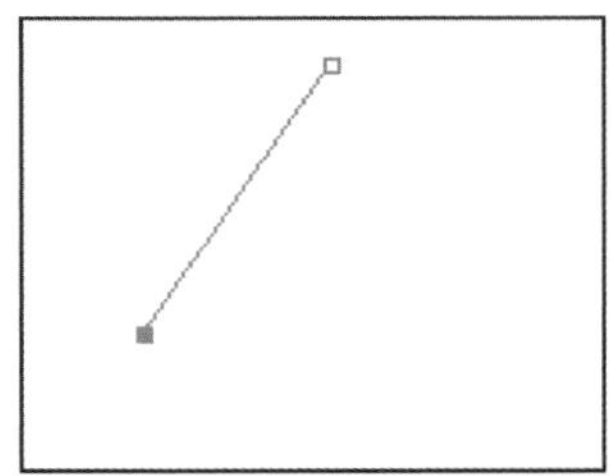

图 1.199　绘制第一条线段

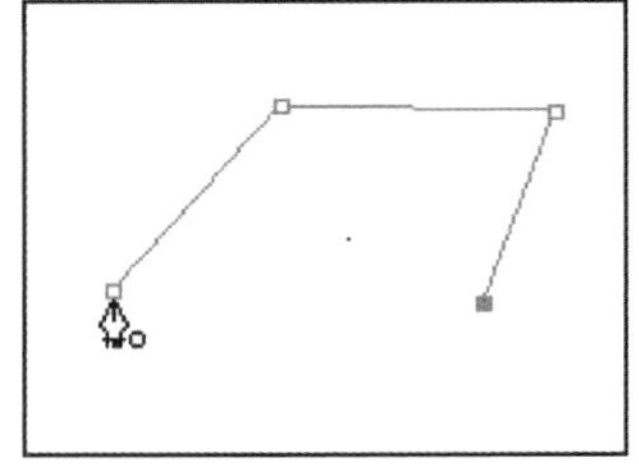

图 1.200　绘制封闭路径

（2）绘制曲线路径。

利用“钢笔工具”还可以绘制曲线路径，通过前面的介绍读者已经知道绘制路径的关键在于锚点，锚点的位置确定线段的起点和终点。在实际操作中，锚点的位置比较容易确定，难点在于锚点方向线的控制，方向线有两个控制因素，一个是角度，一个是长度。角度由锚点处的曲线切线控制，在实际操作中要朝向下一个锚点的方向，这样角度就容易把握；长度影响着曲线的长度，如果曲线的跨度很大，方向线就要长一些，反之则短些，下面就以波浪线为例说明曲线路径的绘制过程。

步骤1：选择工具箱中的“钢笔工具”，选项栏中选取“路径”模式，移动鼠标到编辑窗口单击，绘制曲线的第一个锚点，如图1.201所示。

步骤2：选择另一个位置再次单击鼠标，确定第二个锚点，按住鼠标不放拖动鼠标，这时就会出现一条曲线，如图1.202所示。

第二个锚点称为对称曲线锚点，该锚点两端会有一对呈180°的方向线，它们的长度相同，方向线影响着曲线段的形状，方向线越长，曲线段越长，方向线角度越大，曲线段斜度也越大。在绘制过程中按住“Ctrl”键，当光标变成形状时，拖动方向点就可以改变方向线的长短和锚点的位置。在绘制过程中按住“Alt”键，单击绘制好的锚点，此时方向线会折断。锚点两端的方向点各自独立，这样有利于曲线方向的控制。

步骤3：按照相同的方法绘制第二条、第三条、第四条曲线，最后的波浪线如图1.203所示。

图1.201　绘制第一个锚点

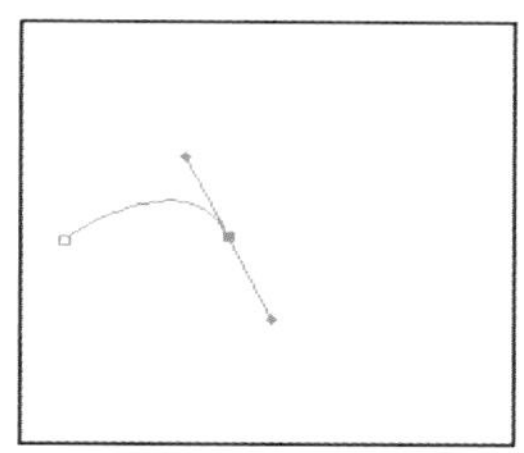

图1.202　绘制第一条曲线

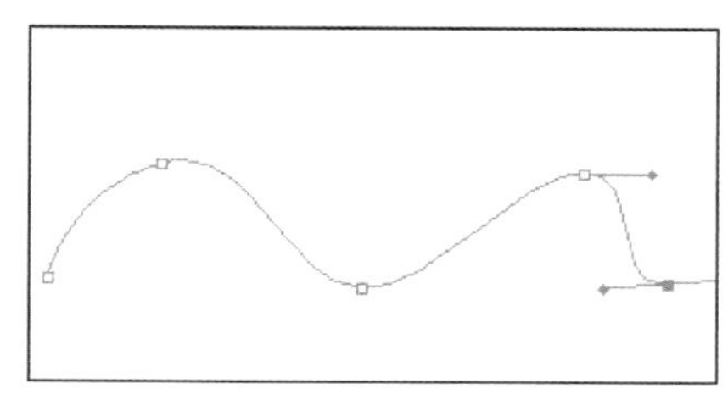

图1.203　绘制好的波浪线

绘制好路径后，还可以对其进行描边或填充，制作出逼真的图像效果。

(3)“钢笔工具”选项栏。

“钢笔工具”选项栏如图1.204所示，其中包含了形状图层、路径、修改路径方式和橡皮带等选项。

图1.204　“钢笔工具”的选项栏

“钢笔工具”选项栏中部分参数的具体作用如下：

● 橡皮带：用鼠标单击按钮，出现“橡皮带”的下拉菜单，当选中“橡皮带”前面的复选框时，鼠标在图像上移动就会有一条假想的线段，只有在单击鼠标时，这条线段才会真正存在；如果没有选中此复选框，假想的线段就不会存在。

● 自动添加/删除：选中“自动添加/删除”前面的复选框后，“钢笔工具”就有了增加和删除锚点的功能，选中绘制的线段，把鼠标移动到线段上，当鼠标变成时，单击鼠标可以增加锚点；移动鼠标到选中的锚点上，当鼠标变成时，单击鼠标可以删除此锚点。

2. 路径选择工具组

当绘制的图像没有满足要求时，就需要对图像进行修改。修改路径时，首先要选取路径，这就需要使用“路径选择工具”。路径选择工具组包括“路径选择工具”和“直接选择工具”两种，如图 1.205 所示。

路径选择工具　A
直接选择工具　A

图 1.205　路径选择工具组

（1）路径选择工具。

使用“路径选择工具”可以选择一条或几条路径并可以对其进行移动、组合、排列和变换。选中已绘制的工作路径，选取工具箱中的“路径选择工具”，其选项栏如图 1.206 所示，其中各个参数的具体作用与“钢笔工具”选项栏类似，这里不再做介绍。

图 1.206　“路径选择工具”的选项栏

要选择路径组件（包括形状图层中的形状），请选择“路径选择工具”，并单击路径组件中的任何位置。如果路径由几个路径组件组成，则只有指针所指的路径组件被选中。要选择其他的路径组件或线段，请选择“路径选择工具”或“直接选择工具”，然后按住“Shift”键并选择其他的路径组件或线段。

（2）直接选择工具。

“直接选择工具”用来选择、移动工作路径上的一个或多个锚点和线段。选取工具箱中的“路径选择工具”，单击路径，则整个路径都被选中，所有的锚点都以实心显示；选取工具箱中的“直接选择工具”单击路径时，只有被选中的锚点才是实心的，下面介绍“直接选择工具”的用法。

● 选择锚点。使用“直接选择工具”可以选择一个锚点，也可以同时选择多个锚点。具体操作过程如下：

步骤 1： 在编辑窗口中绘制一条工作路径，在工具箱中选择“直接选择工具”，移动鼠标到工作路径上单击，则所有锚点都以空心方块显示，如图 1.207 左图所示。

步骤 2： 移动鼠标到锚点 2 上单击，这时锚点 2 变成实心方块，说明锚点 2 被选中，如图 1.207 中间图所示。如果想选中多个锚点，可以在按住“Shift”键的同时用鼠标单击要选择的各个锚点，这样多个锚点就被同时选中了，例如同时选中锚点 2、3、4，如图 1.207 右图所示。

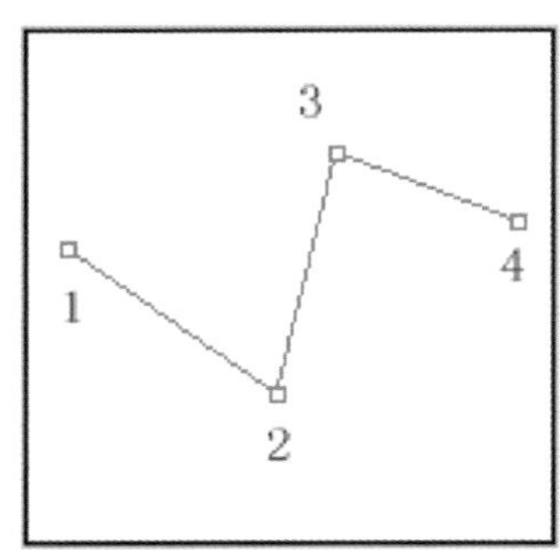

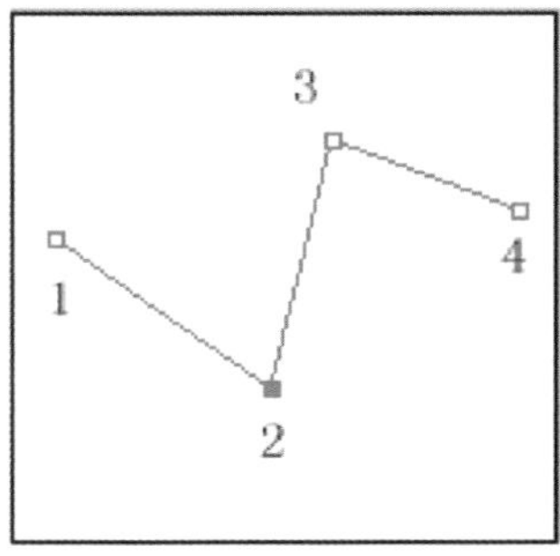

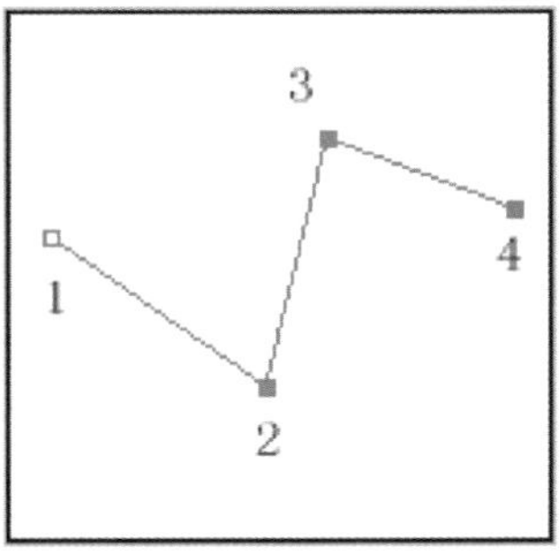

图 1.207　选择锚点

● 移动锚点和线段。可以使用“直接选择工具”移动锚点，具体操作步骤如下：

步骤 1： 选取工具箱中的“直接选择工具”，在编辑窗口中的工作路径任意位置上单击，每个锚点都以空心方块显示，如图 1.208 左图所示。

步骤 2：把光标移动到锚点 2 上，单击鼠标不放并拖动到一个新的位置，如图 1.208 中图所示。

步骤 3：按住“Shift”键再同时选中锚点 3、4，把鼠标移动到选中的三个锚点中的任意一个上面，单击鼠标并拖动到新的位置，如图 1.208 右图所示。

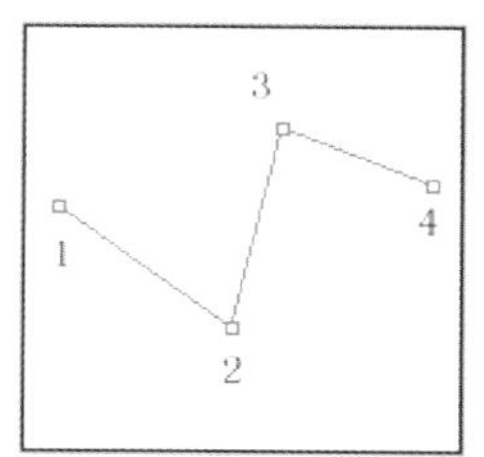

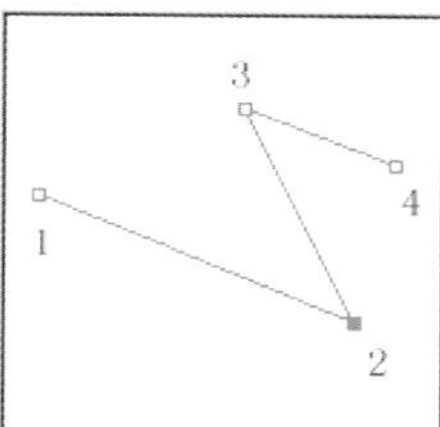

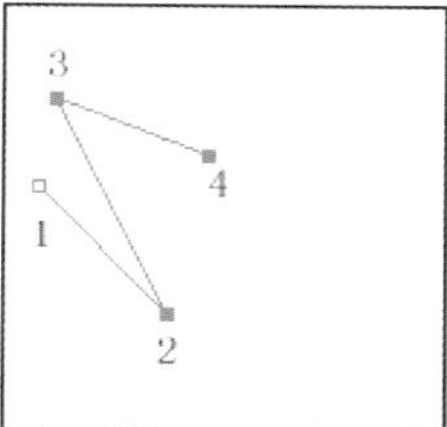

图 1.208　移动锚点和线段

3. 单行和单列选框工具

使用工具箱中的“单行选框工具”按钮或“单列选框工具”按钮，可以选取单行或单列的区域，具体操作方法如下：

步骤 1：右键单击工具箱中的“矩形选框工具”按钮，在打开的菜单中选择“单行选框工具”按钮或“单列选框工具”按钮。

步骤 2：在“单行选框工具”或“单列选框工具”的选项栏中进行相应参数的设置，该选项栏中的参数与“矩形选框工具”的选项栏中的参数基本相同。

步骤 3：在图像编辑区中的适当位置单击鼠标，即可创建一个高度为“1 像素”或宽度为“1 像素”的选区，分别如图 1.209 和 1.210 所示。

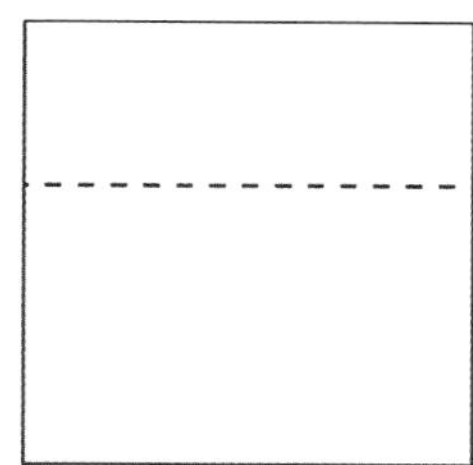

图 1.209　创建单行选区

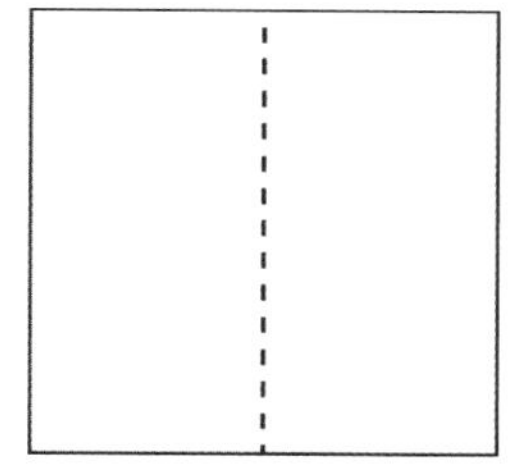

图 1.210　创建单列选区

4. 减淡工具和加深工具

（1）减淡工具。

“减淡工具”的主要作用是加亮图像区域或使颜色变淡，还可以通过提高图像的曝光度增加图像区域的亮度。单击工具箱上的“减淡工具”按钮，此时的选项栏如图 1.211 所示。

图 1.211　“减淡工具”的选项栏

● 范围：该下拉列表框用于选择更改范围，包括“中间调”、“阴影”和“高光”3 个选项，其中，若选择“中间调”选项，可以更改图像灰色的中间范围；若选择“阴影”选项，可以更改图像暗区；若选择“高光”选项，则可以更改图像亮区。

● 曝光度：用于改变图像的曝光度。可以直接在数值框中输入数值，也可以单击▼按钮，在打开的调节杆上拖动滑块改变数值。

“减淡工具”的使用方法如下：

打开配套素材文件 01/相关知识/城堡.jpg，单击工具箱上的“减淡工具”按钮，选择“减淡工具”，将光标移到图像中较暗的区域，拖动鼠标，加亮图像，前后效果如图 1.212 所示。由此可以看到图 1.212 左图有些景色颜色较深，分不清轮廓，经过“减淡工具”处理后，效果有了明显改善。

图 1.212　使用“减淡工具”调整图像前后的效果

（2）加深工具。

“加深工具”的作用与“减淡工具”的作用相反，用于通过降低图像的曝光度来减少图像的亮度。

“加深工具”的使用方法如下：

打开配套素材文件 01/相关知识/眼睛.jpg，如图 1.213 左图所示，右键单击工具箱上的“减淡工具”按钮，在打开的下拉工具列表中选择“加深工具”按钮；在“加深工具”的选项栏中对各参数进行设置，其参数与“减淡工具”基本相同。将鼠标移到图像中想要加深的部分，拖动鼠标即可使相应的区域变深，在本例中可加深图像的眼睛周边以及眉毛部分区域颜色，这样可使眼睛更立体、更突出，加深后的效果如图 1.213 右图所示。

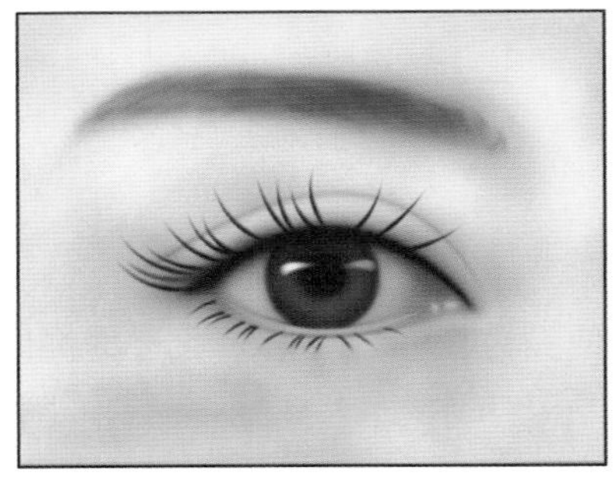

图 1.213　使用“加深工具”调整图像前后的效果

另外，“减淡工具”和“加深工具”还可以使图像呈现出高光和阴影效果，这样就使图像更逼真，并且有立体感的效果。

5. 橡皮擦工具组

（1）橡皮擦工具。

“橡皮擦工具”用于擦除图像的颜色。当图像中的某部分被擦除后，在擦除的位置上将

填入背景色；若擦除内容是一个透明的图层，擦除后将变为透明。单击工具箱上的“橡皮擦工具”按钮，其选项栏如图 1.214 所示。

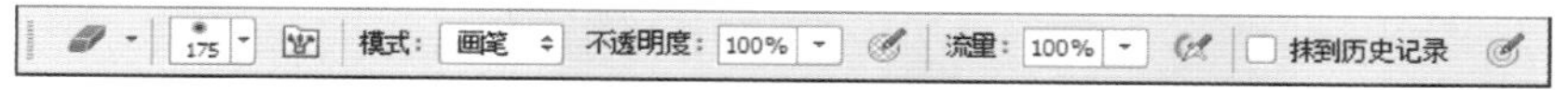

图 1.214　“橡皮擦工具”的选项栏

该选项栏中的“模式”参数用来设置擦除方式，包括“画笔”、“铅笔”和“块”3 个选项。选择“画笔”和“铅笔”方式擦除图像时，使用的颜色来源是背景色，这时可以根据需要选择不同的画笔形状和大小；当选择“块”方式擦除图像时，不能选择画笔形状和大小，此时只有“抹到历史记录”复选框可以设置，选择该复选框后，橡皮擦具有了类似于“历史记录画笔工具”的功能，能够恢复到某一历史记录的状态。

“橡皮擦工具”的使用方法如下：

步骤 1：打开配套素材文件 01/相关知识/蝴蝶 .jpg，选择“橡皮擦工具”。

步骤 2：在选项栏中设置画笔类型为 35，模式为“画笔”。

步骤 3：将工具箱中的背景色设置为图像的背景色（用吸管工具在图像背景区域单击即可），将图像上面的文字用“橡皮擦工具”擦除，擦除前后如图 1.215 所示。

图 1.215　擦除背景上的文字前后的效果

步骤 4：多次重复步骤 4，接着选取蝴蝶身上的不同颜色，对蝴蝶身上的文字进行擦除，擦除前后效果如图 1.216 所示。

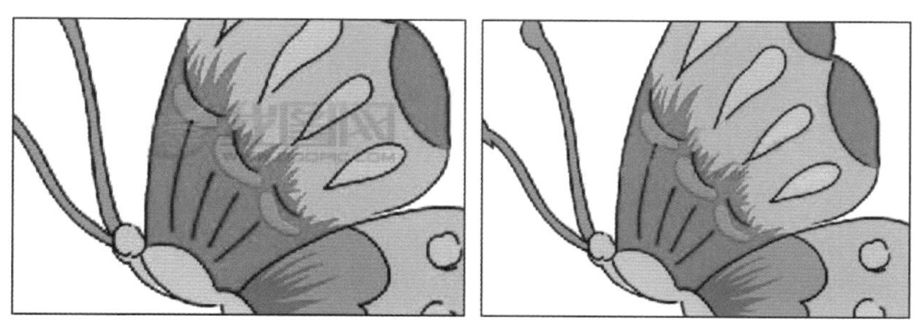

图 1.216　擦除蝴蝶上的文字前后的效果

（2）背景橡皮擦工具。

“背景橡皮擦工具”可用于将图层上的像素抹成透明，从而可以在抹除背景的同时在前景中保留对象的边缘。通过指定不同的取样和容差选项，可以控制透明度的范围和边界的锐化程度。

右键单击工具箱上的“橡皮擦工具”按钮，在打开的下拉工具列表中选择“背景橡皮擦工具”，此时的选项栏如图 1.217 所示。该选项栏中的各参数作用如下：

图 1.217　“背景橡皮擦工具”的选项栏

● “画笔预设”选取器：用于设置画笔的大小，但只能选取圆形的画笔。单击列表框右侧的下三角按钮，会打开如图 1.218 所示的面板。

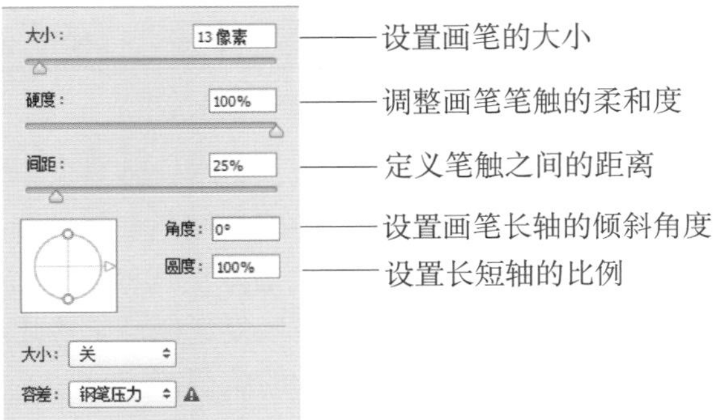

图 1.218 “画笔”面板

● 连续取样：可擦除鼠标经过的图像区域。

● 取样一次：只擦除包含第一次单击的区域。

● 取样背景色板：只擦除包含当前背景色的图像区域。

● 限制：用于设置擦除方式，包括“不连续”、“连续”和“查找边缘”3 个选项，“不连续”表示擦除图像中任一位置的颜色；“连续”表示擦除取样点及与取样点相近且相接的颜色；“查找边缘”表示擦除取样点和与取样点相连的颜色，同时更好地保留形状边缘的锐化程度。

● 容差：单击按钮，在打开的调节杆上拖动滑块，可以改变容差值，容差值越大，抹除的颜色范围越广。

● 保护前景色：选中该复选框，可以防止将具有前景色的图像区域擦除。

“背景橡皮擦工具”的使用方法如下：

步骤 1：打开配套素材文件 01/相关知识/玫瑰花束.jpg，右键单击工具箱上的“橡皮擦工具”按钮，在打开的下拉工具列表中选择“背景橡皮擦工具”。

步骤 2：在其选项栏中单击按钮，设置“限制”为“连续”。

步骤 3：在图像编辑区内的背景部分拖动鼠标，即可擦除图像，擦除前后的效果如图 1.219 所示。

图 1.219 擦除背景前后的效果

（3）魔术橡皮擦工具。

用“魔术橡皮擦工具”在图层中单击时，该工具会将所有相似的像素更改为透明。如果在已锁定透明度的图层中工作，这些像素将更改为背景色。如果在背景中单击，则将背景转换为图层并将所有相似的像素更改为透明。

使用方法和上面两个工具类似，这里就不再举例。

1.7.3 任务实现

步骤1：打开配套素材文件01/任务实现/绿叶.jpg，效果如图1.220所示。

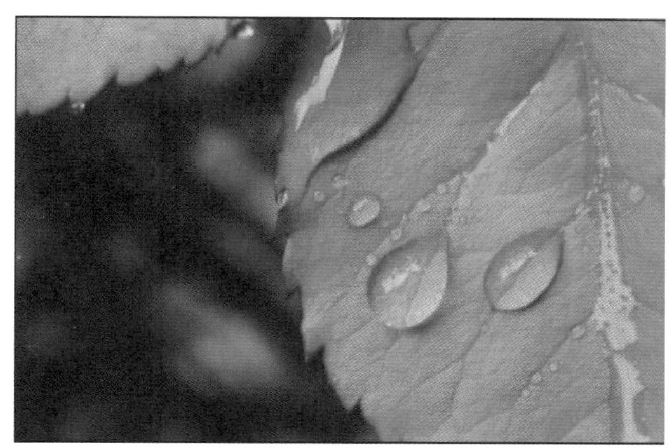

图1.220 素材图

步骤2：选择“钢笔工具”，选择“路径”模式，绘制一个如图1.221左图所示的半圆形状，按“Ctrl+Enter”组合键，生成选区，按“Ctrl+Shift+N”组合键新建图层，将前景色设置为深灰色，按“Alt+Delete”组合键填充选区，再按“Ctrl+D”组合键取消选区，填充效果如图1.221右图所示。

图1.221 绘制选区并填充深灰色

步骤3：选择“减淡工具”，在形状上面将颜色减淡，使其出现高光效果，如图1.222所示。

步骤4：按“Ctrl+Shift+N”组合键，新建一个图层，前景色设置为“#c30606”，选择“椭圆工具”，在选项栏中选择“像素”模式，按住“Shift”键，绘制一个正圆形，效果如图 1.223 所示。

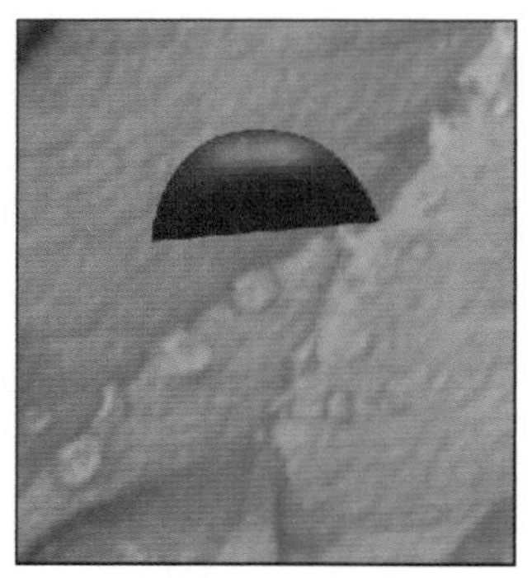

图 1.222　高光效果

图 1.223　绘制正圆形

步骤 5：用“减淡工具”将圆的左上和右上以及中间减淡，用“加深工具”将边缘处加深，处理完毕后的效果如图 1.224 左图所示。

步骤 6：新建图层，选择“椭圆工具”，选择“像素”模式，在该图层画出一些大小不一的黑点，绘制完毕后的效果如图 1.224 右图所示。

图 1.224　减淡、加深后的效果和加上黑点的效果

步骤 7：新建图层，选择“单列选框工具”，前景色设置为暗红色，在图像中间位置单击，按“Alt＋Delete”组合键填充选区，再按“Ctrl＋D”组合键取消选区，效果如图 1.225 左图所示。

步骤 8：选择“橡皮擦工具”，将身体外的线擦掉，效果如图 1.225 右图所示。

图 1.225　填充细线以及擦除身体外的线后的效果

步骤9： 新建图层，选择“钢笔工具”在前端绘制一段曲线，如图1.226所示。

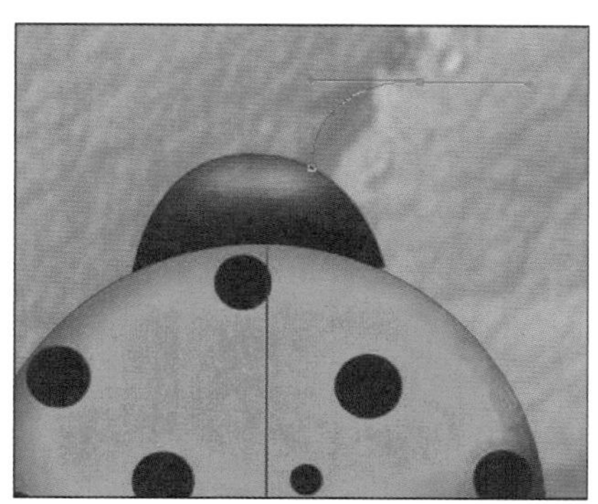

图1.226　绘制曲线

步骤10： 选择“画笔工具”，在选项栏中将画笔按照如图1.227所示进行设置，硬度为“100%”，大小为“5像素”。

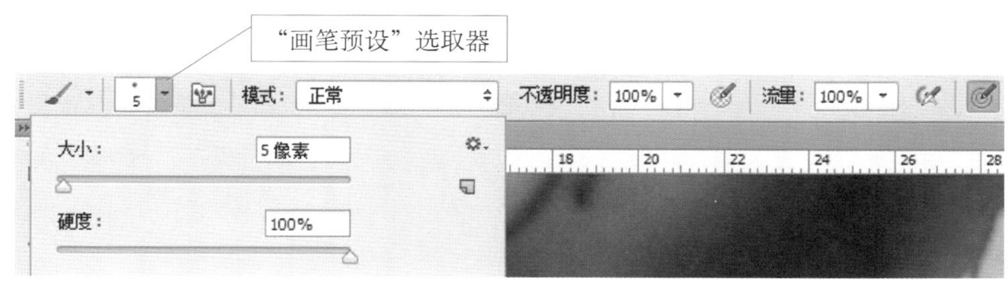

图1.227　设置画笔

步骤11： 前景色设置为黑色，按下“Enter”键，给路径描边，再按“Delete”键，删除路径，然后选择“椭圆工具”在曲线前端绘制一个深灰色的正圆，效果如图1.228所示。

步骤12： 选择“移动工具”，按“Alt”键的同时拖动鼠标进行复制，然后进行水平翻转，效果如图1.229所示。

图1.228　触须效果

图1.229　复制、翻转后的效果

步骤13： 将除了“背景”图层以外的所有图层选中，按“Ctrl+E”组合键合并选中的图层，可以多复制几个这样的图形，改变大小、方向或者翻转，最终效果如图1.197所示。

1.7.4　练习实践

1. 打开配套素材文件01/练习实践/鸡蛋.jpg和小女孩.jpg，如图1.230所示，然后利用“钢笔工具”绘制路径，生成选区，再利用“加深工具”、“减淡工具”调整鸡蛋的明暗区域、小女孩的面部光泽，最终效果如图 1.231 所示。

图 1.230　素材图

图 1.231　效果图

2. 打开配套素材文件 01/练习实践/海边美女 .jpg，本练习主要是运用“背景橡皮擦工具”擦除图像的背景色，擦除过程中结合“磁性套索工具”一起使用，可以很方便地将图中的背景擦除干净，且不影响前景色。擦除背景前后及填充新背景后的效果如图 1.232 所示。

图 1.232　擦除背景前（左）后（中）以及填充新背景（右）后的效果

任务 8　设计邮票效果

1.8.1　任务描述

本任务主要运用“画笔工具”、“选择工具”制作出邮票的效果，如图 1.233 所示。

图 1.233　邮票效果

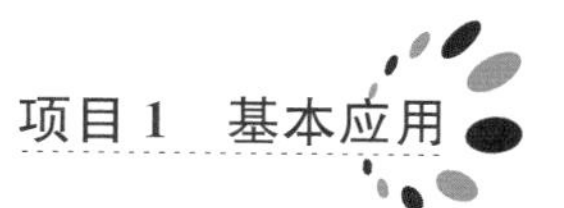

1.8.2 相关知识

1. 画笔工具

使用“画笔工具”可以绘制出比较柔和的线条，单击工具箱中的“画笔工具”按钮，此时的选项栏如图1.234所示。

图1.234 “画笔工具”的选项栏

该选项栏中的各项参数作用如下：

- ：单击该按钮可打开“画笔预设”选取器，如图1.235所示。其主要作用是存储画笔笔尖设置（如画笔大小、硬度和喷枪）以及“画笔”面板中提供的画笔选项。
- 画笔：单击“画笔”列表框右侧的下三角按钮，可打开“画笔预设”选取器下拉面板，如图1.236所示。在其中可以选择不同类型的笔尖、不同大小的画笔。

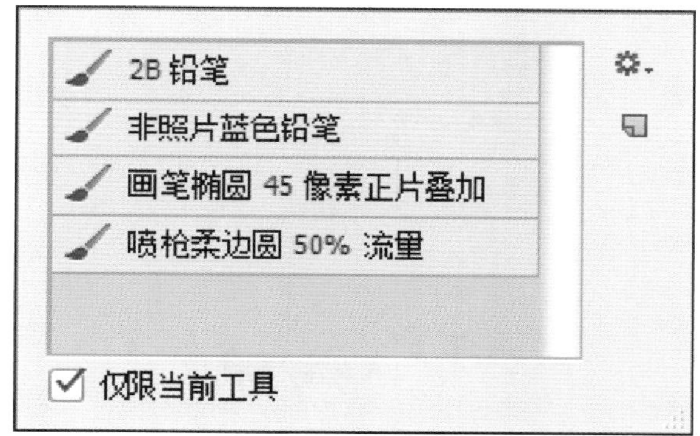

图1.235 “画笔预设”选取器

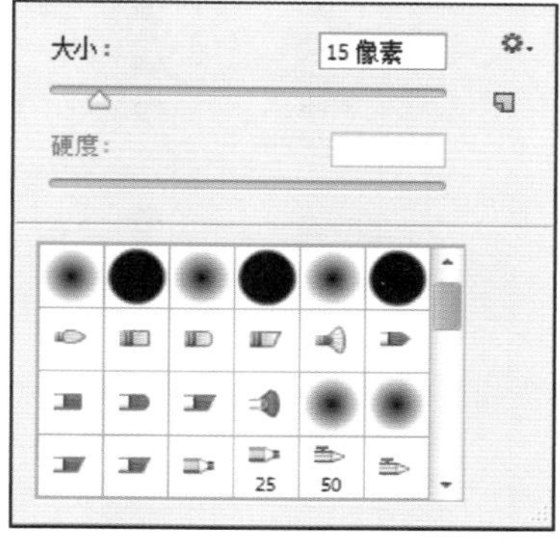

图1.236 下拉面板

- 按钮：切换“画笔”面板。单击此按钮可以显示或者隐藏“画笔”面板。
- 模式：单击“模式”下拉列表框可在其中选择绘图时的颜色混合模式。
- 不透明度：用来设置绘图的不透明度，取值范围为1%～100%。用户可以直接在下拉列表框中输入值，也可以单击下拉列表框右侧的小三角，在打开的调节杆上拖动滑块来设置值。取值越小，透明程度越大。
- 流量：用来设置绘图的浓度比率，取值范围为1%～100%。用户可以直接在下拉列表框中输入值，也可以单击下拉列表框右侧的小三角，在打开的调节杆上拖动滑块来设置值。取值越小，颜色越浅；取值越大，颜色越深。
- ：选中该按钮可以使用“喷枪工具”。

利用“画笔工具”绘制图形的方法如下：

步骤1：新建一个文件，选择渐变工具，并设置为“蓝色-白色-绿色”线性渐变，然后填充文件背景，如图1.237所示。

步骤2：选择“画笔工具”，设置前景色为“绿色”，按“F5”键打开“画笔”面板，在面板中设置如图1.238所示的各项参数。在“画笔笔尖形状”里选择“Grass”，大小设置为“134像素”，然后选择“散布”选项，按照如图1.239所示进行设置。

图 1.237　填充背景

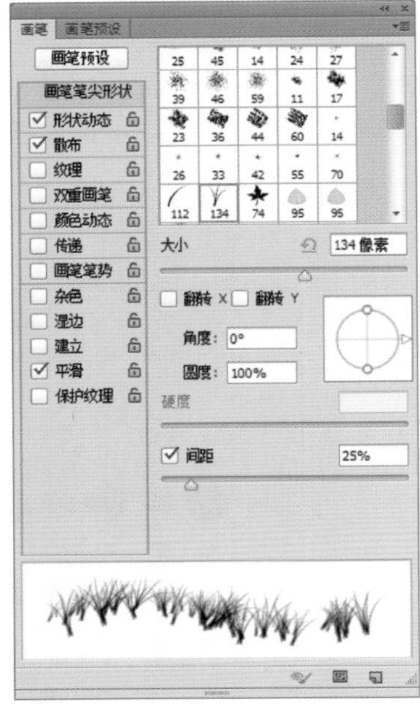

图 1.238　“画笔”面板

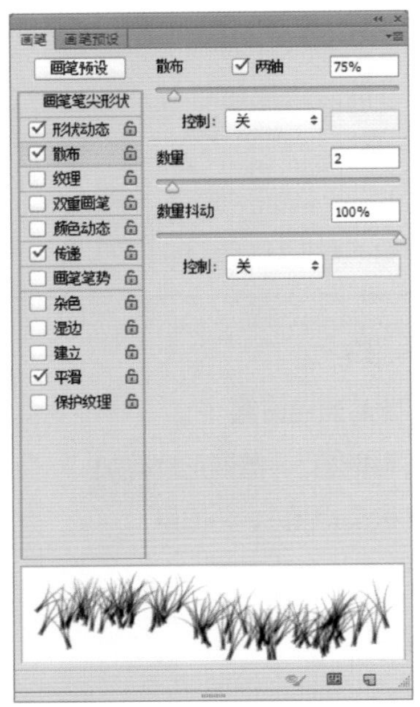

图 1.239　“散布”选项

步骤 3：在背景靠下的位置来回拖动鼠标进行绘制，直到满意为止，效果如图 1.240 所示。

图 1.240　绘制图像

步骤 4：将前景色设置为“黄色”。再次选择“画笔工具”，“画笔笔尖形状”选项选择“Scattered Maper Leaves”，直径设置为“74 像素”，“形状动态”选项里面的“大小抖动”设置为“100%”，其他选项类似步骤 2 的设置。

步骤 5：在靠下的位置拖动鼠标进行绘制，最终效果如图 1.241 所示。

图 1.241　效果图

2. 铅笔工具

"铅笔工具"常用来画一些棱角突出、尖锐的线条，特别适用于位图图像。右键单击工具箱中的"画笔工具"按钮，在打开的下拉工具列表中选择"铅笔工具"，此时的选项栏如图 1.242 所示。

"铅笔工具"的选项栏中的各个选项的设置与"画笔工具"选项栏的设置方法相同。另外，又增加了一个"自动抹除"功能。选中"自动抹除"复选框时，若在与前景色相同的图像区域中进行绘图，会自动擦除前景色并填入背景色。

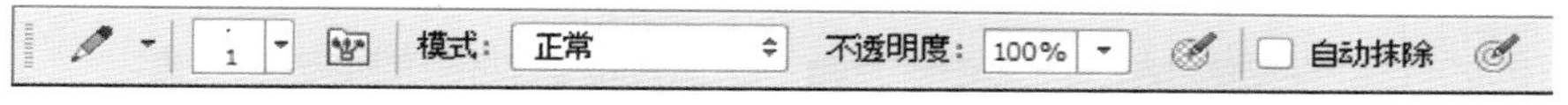

图 1.242　"铅笔工具"的选项栏

利用"铅笔工具"绘制图形的方法如下：

步骤 1：右键单击工具箱中的"画笔工具"按钮，在打开的下拉工具列表中选择"铅笔工具"。

步骤 2：设置前景色为"＃cf017a"，在"铅笔工具"的选项栏中设置画笔选项为"喷枪"，大小为"30 像素"，模式为"溶解"，并选中"自动抹除"复选框。

步骤 3：将鼠标移到绘图区，这时鼠标会变成已选择的画笔形状，拖动鼠标绘制一个"PS"字样，如图 1.243 所示。

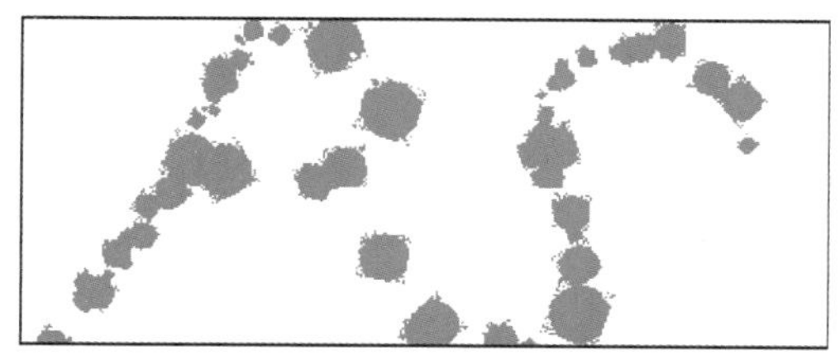

图 1.243　用"铅笔工具"绘制的图形

3. 颜色替换工具

使用"颜色替换工具"可以将图像中选择的颜色替换为新颜色。右键单击工具箱中的"画笔工具"按钮，会打开一个下拉工具列表，在其中选择"颜色替换工具"，此时的选项栏如图 1.244 所示。

图 1.244 “颜色替换工具”的选项栏

该选项栏中的几个重要参数作用如下：

- “画笔预设”选取器：在画笔下拉列表中可以调整画笔的大小、硬度及间距。
- 连续取样：在图像中拖动鼠标，可以将鼠标经过的区域颜色替换成新设置的前景色。
- 取样一次：在整个图像中，只将鼠标第一次单击的区域颜色替换成新设置的前景色。
- 取样背景色板：在整个图像中，只将背景色替换成新设置的前景色。

“颜色替换工具”的使用方法如下：

步骤 1：打开配套素材文件 01/相关知识/紫花.jpg，如图 1.245 左图所示，选择“颜色替换工具”。

步骤 2：设置前景色为“红色”，在选项栏中，将“画笔预设”选取器下拉列表的“大小”设置为“60 像素”，单击按钮。

步骤 3：在图像中紫色部分单击，拖动鼠标，图像中的“紫花”部分将变成“红色”，而其他部分不变，调整后的效果如图 1.245 右图所示。

图 1.245 应用“颜色替换工具”前后的效果

1.8.3 任务实现

步骤 1：打开配套素材文件 01/任务实现/花朵背景.jpg，如图 1.246 所示。

图 1.246 素材图

步骤2：选择“文件｜置入”命令，置入配套素材文件01/任务实现/邮票.jpg，按“Enter”键栅格化图层，效果如图1.247所示。

图1.247 置入文件并栅格化图层

步骤3：按“Ctrl+Shift+N”组合键，新建图层，选择“画笔工具”，按“F5”键，打开“画笔”面板，按照如图1.248所示进行设置，硬度设为“100%”，大小为“15像素”，间距设为“166%”，前景色设置为“白色”，按住“Shift”键，拖动鼠标，将出现如图1.249所示的效果。

步骤4：按照同样的方式，接着向下拖动鼠标，注意横向和纵向的距离和位置要整齐，不要错开，更不要分离，效果如图1.250所示。

步骤5：重复步骤4，注意连接处要对齐，效果如图1.251所示。

步骤6：选择“矩形选框工具”，从左上角的圆点的中心到右下角圆点的中心绘制一个选区，如图1.252所示。

步骤7：按“F7”键，在出现的“图层”面板中选择“邮票”图层，按住“Ctrl+Shift+I”组合键反选，按“Delete”键，删除多余的邮票边缘，效果如图1.253所示。

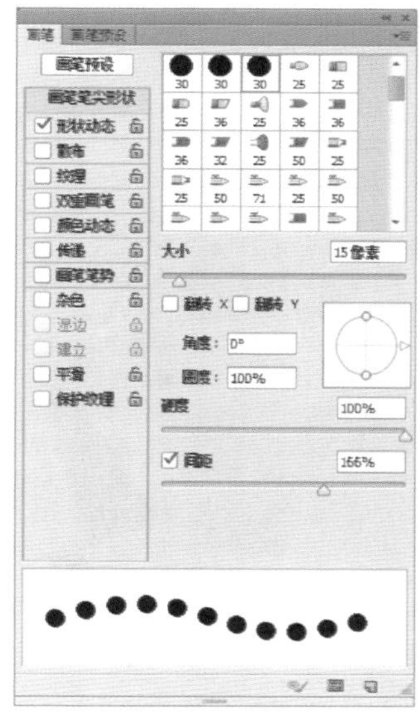

图1.248 “画笔”面板

图1.249 绘制圆点

图 1.250　行、列效果

图 1.251　完成圆点绘制

图 1.252　绘制选区

图 1.253　删除多余边缘

步骤 8：再次按住“Ctrl+Shift+I”组合键反选，按住“Alt”键，用“矩形选框工具”减去选区，选择范围如图 1.254 所示，将前景色设置为“白色”，然后按“Alt+Delete”键填充选区。效果如图 1.255 所示。

图 1.254　减去选区

图 1.255　填充选区

步骤9：选择“邮票”图层，按住“Shift”键，再单击“图层1”，将两层都选中，然后按“Ctrl+E”组合键合并图层，按“图层”面板下面的 fx. 按钮，添加图层样式，在出现的快捷菜单中选择“投影”，默认设置即可，单击“确定”按钮。最终效果如图1.233所示。

1.8.4　练习实践

打开配套素材文件01/练习实践/明星.jpg，利用“画笔工具”、“选择工具”、“填充工具”制作出如图1.256所示的邮票效果。

图1.256　邮票效果

任务9　绘制羽毛效果

1.9.1　任务描述

本任务主要运用“渐变工具”、“钢笔工具”、“涂抹工具”制作一个类似羽毛的效果，如图1.257所示。

图1.257　羽毛效果

1.9.2 相关知识

1. 模糊工具

“模糊工具”在图像处理中用得很多，主要是用于软化图像的硬边缘或区域，使其变得柔和，从而产生一种模糊效果。“模糊工具”的使用方法如下：

打开配套素材文件 01/相关知识/紫花.jpg，单击工具箱上的“模糊工具”按钮，此时的选项栏如图 1.258 所示，可以在选项栏里设置各项参数。

图 1.258 “模糊工具”的选项栏

将光标移动到图像中要进行模糊处理的部分（一般情况下，为了突出某部分图像，可以将其他部分进行模糊处理），按住鼠标左键拖动，此时鼠标所经过的图像部分变得模糊，模糊处理前后的效果如图 1.259 所示。

图 1.259 模糊处理前后的效果

2. 锐化工具

“锐化工具”可以聚焦软边缘，提高图像清晰度或聚焦程度，从而使图像的边界更加清晰，“锐化工具”的使用方法如下：

打开配套素材文件 01/相关知识/瀑布.jpg，右键单击“模糊工具”按钮，在打开的下拉工具列表中单击“锐化工具”按钮，在选项栏中对各项参数进行设置，与“模糊工具”的选项栏设置基本相同，将光标移动到图像要进行锐化处理的部分，按住鼠标左键拖动，锐化处理前后的效果如图 1.260 所示。

图 1.260 锐化处理前后的效果

3. 涂抹工具

“涂抹工具”可以模拟用手指划过的效果，从而使图像变得柔和或模糊，“涂抹工具”的使用方法如下：

打开配套素材文件 01/相关知识/火 .jpg，右键单击“模糊工具”按钮，在打开的下拉工具列表中选择“涂抹工具”，其用法与“锐化工具”类似。将光标移动到图像中的“火”部分，按住鼠标左键向上拖动，经过多次反复涂抹，涂抹处理前后的效果如图 1.261 所示。

说明：画笔笔尖形状、画笔大小不同，涂抹效果会有差别。本案例的画笔笔尖形状为“平扇形”。画笔大小可根据需要随意设置。

图 1.261　涂抹处理前后的效果

1.9.3　任务实现

步骤 1：新建一个文件，背景可以随意设置，选择“钢笔工具”，绘制一个曲线路径，如图 1.262 所示。

步骤 2：选择“画笔工具”，按“F5”键，展开“画笔”面板，画笔笔尖形状选择“柔角 30”，大小为“5 像素”，间距为“25%”，硬度为“0%”，如图 1.263 所示。

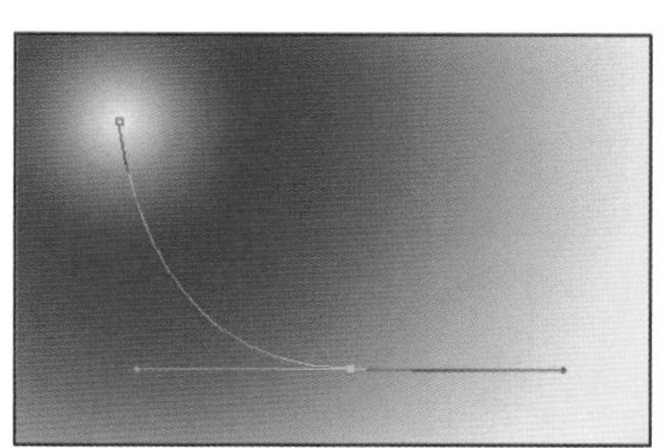

图 1.262　绘制曲线路径

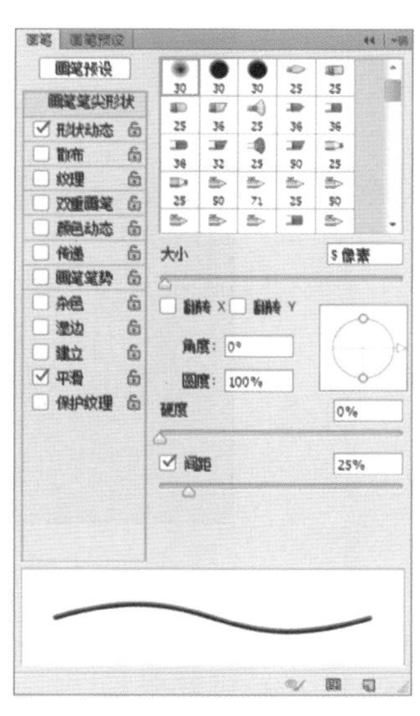

图 1.263　“画笔”面板

步骤 3： 设置前景色为“白色”，新建图层，选择“路径”面板，右键单击工作路径，将出现如图 1.264 所示的快捷菜单，选择“描边路径”菜单。

步骤 4： 在如图 1.265 所示的对话框中，将“模拟压力”选项选中，单击“确定”按钮，将出现如图 1.266 所示的效果。

图 1.264　快捷菜单

图 1.265　“描边路径”对话框

步骤 5： 按“Delete”键删除路径，然后选择模糊工具组的“涂抹工具”，“涂抹工具”选项栏的设置如图 1.267 所示。为了更加真实，可以在英文输入法状态下按“[”或“]”键改变画笔的大小进行涂抹，效果如图 1.268 所示。

图 1.266　“描边”效果

图 1.267　“涂抹工具”的选项栏

图 1.268　涂抹后的效果

步骤 6： 添加默认“投影”图层样式效果，复制多个“羽毛”，运用“自由变换”命令改变其大小和方向，最终效果如图 1.257 所示。

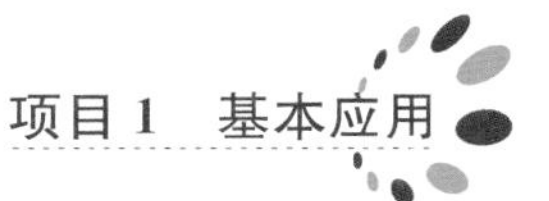

1.9.4　练习实践

模仿本任务效果，利用“涂抹工具”、“画笔工具”、“自由变换”制作类似“火焰”的效果，如图 1.269 所示。

图 1.269　火焰效果

项目 2　色彩应用

教学目标

- 熟悉各种色彩调整命令。
- 掌握调整图像色调的方法。

课前导读

图像中的色彩不仅仅能够真实地记录事物，还能给浏览者带来不同的心理感受。如果在设计图像时能够在色彩和色调和谐统一的基础上，富有创造性地使用色彩，便可以营造出各种独特的氛围和意境，使图像更具表现力和冲击力。

Photoshop 为用户提供了功能非常全面的色彩控制与修正命令，本项目将结合几个典型的色彩调整任务帮助读者掌握“色阶”、“曲线”、“色相/饱和度”和“色彩平衡”等色彩调整命令的使用。

任务 1　彩蝶

2.1.1　任务描述

本任务中原始素材图像整体显得灰暗，蝴蝶本身的亮丽色彩完全没有表现出来。本任务主要通过综合运用“曲线”、“亮度/对比度”及“色相/饱和度”等命令对明暗度及颜色进行调整，实现图像明暗平衡、色彩逼真的效果。图像调整前后的效果对比如图 2.1 和 2.2 所示。

图 2.1　原图像

图 2.2　效果图

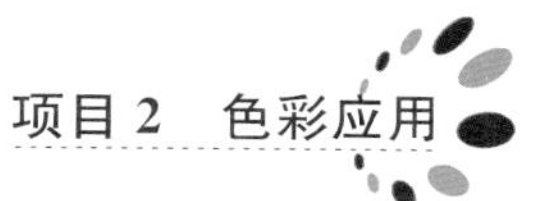

2.1.2 相关知识

1. 颜色深度

颜色深度用来度量图像中有多少颜色信息可用于显示或者打印像素。其单位是位（bit），所以颜色深度有时也称为位深度。常用的颜色深度有 1 位、8 位、24 位和 32 位。1 位有两个可能的数值：0 或者 1。较大的颜色深度（每像素信息的位数更多）意味着数字图像具有较多的可用颜色和较精确的颜色表示。

2. 色彩模式

要在 Photoshop 中正确地选择颜色，必须了解色彩模式。所谓色彩模式是数字世界中表示颜色的一种算法。在数字世界中，为了表示各种颜色，人们通常将颜色划分为若干分量。由于成色原理的不同，决定了显示器、投影仪、扫描仪这类靠色光直接合成颜色的设备与打印机、印刷机这类靠使用颜料来印刷的设备在生成颜色方式上的区别。

（1）位图模式。

位图模式用两种颜色（黑和白）来表示图像中的像素。位图模式的图像也叫作黑白图像。因为其颜色深度为 1，也称为 1 位图像。由于位图模式只用黑白色来表示图像的像素，在将图像转换为位图模式时会丢失大量细节，Photoshop 提供了几种算法来模拟图像中丢失的细节。

（2）灰度模式。

灰度模式可以使用 256 级灰度来表现图像，使图像的过渡更平滑细腻。灰度图像的每个像素有一个 0（黑色）～255（白色）的亮度值。灰度值也可以用黑色油墨覆盖的百分比来表示（0%等于白色，100%等于黑色）。

（3）双色调模式。

双色调模式采用 2～4 种彩色油墨来创建，由双色调（2 种颜色）、三色调（3 种颜色）和四色调（4 种颜色）混合色阶成色。在将灰度图像转换为双色调图像的过程中，可以对色调进行编辑，产生特殊的效果。使用双色调模式最主要的用途是使用尽量少的颜色表现尽量多的颜色层次，这对于减少印刷成本是很重要的，因为在印刷时，每增加一种色调都需要增加更大的成本。

（4）索引颜色模式。

索引颜色模式是网络和动画中常用的图像模式，当彩色图像转换为索引颜色的图像后包含近 256 种颜色。索引颜色图像包含一个颜色表。如果原图像中的颜色不能用 256 色表现，则 Photoshop 会从可使用的颜色中选出最相近的颜色来模拟这些颜色，这样可以减小图像文件的尺寸。该模式图像用来存放图像中的颜色并为这些颜色建立颜色索引，颜色表可在转换的过程中定义或在声明索引图像后修改。

（5）RGB 颜色模式。

RGB 色彩就是通常所说的三原色，R 代表 Red（红色），G 代表 Green（绿色），B 代表 Blue（蓝色），如图 2.3 所示。之所以称为三原色，是因为在自然界中肉眼所能看到的任何色彩都可以由这三种色彩混合叠加而成，因此也称为加色模式。RGB 颜色模式又称 RGB 色空间。它是一种色光表色模式，广泛运用于我们的生活中，如电视机、计算机显示屏、幻灯片等都是利用光来呈色的。印刷出版中常需扫描图像，扫描仪在扫描时首先提取的就是原稿图像上的 RGB 色光信息。RGB 颜色模式通过 R、G、B 的辐射量，可描述出任一颜色。计算机定义颜色时 R、G、B 三种成分的取值范围是 0～255，0 表示没有刺激量，255 表示刺激量达到了最大值。R、G、B 均为 255 时就合成了白光，R、G、B 均为 0 时就形成了黑色。

（6）CMYK 颜色模式。

CMYK 是一种减色混合模式。它是指本身不能发光，但能吸收一部分光，并将余下的光反射出去的色彩混合。CMYK 代表印刷上用的四种颜色，C 代表青色（Cyan），M 代表洋红色（Magenta），Y 代表黄色（Yellow），K 代表黑色（Black），如图 2.4 所示。在实际应用中，青色、洋红色和黄色很难叠加形成真正的黑色，最多不过是褐色而已，因此才引入了 K（黑色）。黑色的作用是强化暗调，加深暗部色彩。

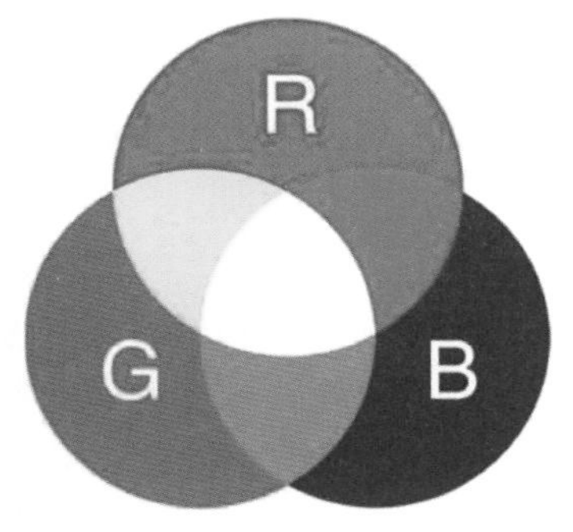

图 2.3　RGB 颜色模式

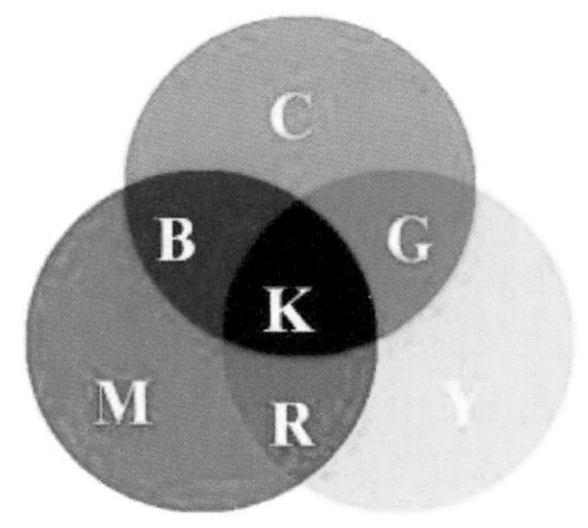

图 2.4　CMYK 颜色模式

（7）Lab 颜色模式。

Lab 颜色模式是 Photoshop 进行颜色模式转换时使用的中间模式。例如，将 RGB 图像转换为 CMYK 图像时，Photoshop 会先将其转换为 Lab 颜色模式，再由 Lab 颜色模式转换为 CMYK 颜色模式。因此，Lab 的色域最宽，它涵盖了 RGB 和 CMYK 的色域。Lab 颜色模式单颜色通道由三个通道组成，但不是 R、G、B 通道。它的一个通道是明度，即 L。另外两个是色彩通道，用 a 和 b 来表示。a 通道包括的颜色是从深绿色（低亮度值）到灰色（中亮度值），再到亮粉红色（高亮度值）；b 通道则是从亮蓝色（低亮度值）到灰色（中亮度值），再到黄色（高亮度值）。因此，这种色彩混合后将产生明亮的色彩。

（8）多通道模式。

多通道是一种减色模式，将 RGB 图像转换为该模式图像后，可以得到青色、洋红和黄色通道。此外，如果删除 RGB、CMYK、Lab 颜色模式的某个颜色通道，图像会自动转换为多通道模式。在多通道模式中，每个通道都合用 256 灰度级存放图像中的颜色元素信息。该模式多用于特定的打印或输出。

3. 曲线

“曲线”命令的功能非常强大，它可以对整个图片或单颜色通道进行亮度、颜色及对比度的调整。该命令可以精确地调整高光区域、阴影区域和中间调区域中任意一点的色调与明暗度。更重要的是，这种调整可以是纯感性化的线性调整，也可以是纯理性化的数据精确调整。

选择“图像｜调整｜曲线”菜单，打开“曲线”对话框，如图 2.5 所示。

“曲线”对话框的部分选项说明如下：

● 坐标栏：曲线的水平轴表示原来图像的亮度值，即图像的输入值，垂直轴表示处理后新图像的亮度值，即图像的输出值。在曲线上单击可创建调节点并进行调整。拖动调节点可以设置调节点的位置和曲线弯曲的弧度，达到调整图像明暗程度的目的。上弦线可以使图像

变亮，下弦线可以使图像变暗，若线呈“S”形，则可以调整图像的对比度。若不需要某个调节点，可按“Delete”键或直接拖至曲线外删除。

- 曲线按钮：在默认情况下，该按钮为选中状态，可在曲线上移动、添加和删除调节点。
- 铅笔按钮：选择该按钮，可以在表格中画出各种曲线。
- 平滑按钮：选择了“铅笔”按钮，并在表格中绘制完曲线后，该按钮才可使用。单击该按钮，曲线会更加平滑，直到变成默认的直线状态。
- 自动按钮：单击该按钮，系统会对图像应用“自动颜色校正选项”对话框中的设置。
- 图像调整工具：选择该工具后，将光标放在图像上，曲线上会出现一个空的圆形，它代表了光标处的色调在曲线上的位置，在画面中单击并拖动鼠标可添加调节点并调整相应的色调。
- 输入色阶：显示了调整前的像素值。
- 输出色阶：显示了调整后的像素值。
- 设置黑场、灰点、白场：利用吸管工具也可以对图像的明暗度进行调节，其中使用“黑色吸管工具”可以使图像变暗，使用“白色吸管工具”可以加亮图像，“灰色吸管工具”则用于去除图像的偏色。

单击“曲线”对话框中“曲线显示选项”前的按钮，可以显示“曲线”更多的选项，如图 2.6 所示。

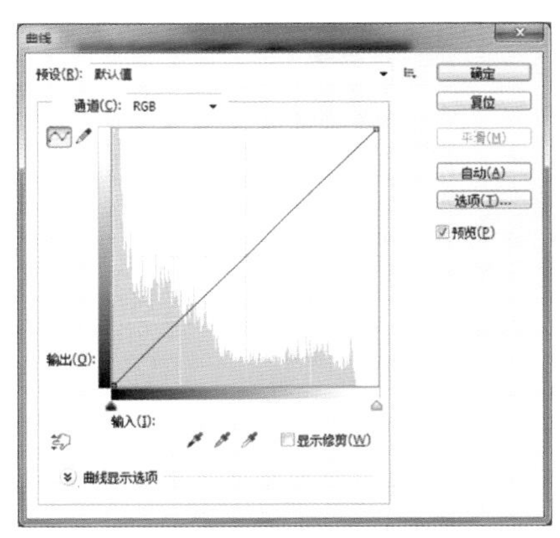

图 2.5　“曲线”对话框

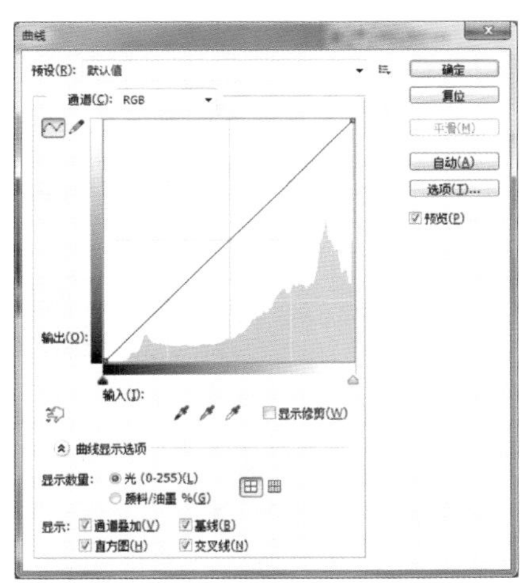

图 2.6　曲线显示选项

- 显示数量：可以转换强度值和百分比的显示。
- 简单网格/详细网格：按下简单网格按钮，会以 25%的增量显示网格；按下详细网格按钮，则以 10%的增量显示网格。在详细网格状态下，可以更加准确地将调节点对齐到直方图上。按住“Alt”键单击网格，可以在这两种网格间切换。
- 通道叠加：可在复合曲线上叠加各个颜色通道的曲线。
- 直方图：可在曲线上叠加直方图。
- 基线：可在网格上显示以 45°角绘制的基线。

● 交叉线：调整曲线时，显示水平线和垂直线，以在相对于直方图或网格进行拖动时将点对齐。

打开配套素材文件 02/相关知识/风景 .jpg，如图 2.7 所示，该图像由于天气情况拍摄效果不理想，可以对其进行“曲线”调整，选择“图像 | 调整 | 曲线”菜单，打开“曲线”对话框，按照图 2.8 所示进行设置，单击“确定”按钮，此时图像色彩变得鲜亮，给人郁郁葱葱的感觉，效果如图 2.9 所示。

图 2.7 素材图

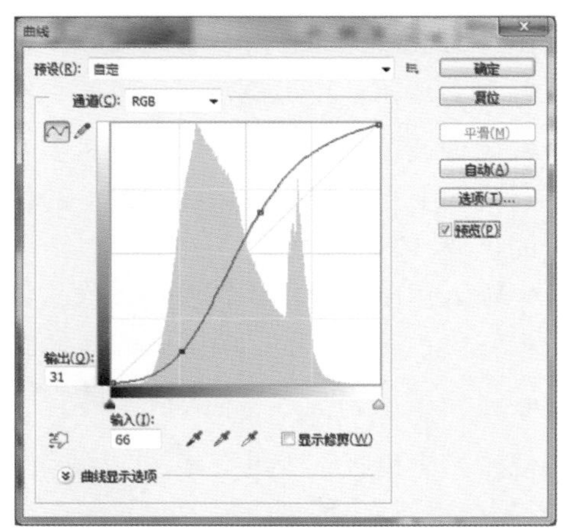

图 2.8 “曲线”对话框

图 2.9 调整“曲线”后的效果

4. 亮度/对比度

“亮度/对比度”用于对图像的色调范围进行简单的调整，此命令属于粗放式调整，其操作手段不够精细，适用于各色调区的亮度和对比度差异相对较小的图像。

选择“图像 | 调整 | 亮度/对比度”菜单，打开“亮度/对比度”对话框，如图 2.10 所示。将“亮度”滑块向右移动会增加色调值并扩展图像高光，而将“亮度”滑块向左移动则会减少色调值并扩展阴影。“对比度”滑块可扩展或收缩图像中色调值的总体范围。

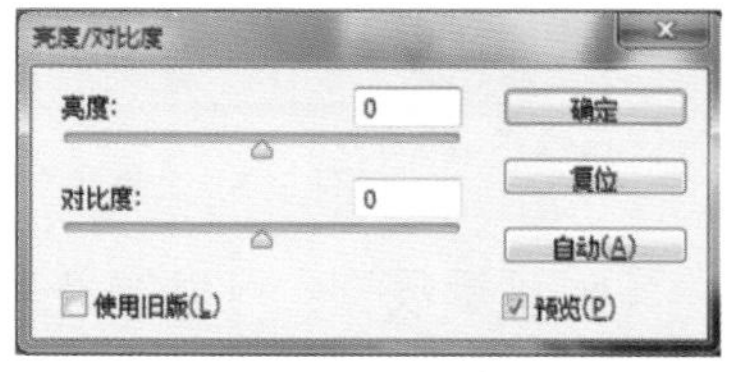

图 2.10 “亮度/对比度”对话框

打开配套素材文件 02/相关知识/乡村 .jpg，如图 2.11 所示，选择“图像 | 调整 | 亮度/对比度”菜单，打开“亮度/对比度”对话框，将该图像的“亮度”值设置为“80”，“对比度”值设置为“35”，单击“确定”按钮，此时图像效果如图 2.12 所示。

图 2.11 素材图

图 2.12 调整“亮度/对比度”后的效果

5. 色相/饱和度

“色相/饱和度”可以调整图像中特定颜色分量的色相、饱和度和明度，或者同时调整图像中的所有颜色。并且，它允许用户在保留原始图像核心亮度值信息的同时，应用新的色相和饱和度值为图像着色。

选择“图像｜调整｜色相/饱和度”菜单，打开“色相/饱和度”对话框，如图 2.13 所示。

“色相/饱和度”对话框中各选项的作用如下：

● 调整范围：在下拉菜单中选择图像调整的范围。“全图”选项会同时调整图像中的所有颜色；选择其他颜色则只调整所选颜色的色相、饱和度及明度。也可以使用“吸管工具”调节图像颜色并修改颜色范围，使用“吸管加工具”可以扩大颜色范围，使用“吸管减工具”可以减小颜色范围。

● 色相：通过在文本框中输入数值或拖动滑块进行调整，得到一个新的颜色。

● 饱和度：使用“饱和度”调节滑块可调节颜色的纯度。向右拖动增加纯度，向左拖动降低纯度。

● 明度：使用“明度”调节滑块可调节像素的亮度，向右拖动增加亮度，向左拖动减少亮度。

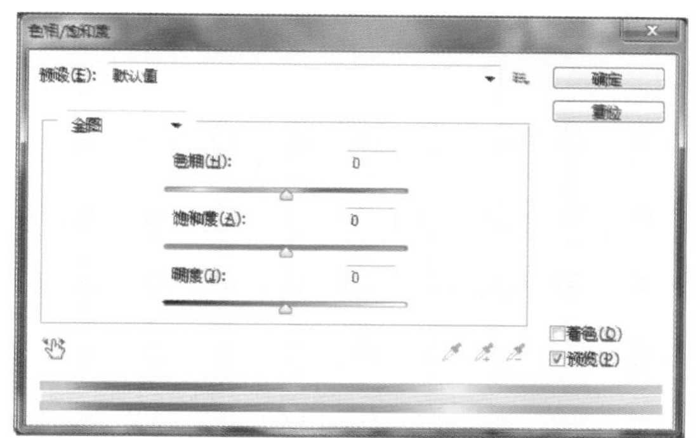

图 2.13 “色相/饱和度”对话框

图 2.14 素材图

● 图像调整工具：选择该工具后，将光标放在要调整的颜色上，单击并拖动鼠标即可修改单击点颜色的饱和度，向左拖动鼠标可以降低饱和度，向右拖动则增加饱和度。如果按住“Ctrl”键拖动鼠标，则可以修改色相。

● 颜色条：在对话框的底部显示有两条颜色条，代表颜色在颜色条中的次序及选择范围。上面的颜色条显示调整前的颜色，下面的颜色条显示调整后的颜色。

● 着色：选中该复选框可为图像上色，或创造单色调效果。

打开配套素材文件 02/相关知识/女孩子.jpg，如图 2.14 所示。

选择“图像｜调整｜色相/饱和度”菜单，打开“色相/饱和度”对话框，单击图像调整范围下拉菜单，选择“蓝色”，调整“色相”值为“－98”，“饱和度”值为“＋17”，“明度”值为“－45”，如图 2.15 所示，单击“确定”按钮，此时图像中人物衣服的颜色发生变化，效果如图 2.16 所示。

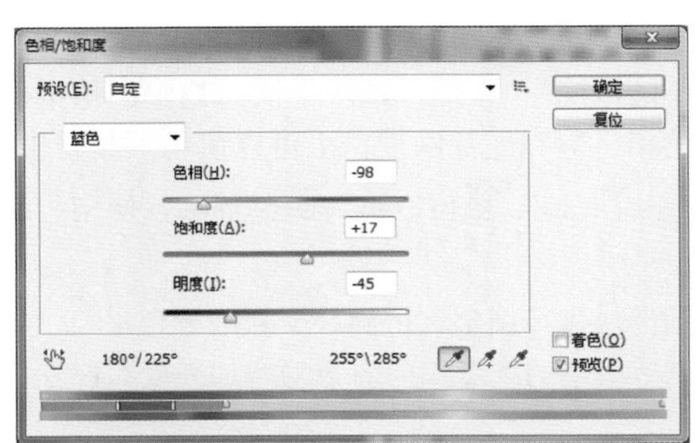

图 2.15 “色相/饱和度”对话框

图 2.16 调整“色相/饱和度”后的效果

6. 自然饱和度

“自然饱和度”是用于调整色彩饱和度的命令，它的特别之处是可在增加饱和度的同时防止颜色过于饱和而出现溢色，非常适合处理人物照片。用“自然饱和度”命令可以增加人物照片中色彩的饱和度，让人物皮肤颜色显得红润、健康、自然，从而有效避免出现难看的溢色。

打开配套素材文件 02/相关知识/郊外人物.jpg，如图 2.17 所示。这张照片由于天气情况不是太好，人物的肤色不够红润，周围景物有些灰暗。选择“图像｜调整｜自然饱和度”菜单，打开“自然饱和度”对话框。该对话框中有两个滑块，向左侧拖动可以降低颜色的饱和度，向右拖动则增加饱和度。现向右拖动“饱和度”滑块至值为“＋100”，如图 2.18 所示。可以看到图像中所有颜色的饱和度都增加了，色彩过于鲜艳，人物皮肤的颜色显得非常不自然，如图 2.19 所示。

拖动“自然饱和度”滑块至值为“＋100”，如图 2.20 所示，从图中可以看出，即使将“自然饱和度”调整到最高值，人物的皮肤颜色变得红润以后，仍能保持自然、真实的效果，如图 2.21 所示。

图 2.17　素材图

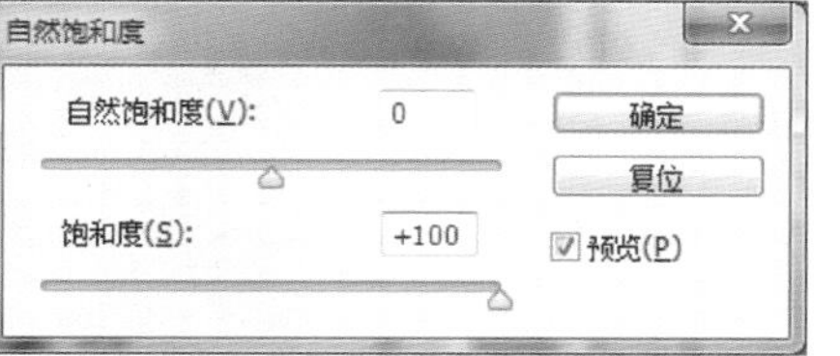

图 2.18　调整“饱和度”

图 2.19　调整“饱和度”后的效果

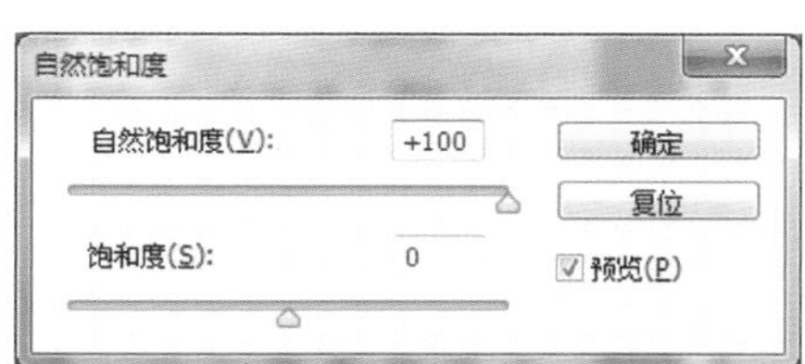

图 2.20　调整“自然饱和度”

图 2.21　调整“自然饱和度”后的效果

2.1.3　任务实现

步骤 1： 打开配套素材文件 02/任务实现/蝴蝶.jpg，如图 2.1 所示。

步骤 2： 选择“图像｜调整｜曲线”菜单，打开“曲线”对话框，按照图 2.22 所示调整曲线，单击“确定”按钮，图像效果如图 2.23 所示。

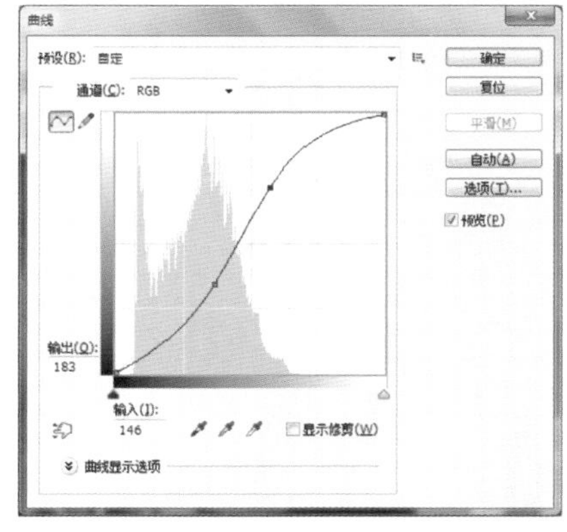

图 2.22　“曲线”对话框

图 2.23　调整“曲线”后的效果

步骤 3：选择“图像｜调整｜亮度/对比度”菜单，打开“亮度/对比度”对话框，设置“亮度”值为“21”、“对比度”值为“23”，如图 2.24 所示，单击“确定”按钮。图像效果如图 2.25 所示。

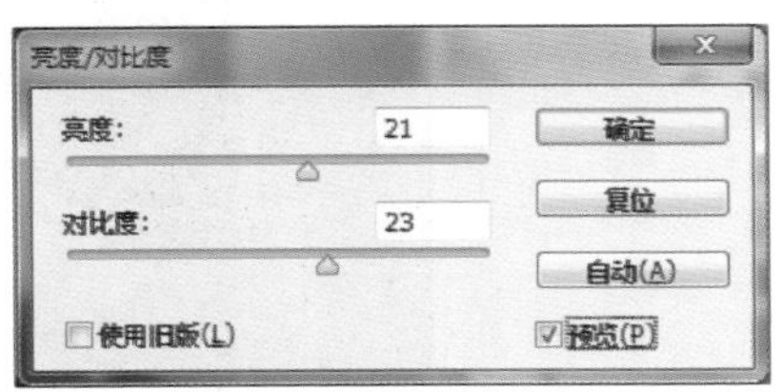

图 2.24 “亮度/对比度”对话框

图 2.25 调整“亮度/对比度”后的效果

步骤 4：选择“图像｜调整｜色相/饱和度”菜单，打开“色相/饱和度”对话框，调整全图的“饱和度”值为“35”，如图 2.26 所示。

步骤 5：对全图中的“红色”进行调整，设置“饱和度”值为“37”，如图 2.27 所示，单击“确定”按钮。至此图像调整完毕，图像的最终效果如图 2.2 所示。

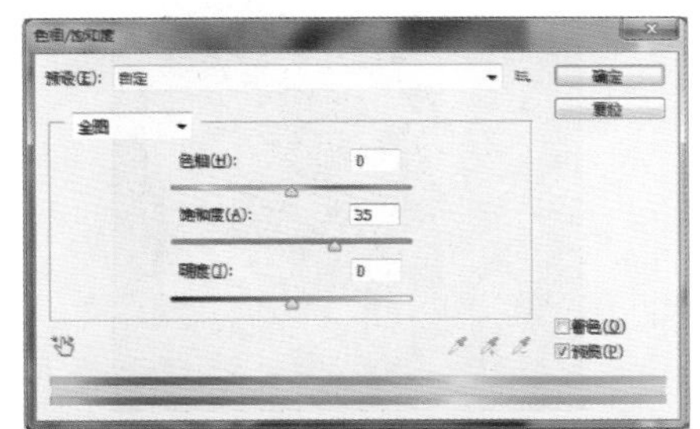

图 2.26 调整全图饱和度

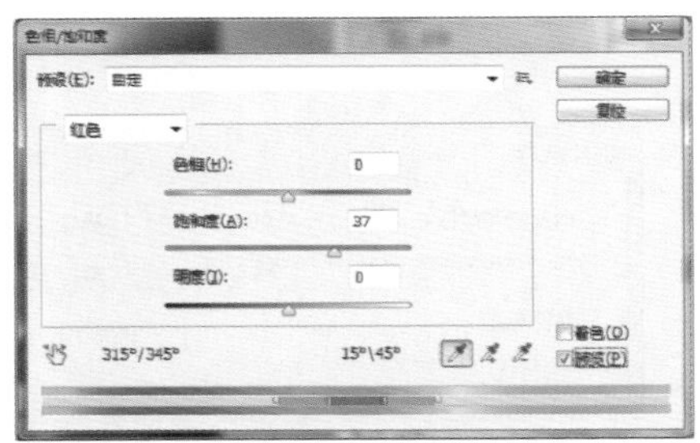

图 2.27 调整红色饱和度

2.1.4 练习实践

打开配套素材文件 02/练习实践/模特 .jpg，如图 2.28 所示，综合运用“曲线”、“色相/饱和度”及“亮度/对比度”等命令对图像进行调整，打造亮紫色效果，使人物显得更加健康、时尚、充满活力。调整后的效果如图 2.29 所示。

图 2.28 原图像

图 2.29 效果图

任务 2 晴空万里

2.2.1 任务描述

本任务中的图片是一张阴天拍摄的照片，让人感觉心情压抑。本任务将利用“色阶”对其高光部分进行调整，使图像色调变亮，再利用“色彩平衡”对图像的颜色进行校正，使其产生接近于晴天的效果，最后再使用“包相/饱和度”调整图像细节的饱和度。图像调整前后的效果对比如图 2.30 和 2.31 所示。

图 2.30 原图像

图 2.31 效果图

2.2.2 相关知识

1. 色阶

“色阶”命令允许用户通过修改图像暗调、中间调和高光部分的亮度来调整图像的色调范围和色彩平衡。

下面以一个实例来介绍“色阶”命令的功能及所实现的效果。

步骤 1：打开配套素材文件 02/相关知识/秋树 .jpg，如图 2.32 所示。

步骤 2：选择“图像 | 调整 | 色阶”菜单，打开“色阶”对话框，如图 2.33 所示。直方图中呈山峰状的图谱显示了像素在各个颜色处的分布，峰顶表示具有该颜色的像素数量最多。左侧表示暗调区域，右侧表示高光区域。

图 2.32 素材图

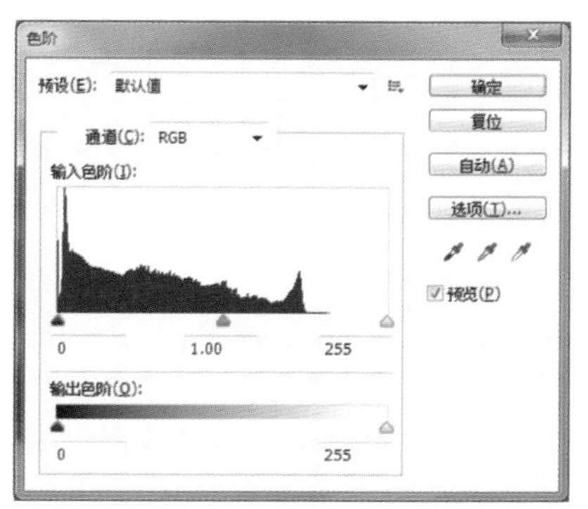

图 2.33 “色阶”对话框

“色阶”对话框中各选项具体说明如下：

- 通道：用于选择要进行色调调整的颜色通道。
- 输入色阶：用于通过设置暗调、中间调和高光的色调值来调整图像的色调和对比度。

● 输出色阶：用于改变图像的对比度，在最下边的颜色条中向右拖动左边的滑块可加亮图像，向左拖动右边的滑块可将图像变暗，两个滑块分别对应两个文本框。

● 载入按钮：用于导入定义好的色阶设置。

● 自动按钮：用于对图像色阶做自动调整。

● 选项按钮：用于对自动色阶调整进行修正。

● 复位按钮：用于取消当前所做的设置并关闭对话框。按住“Alt”键，此按钮将变成“取消”按钮，单击此按钮可以将图像恢复到调整前的状态。

● 吸管工具：利用吸管工具也可以对图像的明暗度进行调节，其中使用“黑色吸管工具”可以使图像变暗，使用“白色吸管工具”可以加亮图像，“灰色吸管工具”则用于去除图像的偏色。

步骤 3：在“输入色阶”暗调区域的文本框中设置数值为“9”，在高光区域的文本框中设置数值为“180”，如图 2.34 所示，调整后的图像效果如图 2.35 所示。经过调整“色阶”后，图像的效果实现了明暗平衡。

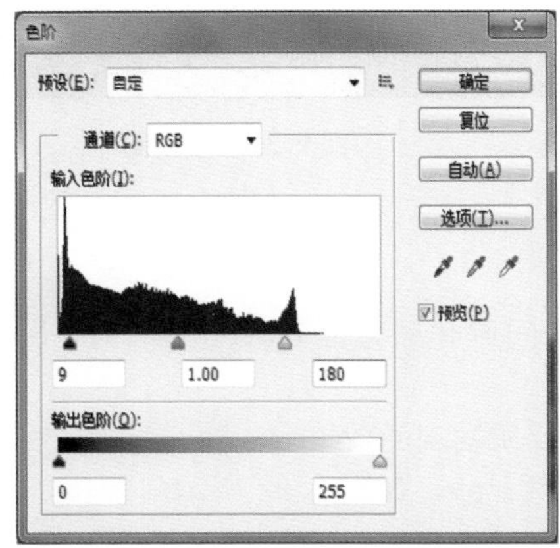

图 2.34　调整“色阶”

图 2.35　调整“色阶”后的效果

2. 色彩平衡

“色彩平衡”可以简单快捷地调整图像暗调区、中间调区和高光区的各色彩成分，并混合各色彩达到平衡。若图像有明显的偏差，可以用该命令来纠正。注意此命令必须确定在“通道”面板中选择了复合通道，因为只有在复合通道下此命令才可用。

下面以一个实例来介绍“色彩平衡”的作用及所实现的效果。

步骤 1：打开配套素材文件 02/相关知识/古董 .jpg，如图 2.36 所示。

步骤 2：选择“图像｜调整｜色彩平衡”菜单，打开“色彩平衡”对话框，如图 2.37 所示。

“色彩平衡”对话框中各选项具体说明如下：

● 色彩平衡：可通过调节 3 个滑块或在文本框中输入－100～＋100 的数值来调节色彩平衡。

● 色调平衡：用于选择需要调节色彩平衡的色调区。

● 保持明度：用于在改变色彩成分的过程中，保持图像的亮度值不变。此选项仅对 RGB 图像可用。

图 2.36　素材图

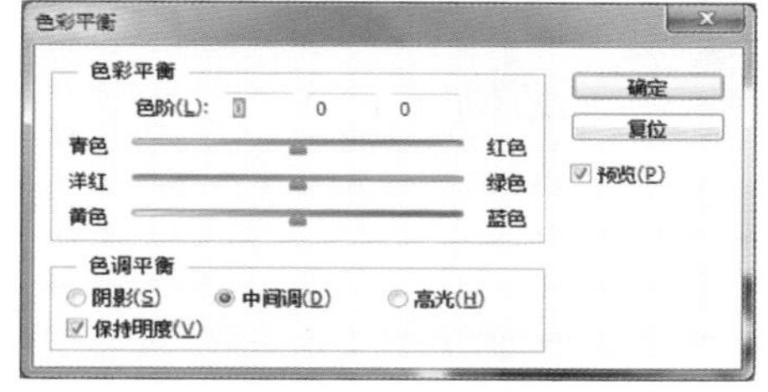

图 2.37　“色彩平衡”对话框

步骤 3：选择“中间调”选项，按照图 2.38 所示进行设置；再选择“阴影”选项，按照图 2.39 所示进行设置；最后选择“高光”选项，按照图 2.40 所示进行设置。单击“确定”按钮，此时图像的色泽已经完全改变，最终图像效果如图 2.41 所示。

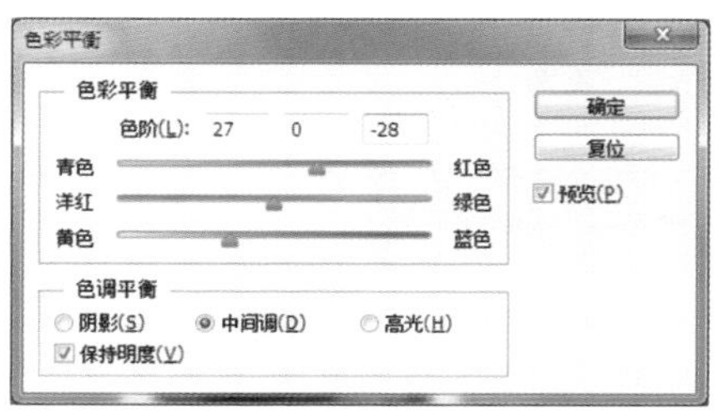

图 2.38　调整“中间调”

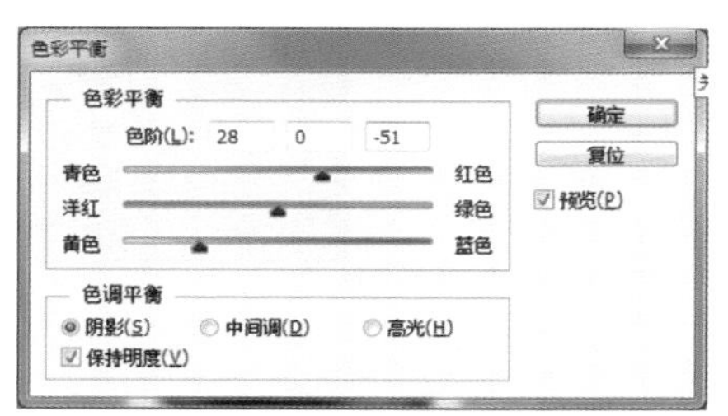

图 2.39　调整“阴影”

图 2.40　调整“高光”

图 2.41　调整“色彩平衡”后的效果

2.2.3　任务实现

步骤 1：打开配套素材文件 02/任务实现/阴天.jpg，如图 2.30 所示。

步骤 2：选择“图像 | 调整 | 色阶”菜单，打开“色阶”对话框，如图 2.42 所示。通过观察直方图可以看到，阴影区域包含很多信息，高光区域信息比较少，所以导致图像过暗，现对其进行调整，按照如图 2.43 所示进行设置，此时图像效果如图 2.44 所示。

步骤 3：选择“图像 | 调整 | 色彩平衡”菜单，打开“色彩平衡”对话框，勾选“中间调”选项，按照图 2.45 所示进行设置。

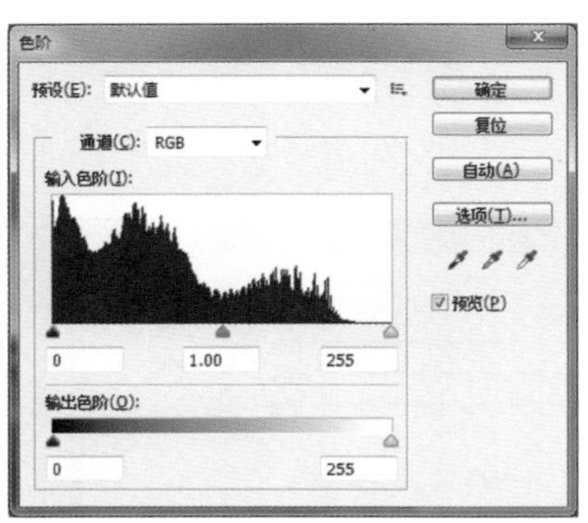

图 2.42 “色阶”对话框

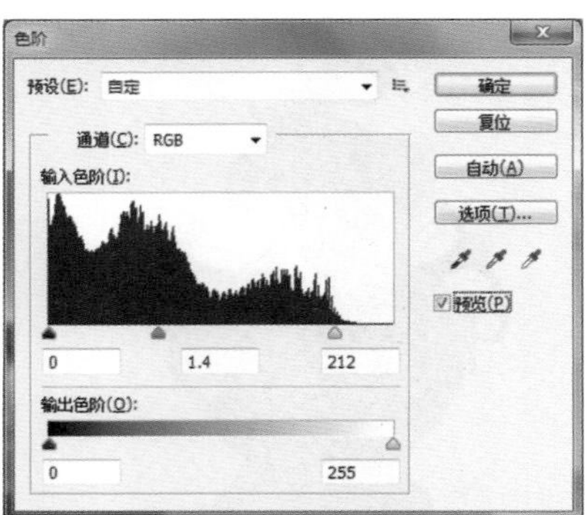

图 2.43 调整“色阶”

图 2.44 调整“色阶”后的效果

步骤 4：勾选“阴影”选项，按照图 2.46 所示进行设置。

步骤 5：勾选“高光”选项，按照图 2.47 所示进行设置。单击“确定”按钮，此时图像效果如图 2.48 所示。

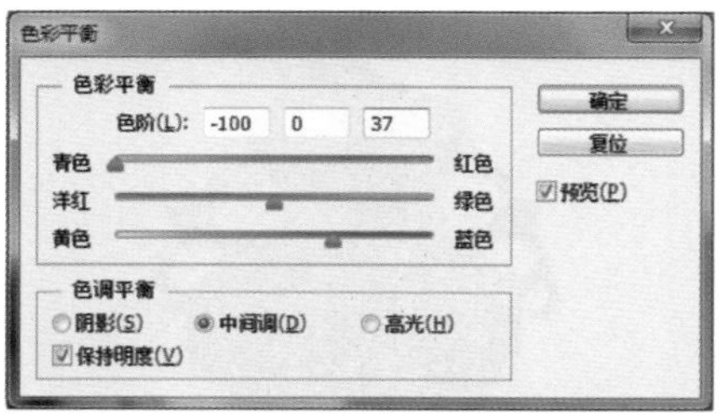

图 2.45 调整“中间调”

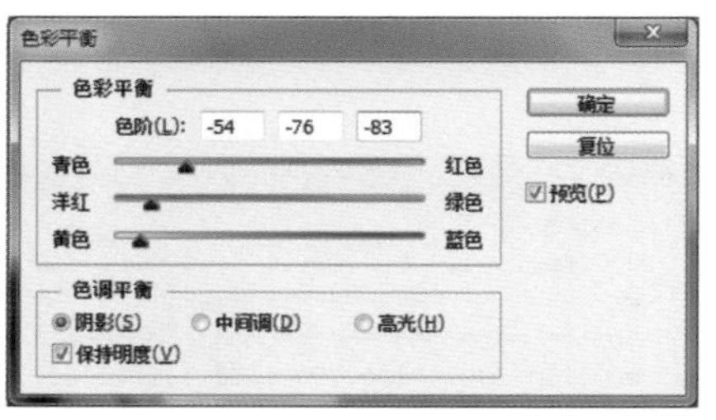

图 2.46 调整“阴影”

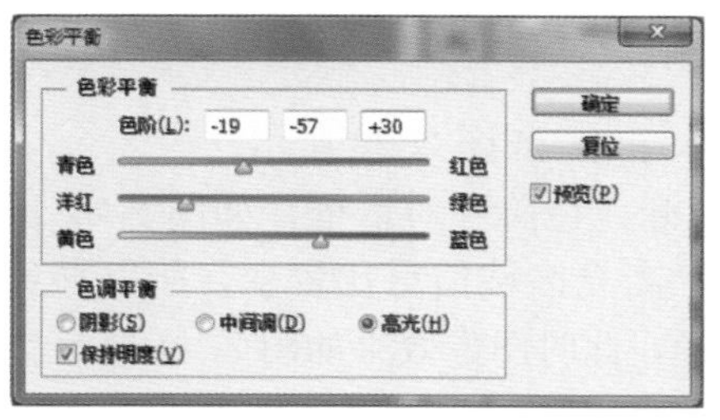

图 2.47 调整“高光”

图 2.48 调整“色彩平衡”后的效果

步骤 6：选择“图像｜调整｜色相/饱和度”菜单，打开“色相/饱和度”对话框，选择“黄色”，将其“饱和度”的值设置为“+48”，如图 2.49 所示，单击“确定”按钮，图像效果如图 2.50 所示。

图 2.49　调整“饱和度”

图 2.50　调整“饱和度”后的效果

步骤 7：此时图像中的“石柱”部分颜色也发生了变化，失去了“石柱”本身的颜色，接下来将利用“历史记录画笔工具”对其颜色进行还原，用鼠标单击工具箱中的“历史记录画笔工具”，确定“历史记录”面板中历史记录画笔源的位置，如图 2.51 所示。

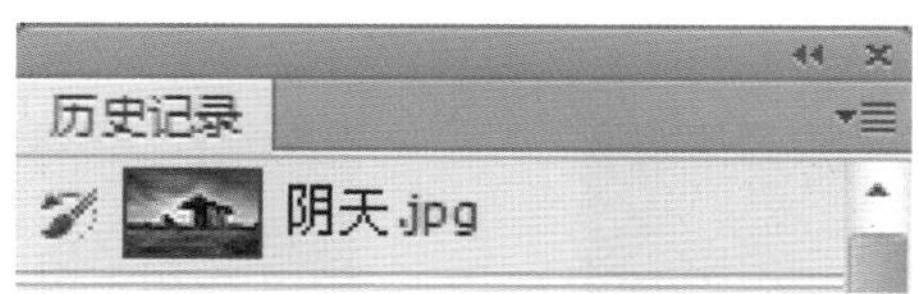

图 2.51　历史记录画笔源的位置

步骤 8：利用“历史记录画笔工具”在“石柱”部分进行涂抹，使其恢复成“石柱”本身的颜色，效果如图 2.52 所示。

图 2.52　恢复“石柱”颜色

步骤 9：为了使“石柱”部分的效果更自然，可利用“减淡工具”对其进行淡化处理。用鼠标单击工具箱中的“减淡工具”，在“石柱”部分进行涂抹，使“石柱”部分有深浅的变化，图像最终效果如图 2.31 所示。

2.2.4　练习实践

打开配套素材文件 02/练习实践/阴暗的房间 .jpg，如图 2.53 所示，综合运用“色阶”和“曲线”对房间照片的明暗进行调整。图像调整后的效果如图 2.54 所示。

图 2.53　原图像

图 2.54　效果图

任务 3　校正彩色照片

2.3.1　任务描述

本任务中的原照片产生了很大的色偏，主要是绿色通道和红色通道受损，可先利用“通道混合器”对图像进行修补，再使用“色彩平衡”进行微调，通过“色阶”调整明暗度，最后配合使用“色相/饱和度”来调整色彩的饱和度。图像调整前后的效果对比如图 2.55 和 2.56 所示。

图 2.55　原图像

图 2.56　效果图

2.3.2　相关知识

“通道混合器”命令可以通过颜色通道的混合来修改颜色通道，产生图像合成效果，主要用于对图像的创造性颜色进行调整。该命令可以对图像的色彩做如下处理：

- 创造一些颜色，这些颜色用调整工具是不易做到的。
- 从每种颜色通道选择一定的百分比来制作高质量的灰度图像。
- 创作高质量的棕褐色图像。
- 将图像转换到其他可选的颜色空间。
- 交换可复制通道。

下面以一个实例来介绍“通道混合器”的作用及所实现的效果。

步骤 1： 打开配套素材文件 02/相关知识/女孩 .jpg，如图 2.57 所示。

步骤 2：选择“图像｜调整｜通道混合器”菜单，打开“通道混合器”对话框，如图 2.58 所示。

“通道混合器”对话框中各选项具体说明如下：

● 输出通道：用于选择一个要在其中混合一个或多个现有通道的颜色通道。对不同的颜色模式有不同的选项。对于 RGB 模式可选择红色、绿色和蓝色通道。

● 源通道：通过拖动滑块或在文本框中输入数值，可增大或减小该通道颜色对输出通道的作用。其有效数值为－200～＋200，负值表示将原通道先反相，然后加到输出通道上。

● 常数：用于改变加到输出通道上的颜色通道的不透明度，负值相当于加上一个黑色通道，正值相当于加上一个白色通道。

● 单色：用于将对话框中的设置应用到输出通道，但最后创建的是包含灰度信息的黑白图像。

图 2.57　素材图

图 2.58　“通道混合器”对话框

步骤 3：勾选“单色”选项，将“红色”调整为“＋67％”，“绿色”调整为“＋75％”，“蓝色”调整为“＋16％”，“常数”调整为“－55％”，如图 2.59 所示。单击“确定”按钮，得到了灰度图像效果，如图 2.60 所示。

图 2.59　调整“通道混合器”

图 2.60　调整“通道混合器”后的效果

2.3.3　任务实现

步骤 1：打开配套素材文件 02/任务实现/儿童.jpg，如图 2.55 所示。

步骤 2：选择“图像｜调整｜通道混合器”菜单，打开“通道混合器”对话框，选择“红色”输出通道，按照图 2.61 所示进行调整。

步骤 3：选择“绿色”输出通道，按照图 2.62 所示进行调整。

步骤 4：选择“蓝色”输出通道，按照图 2.63 所示进行调整。单击“确定”按钮，此时图像效果如图 2.64 所示。

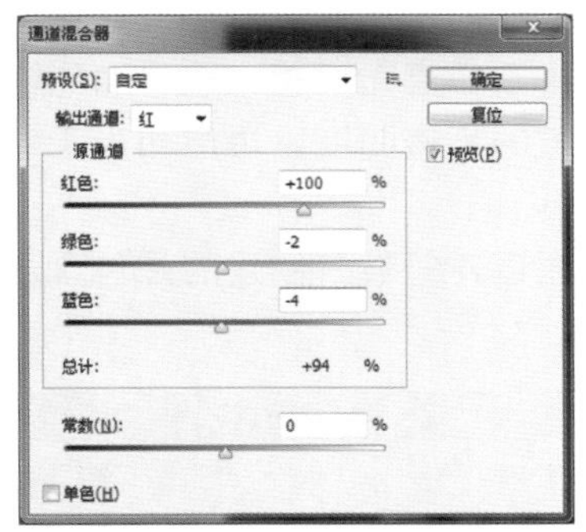

图 2.61　调整红色通道

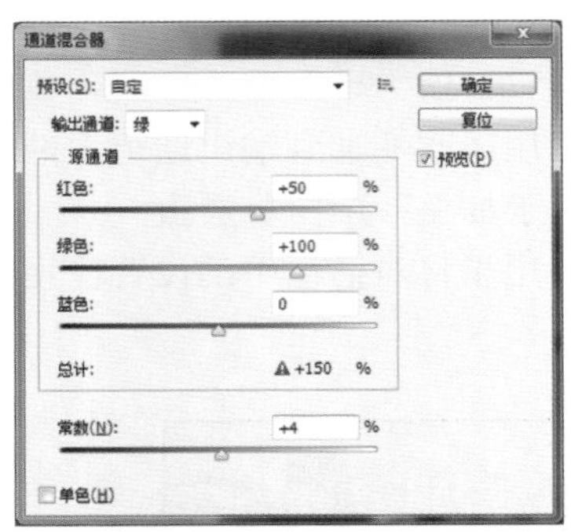

图 2.62　调整绿色通道

图 2.63　调整蓝色通道

图 2.64　调整“通道混合器”后的效果

步骤 5：选择“图像｜调整｜色彩平衡”菜单，打开“色彩平衡”对话框，按照图 2.65 所示进行调整，除去微红，单击“确定”按钮，图像效果如图 2.66 所示。

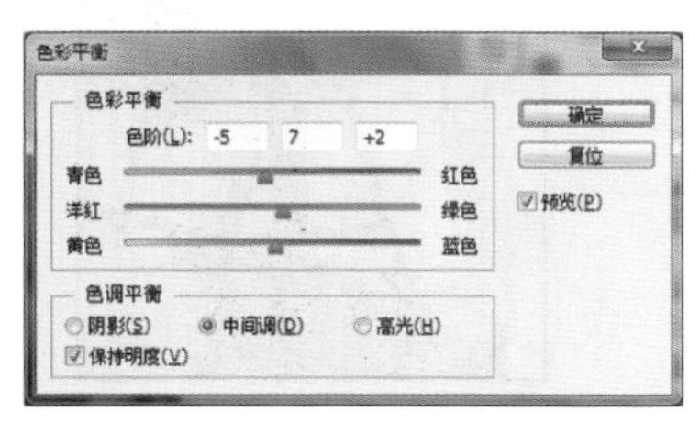

图 2.65　“色彩平衡”对话框

图 2.66　调整“色彩平衡”后的效果

步骤 6：“选择图像｜调整｜色阶”菜单，打开“色阶”对话框，按照图 2.67 所示进行调整，单击“确定”按钮，图像效果如图 2.68 所示。

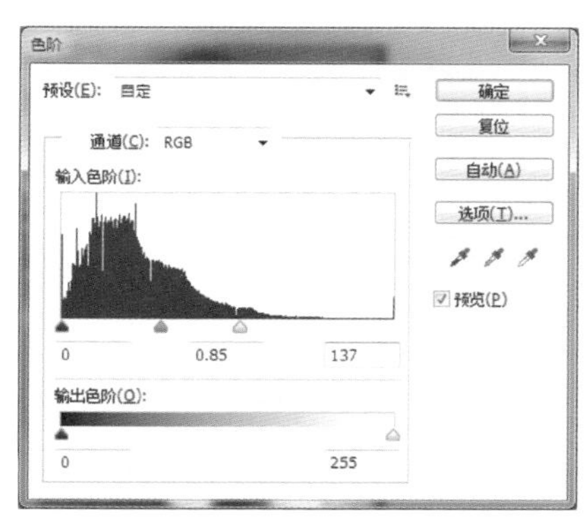

图 2.67　“色阶”对话框

图 2.68　调整“色阶”后的效果

步骤 7：“选择图像 | 调整 | 亮度/对比度”菜单，打开“亮度/对比度”对话框，按照图 2.69 所示进行设置，单击“确定”按钮，图像最终效果如图 2.56 所示。

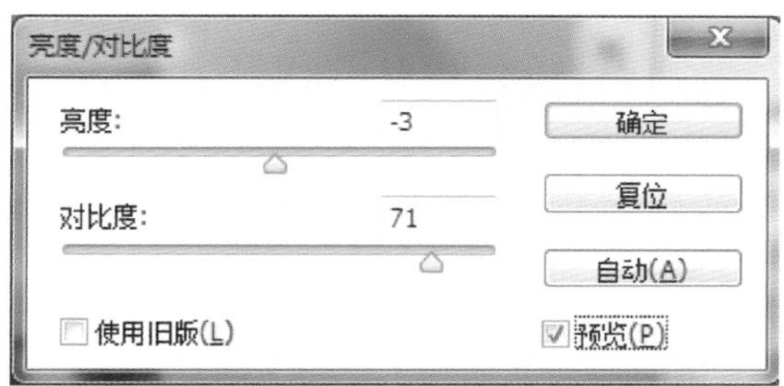

图 2.69　“亮度/对比度”对话框

2.3.4　练习实践

打开配套素材文件 02/练习实践/人物 .jpg，如图 2.70 所示，利用“通道混合器”将图像调整为黑白图像，图像调整后的最终效果如图 2.71 所示。

图 2.70　原图像

图 2.71　效果图

任务4　速写效果

2.4.1　任务描述

本案例主要通过运用“去色”、“反向”、“滤镜”及“曲线”等命令实现图像的速写效果。图像调整前后的效果对比如图 2.72 和 2.73 所示。

图 2.72　原图像

图 2.73　效果图

2.4.2　相关知识

1. 去色

“去色”命令可将彩色图像转换为相同颜色模式下的灰度图像。但图像的颜色模式保持不变。如果当前处理的是多图层图像，“去色”命令则仅转换所选的当前图层。

该命令与在“色相/饱和度”对话框中将“饱和度”的值设置为“－100”的效果是一样的。但使用“去色”命令将彩色图像转换为灰度图像与使用“图像｜模式｜灰度”菜单将图像转换为灰度模式的效果是不同的。“去色”命令并不改变图像的颜色模式，只是将图像表现为灰度模式。

打开配套素材文件 02/相关知识/去色 .jpg，如图 2.74 所示，选择“图像｜调整｜去色”菜单，图像去色后的效果如图 2.75 所示。

图 2.74　素材图

图 2.75　“去色”效果

2. 反相

“反相”命令的作用就是反转图像中的颜色。在处理过程中，可以使用该命令创建边缘蒙版，以便在图像的选定区域应用锐化和其他调整。

对于黑白图像来说，该命令可以实现底片效果；对于彩色图像来说，该命令可以将图像中的各部分颜色转换为补色。

由于彩色打印胶片的基底中包含一层橙色掩膜，因此“反相”命令不能从扫描的彩色负片中得到精确的正片图像。在扫描胶片时，一定要使用正确的彩色负片设置。

在对图像进行反相操作时，通道中每个像素的亮度值都会转换为256级颜色值标度上相反的值。例如，正片图像中值为255的像素会被转换为0，值为5的像素会被转换为250。

打开配套素材文件02/相关知识/反相.jpg，如图2.76所示，选择“图像｜调整｜反相”菜单，图像反相后的效果如图2.77所示。

图2.76 素材图

图2.77 “反相”效果

2.4.3 任务实现

步骤1：打开配套素材文件02/任务实现/人物速写.jpg，如图2.72所示。

步骤2：选择“图像｜调整｜去色”菜单，图像效果如图2.78所示。

步骤3：复制“背景”图层，选中“背景副本”图层，选择“图像｜调整｜反相”菜单，图像效果如图2.79所示。

图2.78 “去色”效果

图2.79 “反相”效果

步骤 4：修改图层“混合模式”为“线性减淡”，图像效果如图 2.80 所示。

步骤 5：选择“滤镜 | 其他 | 最小值”菜单，打开“最小值”滤镜对话框，设置“半径”为“15 像素”，如图 2.81 所示。图像效果如图 2.82 所示。

图 2.80 “线性减淡”效果

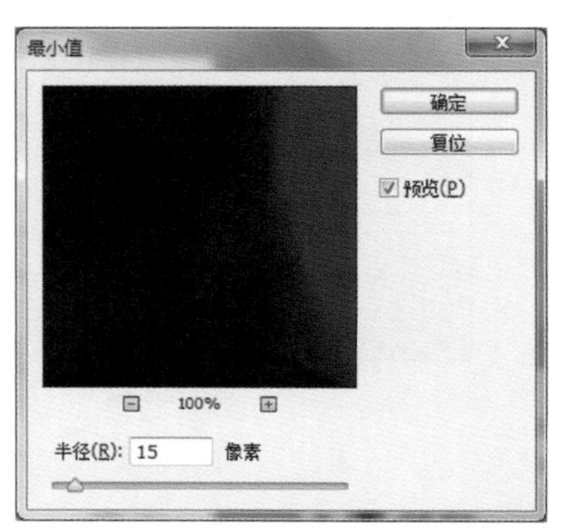

图 2.81 “最小值”滤镜对话框

图 2.82 “最小值”滤镜效果

步骤 6：新建图层，按“Ctrl+Alt+Shift+E”组合键盖印图层，如图 2.83 所示。

步骤 7：选择“图像 | 调整 | 曲线”菜单，设置“输入”值为“141”、“输出”值为“106”，如图 2.84 所示。图像的最终效果如图 2.73 所示。

图 2.83 盖印图层

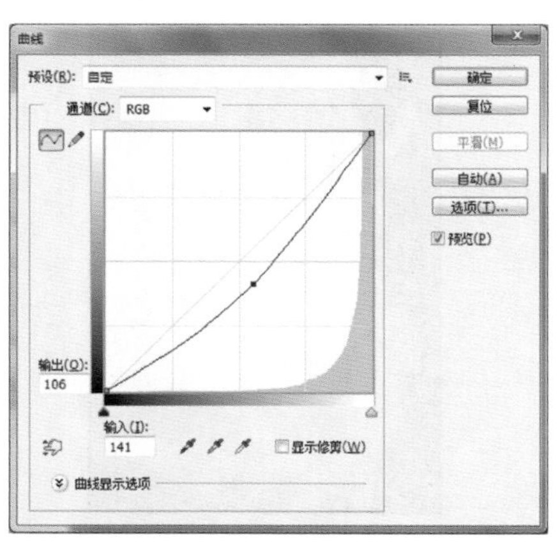

图 2.84 “曲线”对话框

2.4.4　练习实践

通过本任务的学习，掌握了如何将一幅彩色图像利用色彩调整命令转换成速写图像的方法。接下来是巩固练习，打开配套素材文件02/练习实践/雪景.jpg，如图2.85所示，参考本任务所学知识点，制作出雪景速写效果，如图2.86所示。

图2.85　原图像

图2.86　效果图

任务5　紫色梦幻照

2.5.1　任务描述

在现代艺术摄影中，不少人喜欢将色彩及色调处理为单色、复古或非主流等特殊效果。本案例主要通过运用"可选颜色"、"曲线"及"色相/饱和度"等命令将图像处理成紫色调效果。图像调整前后的效果对比如图2.87和2.88所示。

图2.87　原图像

图2.88　效果图

2.5.2 相关知识

“可选颜色”命令可以调整 RGB、CMYK 和灰度等色彩模式图像的分通道颜色。“可选颜色”是高端扫描仪和分色程序使用的一种技术，用于在图像中的每个主要原色成分中更改印刷色的数量。即可以有选择地修改任何主要颜色中的印刷色数量，而不会影响其他主要颜色。例如，可以使用“可选颜色”命令减少图像绿色图素中的青色，同时保留蓝色图素中的青色不变。

除三原色外的其他颜色都是由两种或几种颜色混合而成的，例如橙色就可以用纯黄色和少量的红色混合得到，如果需要将橙色中的红色完全去掉，就可以使用“可选颜色”来完成，同时又不会影响其他颜色中混合的红色。即使“可选颜色”使用 CMYK 颜色来校正图像，也可以在 RGB 图像中使用它。

下面以一个实例来介绍“可选颜色”的使用。

图 2.89　素材图

步骤 1：打开配套素材文件 02/相关知识/绿意 .jpg，如图 2.89 所示。

步骤 2：选择“图像｜调整｜可选颜色”菜单，打开“可选颜色”对话框，如图 2.90 所示。

“可选颜色”对话框中各选项具体说明如下：

- 颜色：在该下拉菜单中可以选择要调整的颜色。
- 青色、洋红、黄色、黑色：分别拖动各自的滑块或在对应的数值框中输入数值，就可以增加或减少它们在图像中的比重。
- 相对：选择该选项后，所做的调整是按照总量的百分比更改颜色。例如，将 50%的红色减少 30%，则红色的总量减少为 50%×30%＝ 15%，结果就是红色的像素总量变为 35%。
- 绝对：选择该选项后，所做的调整是按照相加或相减的方式进行积累的。例如，将 50%的红色减少 30%，结果就是红色的像素总量变为 20%，按绝对方式调整的程度高。

步骤 3：在“颜色”下拉列表中选择“黄色”，按照图 2.91 所示进行调整。

步骤 4：在“颜色”下拉列表中选择“绿色”，按照图 2.92 所示进行调整。单击“确定”按钮，图像调整后的效果如图 2.93 所示。

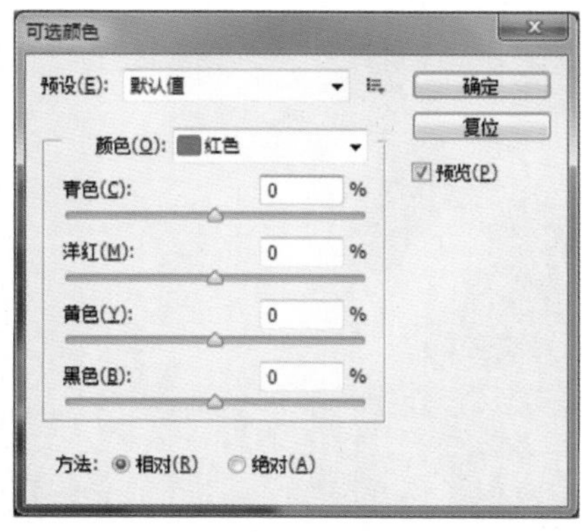

图 2.90　“可选颜色”对话框

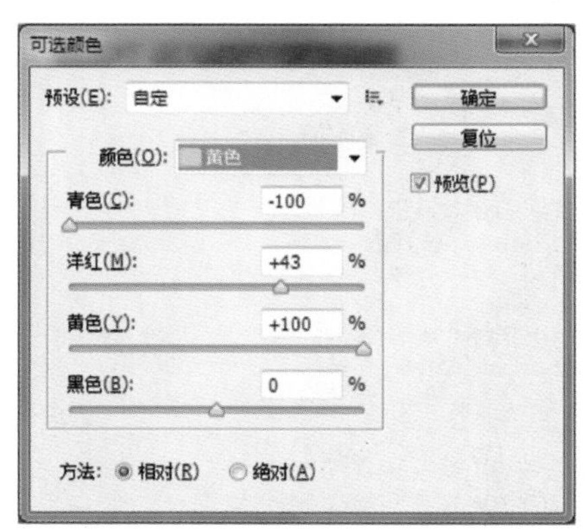

图 2.91　调整黄色

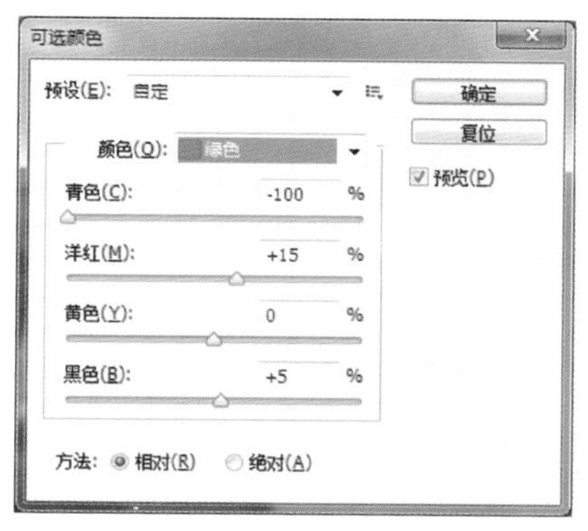

图 2.92 调整绿色

图 2.93 调整“可选颜色”后的效果

2.5.3 任务实现

步骤 1：打开配套素材文件 02/任务实现/外景 .jpg，如图 2.87 所示。

步骤 2：选择“图像｜调整｜可选颜色”菜单，打开“可选颜色”对话框，按照图 2.94 所示进行调整。

步骤 3：在“颜色”下拉列表中选择“黄色”，按照图 2.95 所示进行调整。

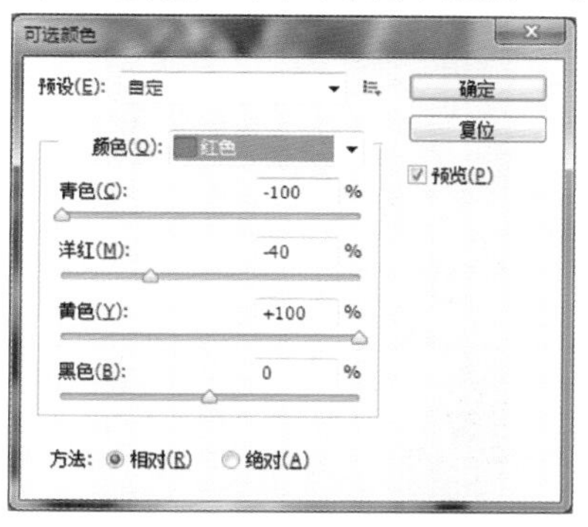

图 2.94 调整红色

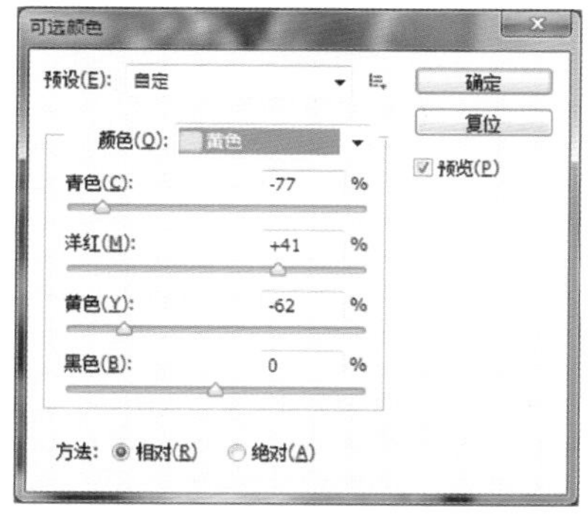

图 2.95 调整黄色

步骤 4：在“颜色”下拉列表中选择“蓝色”，按照图 2.96 所示进行调整。单击“确定”按钮，此时图像效果如图 2.97 所示。

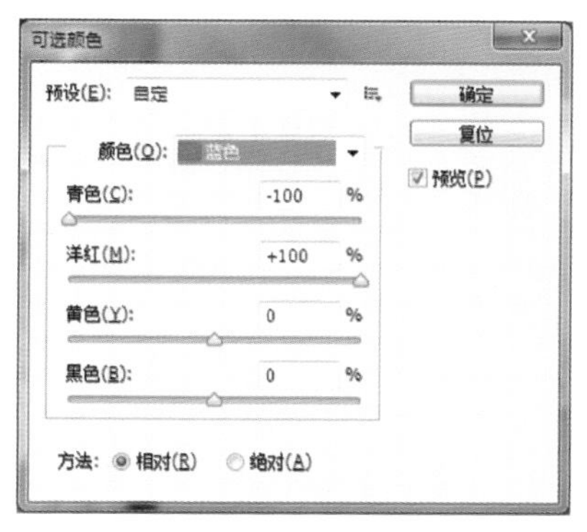

图 2.96 调整蓝色

图 2.97 调整“可选颜色”后的效果

步骤 5：选择“图像｜调整｜曲线”菜单，打开“曲线”对话框，选择“红色”通道，按照图 2.98 所示进行设置。

步骤 6：选择“蓝色”通道，按照图 2.99 所示进行设置。

步骤 7：选择“绿色”通道，按照图 2.100 所示进行设置。单击“确定”按钮，图像效果如图 2.101 所示。

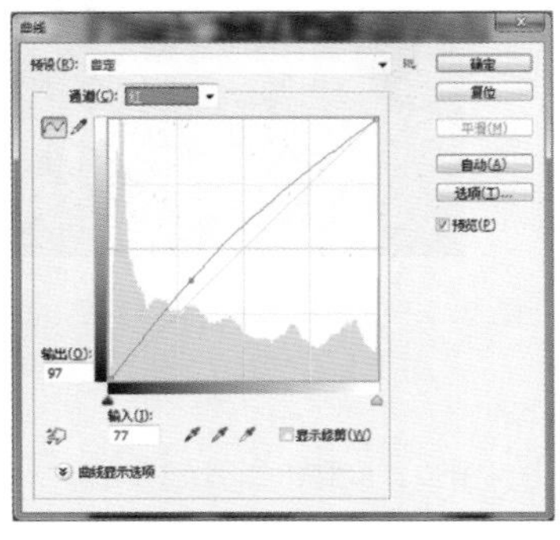

图 2.98　调整红色通道

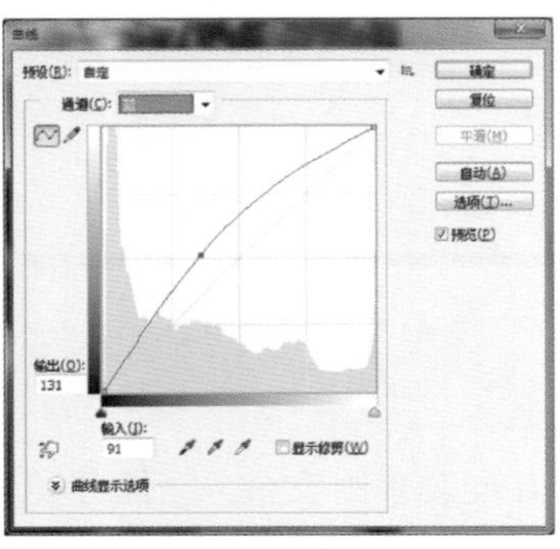

图 2.99　调整蓝色通道

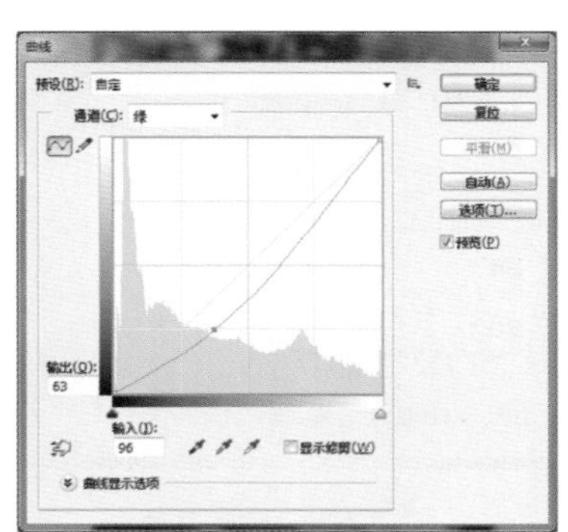

图 2.100　调整绿色通道

图 2.101　调整“曲线”后的效果

步骤 8：再次选择“图像｜调整｜可选颜色”菜单，打开“可选颜色”对话框，按照图 2.102 所示进行设置。通过这个步骤的调整，可以校正人物肤色，使人物肤色更自然。单击“确定”按钮，图像最终效果如图 2.88 所示。

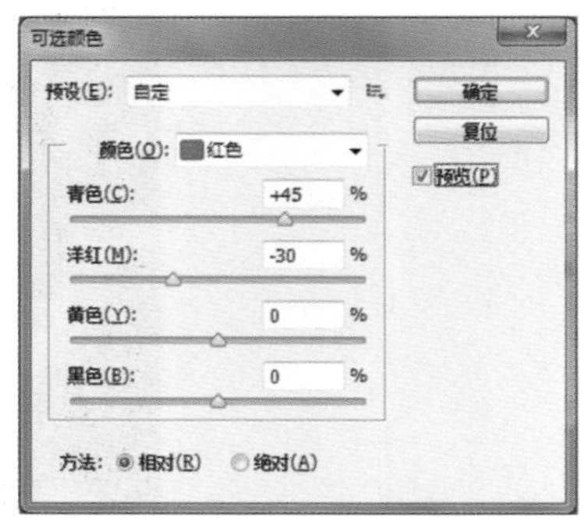

图 2.102　“可选颜色”对话框

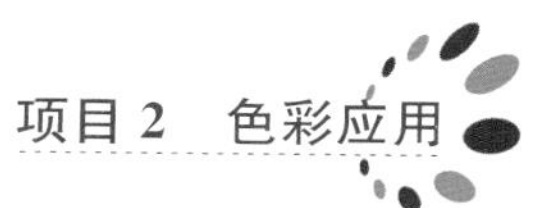

2.5.4　练习实践

打开配套素材文件 02/练习实践/景观.jpg，如图 2.103 所示，综合运用“可选颜色”及“色相/饱和度”菜单对图像进行调整，图像调整后的效果如图 2.104 所示。

图 2.103　原图像

图 2.104　效果图

任务 6　校正肤色

2.6.1　任务描述

本任务中人物肤色过红，造成了较严重的色偏，可以利用“替换颜色”进行校正，再配合使用“照片滤镜”及“曲线”，使人物肤色变得白皙、富有光泽。图像调整前后的效果对比如图 2.105 和 2.106 所示。

图 2.105　原图像

图 2.106　效果图

2.6.2　相关知识

1. 替换颜色

使用“替换颜色”命令可以创建蒙版，以选择图像中的特定颜色，然后替换那些颜色。可以设置选定区域的色相、饱和度和亮度，也可以使用“拾色器”来设置要替换的目标颜色。需要注意的是：由“替换颜色”命令创建的蒙版是临时性的。

下面以一个实例来介绍“替换颜色”命令的作用与实现效果。

步骤 1： 打开配套素材文件 02/相关知识/玫瑰 .jpg，如图 2.107 所示。

步骤 2： 选择“图像 | 调整 | 替换颜色”菜单，打开“替换颜色”对话框，如图 2.108 所示。

“替换颜色”对话框中各选项的作用如下：

- 按钮组：使用该按钮组中的按钮，可以在图像或“选区”状态下的预览框中单击以选择由蒙版显示的区域。如果在“选区”状态下的“选区”中双击，也就是使用“拾色器”设置要替换的目标颜色。在图像或预览框中使用“吸管工具”单击可选择由蒙版显示的区域；按住“Shift”键并单击或使用“添加到取样”吸管工具可添加区域；按住“Alt”键单击或使用“从取样中减去”吸管工具可移去区域。
- 颜色容差：通过拖动该滑块或输入一个值来调整蒙版的容差。此滑块控制选区中所包括的相关颜色的程度。
- 选区按钮：选中该按钮可以在预览框中显示蒙版。蒙版区域是黑色的，其他区域是白色的。部分蒙版区域会根据不透明度显示为不同的灰色色阶。
- 图像按钮：选中该按钮可以在预览框中显示图像。在处理放大的图像或屏幕空间有限时，该选项非常有用。
- 替换选项组：在该选项组中可以调整“色相”、“饱和度”、“明度”滑块，改变选区的颜色。

图 2.107　素材图

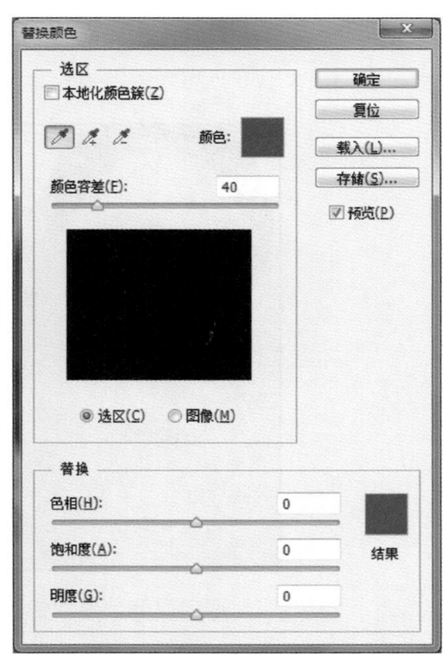

图 2.108　“替换颜色”对话框

步骤 3： 利用“吸管工具”在花朵图像部分吸取颜色，将所选图像颜色替换为“#8c0045”，其他选项按照图 2.109 所示进行设置，单击“确定”按钮，此时图像效果如图 2.110 所示。

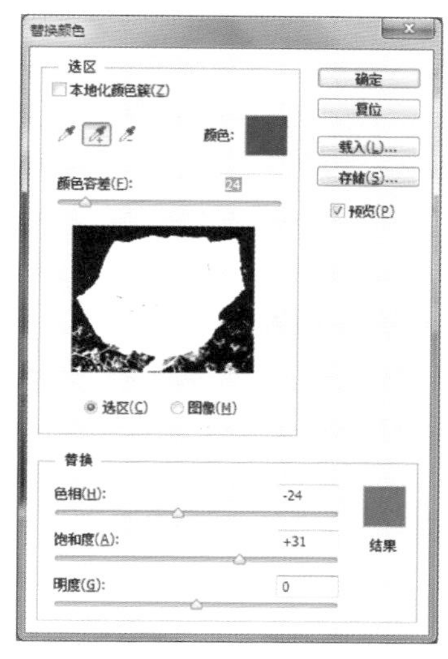

图 2.109　调整“替换颜色”

图 2.110　调整“替换颜色”后的效果

2. 照片滤镜

“照片滤镜”命令可以模拟传统光学滤镜特效，调整图像的色调，使其具有暖色调或冷色调，也可以根据实际需要自定义其他色调。“照片滤镜”可模仿：①在相机镜头前面加彩色滤镜，以便调整通过镜头传输的光的色彩平衡和色温；②胶片曝光。“照片滤镜”还允许选择预设的颜色，以便对图像应用色相调整。

下面以一个实例来介绍“照片滤镜”的作用及所实现的效果。

步骤 1：打开配套素材文件 02/相关知识/风景.jpg，如图 2.111 所示。选择“图像｜调整｜照片滤镜”菜单，打开“照片滤镜”对话框，如图 2.112 所示。

“照片滤镜”对话框的部分选项的作用说明如下：

● 滤镜：在其右侧的下拉列表中会列出 20 种预设选项，用户可以根据需要选择合适的选项调节图像。

● 颜色：单击其右侧的颜色预览，打开“拾色器”对话框，从中可设置合适的颜色。

● 浓度：拖动滑块以调整应用于图像的颜色数量，该数值越大，应用的颜色调整量就越大。

● 保留明度：在调整色调的同时保持原图像的亮度。

图 2.111　素材图

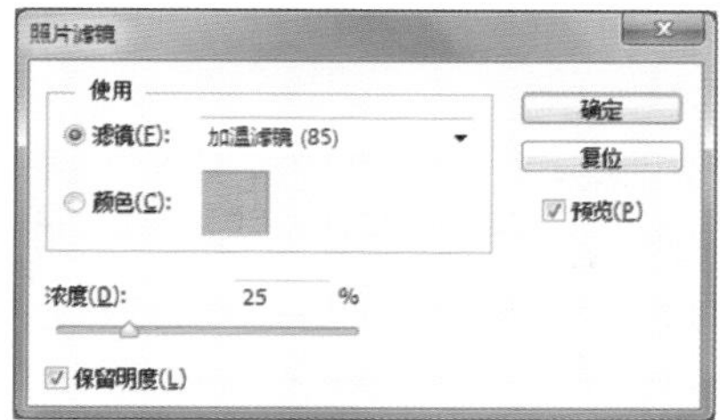

图 2.112　“照片滤镜”对话框

步骤 2：选择“冷却滤镜（80）”，如图 2.113 所示，单击“确定”按钮，此时图像效果如图 2.114 所示，图像的天空部分显得更加湛蓝。

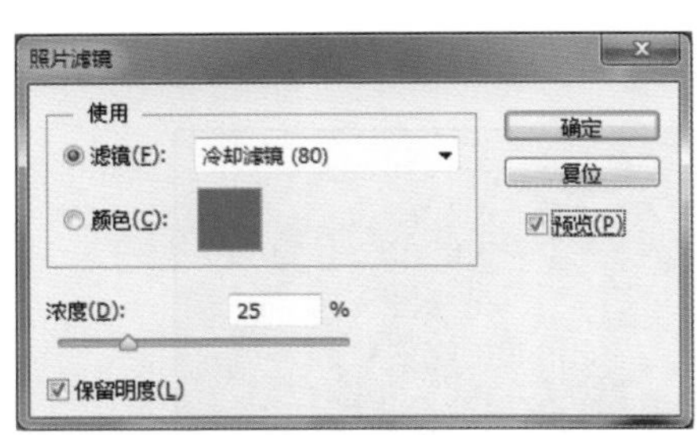

图 2.113　选择“冷却滤镜（80）”

图 2.114　使用“照片滤镜”后的效果

2.6.3　任务实现

步骤 1：打开配套素材文件 02/任务实现/广告模特 .jpg，如图 2.105 所示。

步骤 2：选择“图像｜模式｜CMYK”菜单。在打开的对话框中单击“确定”按钮。

步骤 3：选择“图像｜调整｜替换颜色”菜单，打开“替换颜色”对话框，用吸管工具将模特面部及颈部区域选中。选择替换后的颜色为“＃bb9e94”，具体设置如图 2.115 所示。单击“确定”按钮，此时图像效果如图 2.116 所示。

步骤 4：新建一个图层，按“Ctrl＋Alt＋Shift＋E”组合键盖印图层，如图 2.117 所示。

步骤 5：选择“图像｜调整｜照片滤镜”菜单，打开“照片滤镜”对话框，按照图 2.118 所示进行设置，单击“确定”按钮，图像效果如图 2.119 所示。

图 2.115　“替换颜色”对话框

图 2.116　调整“替换颜色”后的效果

图 2.117　盖印图层

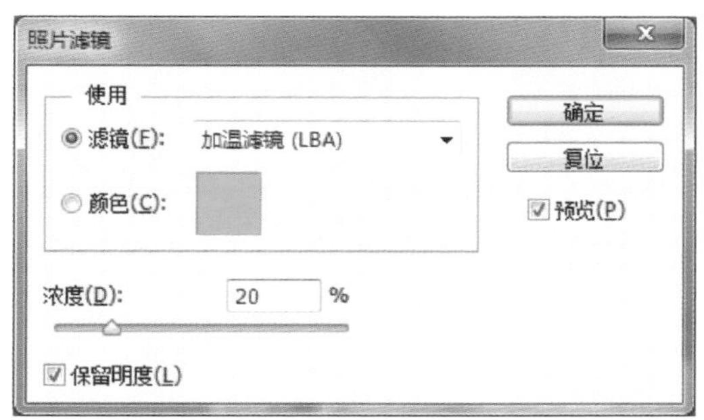

图 2.118　“照片滤镜”对话框

图 2.119　使用“照片滤镜”后的效果

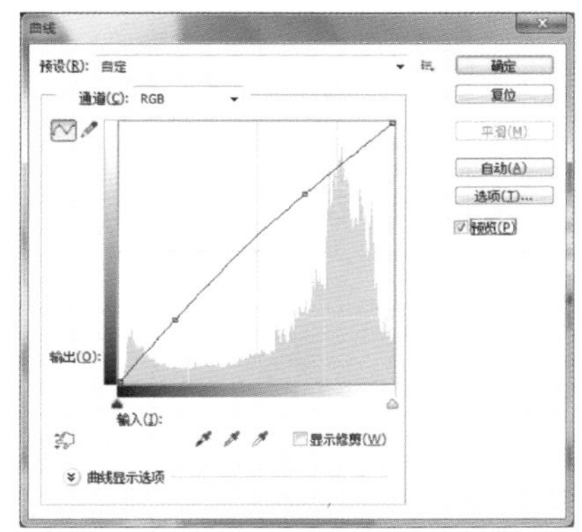

图 2.120　“曲线”对话框

步骤 6： 选择“图像｜调整｜曲线”菜单，打开“曲线”对话框，按照图 2.120 所示进行设置，单击“确定”按钮，图像最终效果如图 2.106 所示。

2.6.4　练习实践

打开配套素材文件 02/练习实践/小屋 .jpg，如图 2.121 所示，综合运用“替换颜色”、“照片滤镜”及“色相/饱和度”等命令对图像进行调整，图像调整后的效果如图 2.122 所示。

图 2.121　原图像

图 2.122　效果图

任务 7　自制 T 恤图案

2.7.1　任务描述

本任务是模仿在白色 T 恤上印制自选头像的效果。主要是运用“阈值”将人物头像变成黑白效果，为了让头像与白 T 恤能更好地融合，可以采用“照片滤镜”降低头像的黑色程度。图像调整前后的效果对比如图 2.123 和 2.124 所示。

图 2.123　素材图

图 2.124　效果图

2.7.2　相关知识

1. 阈值

“阈值”命令可将彩色或灰度图像变成高对比度的黑白图。该命令可使图像中所有亮度值比设定阈值小的像素都变成黑色，所有亮度值比设定阈值大的像素都变成白色，从而将一张灰度图像或彩色图像变为对比度较高的黑白图像。它适合制作单色照片，或者模拟类似于手绘效果的线稿。

下面以一个实例来介绍“阈值”的作用与实现效果。

步骤 1： 打开配套素材文件 02/相关知识/房屋.jpg，如图 2.125 所示。选择“滤镜｜其他｜高反差保留”菜单，按照图 2.126 所示进行设置，提取出图像细节，效果如图 2.127 所示。

步骤 2： 选择“图像｜调整｜阈值”菜单，打开“阈值”对话框，在“阈值色阶”文本框中输入数值或拖动滑块改变域值，其取值范围为 1～255。此例中阈值设置为“115”，如图 2.128 所示，单击“确定”按钮，得到的图像效果如图 2.129 所示。

图 2.125　素材图

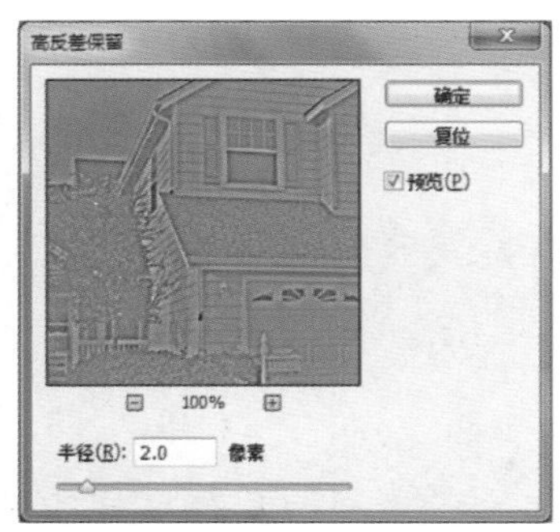

图 2.126　“高反差保留”滤镜对话框

图 2.127　提取图像细节

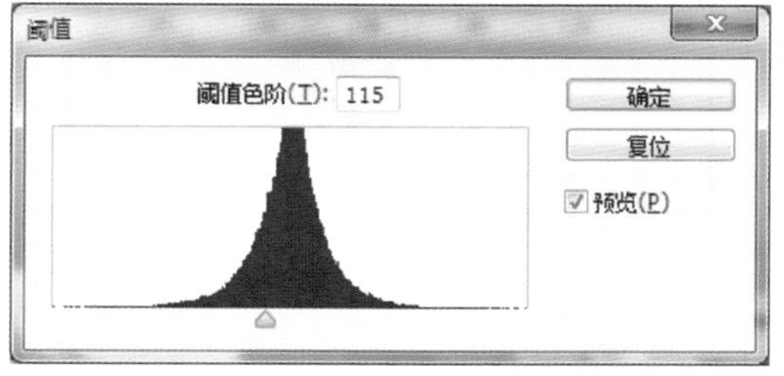

图 2.128　“阈值”对话框

图 2.129　调整“阈值”后的效果

2. 渐变映射

“渐变映射”命令可以将图像转换为灰度，再用设定的渐变色替换图像中的各级灰度。如果指定的是双色渐变，图像中的阴影就会映射为渐变填充的一个端点颜色，高光则映射为另一个端点颜色，中间调则映射为两个端点颜色之间的渐变。

利用“渐变映射”可以设计出金属质感的图像，下面以一个实例来介绍“渐变映射”的作用与实现效果。

步骤 1：打开配套素材文件 02/相关知识/蜻蜓 .jpg，如图 2.130 所示。

步骤 2：选择“图像｜调整｜渐变映射”菜单，打开“渐变映射”对话框，如图 2.131 所示。

“渐变映射”对话框中各选项具体说明如下：

● 灰度映射所用的渐变：在该区域中单击渐变类型选择框即可打开“渐变编辑器”对话框，然后自定义要应用的渐变类型，也可以单击右侧的三角按钮，在打开的渐变预设框中选择一个预设的渐变色。这里所提供的渐变模式与工具箱中的渐变工具的渐变模式是一样的，但两者产生的效果却不一样，主要有两点区别：“渐变映射”命令不能应用于完全透明的图层；“渐变映射”命令先对所处理的图像进行分析，然后根据图像中各个像素的亮度，用所选渐变模式中的颜色替代。

● 仿色：当该选项被选中后，会添加随机杂色，可以平滑渐变填充的外观并减少宽带效果。

● 反向：选中该选项后，会使图像按反方向映射渐变。

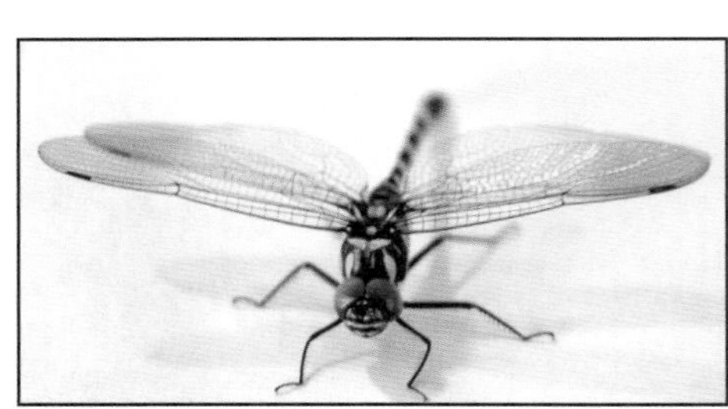

图 2.130　素材图

图 2.131　“渐变映射”对话框

步骤 3：点击渐变颜色条打开“渐变编辑器”对话框，对渐变色进行编辑，如图 2.132 所示。渐变颜色设置为：＃303030（位置：0%）—白色（位置：25%）—＃303030（位置：50%）—白色（位置：75%）—＃303030（位置：100%），如图 2.133 所示，单击“确定”按钮，得到的图像效果如图 2.134 所示。

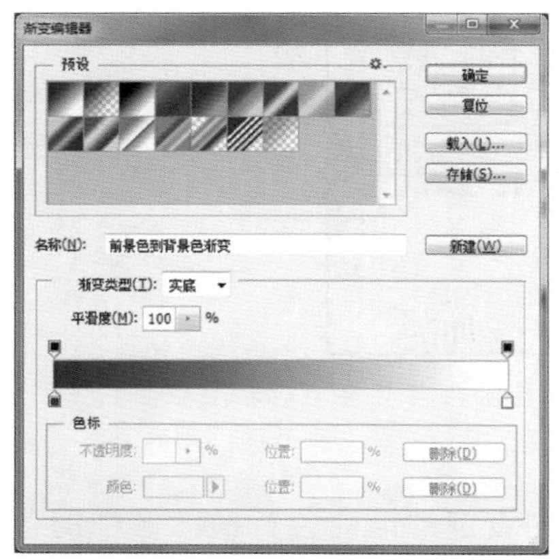

图 2.132　“渐变编辑器”对话框

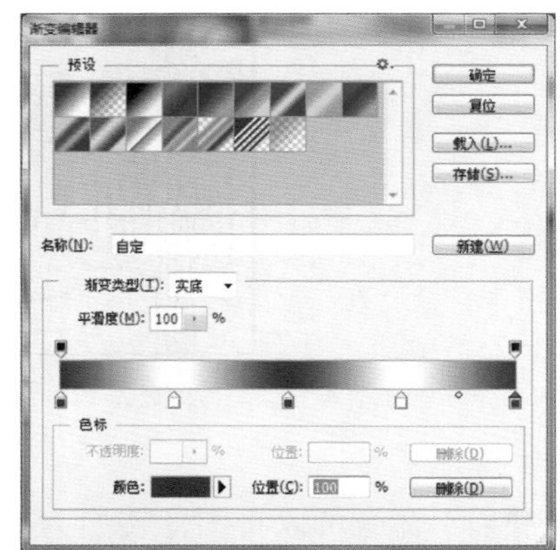

图 2.133　设置渐变色

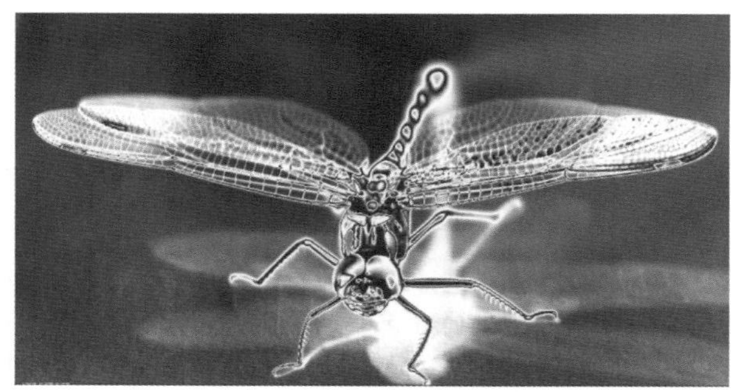

图 2.134　“渐变映射”效果

2.7.3　任务实现

步骤 1：打开配套素材文件 02/任务实现/人物头像.jpg，如图 2.123 所示。

步骤 2：选择“图像｜调整｜阈值”菜单，打开“阈值”对话框，将阈值设置为“195”，如图 2.135，单击“确定”按钮，此时图像效果如图 2.136 所示。选择“文件｜存储”菜单，保存文件。

步骤 3：打开配套素材文件 02/任务实现/T 恤.jpg，如图 2.137 所示。

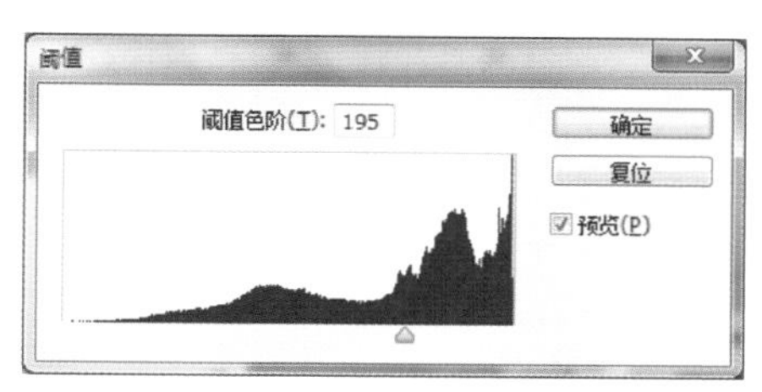

图 2.135　“阈值”对话框

图 2.136　调整“阈值”后的效果

步骤 4：选择“文件 | 置入”菜单，把刚才保存好的“人物头像”文件导入该文件中，并调整头像大小，将其放置到合适位置，如图 2.138 所示。

图 2.137　素材图

图 2.138　导入图像

步骤 5：将人物头像图层的混合模式设置为“正片叠底”，如图 2.139 所示。此时图像效果如图 2.140 所示。

步骤 6：选择人物头像图层，选择“图像 | 调整 | 渐变映射”菜单，渐变颜色设置为：#555555（位置：0%）—白色（位置：100%），如图 2.141 所示。单击“确定”按钮，图像最终效果如图 2.124 所示。

图 2.139　设置图层混合模式

图 2.140　“正片叠底”效果

图 2.141　设置渐变色

2.7.4　练习实践

打开配套素材文件 02/练习实践/雪景房 .jpg，如图 2.142 所示，利用“阈值”提取插图或漫画的线稿，为了能把图像的细节提取出来，可先应用“高反差保留”，再应用“阈值”。最终图像效果如图 2.143 所示。

图 2.142　原图像

图 2.143　效果图

任务 8　将皮肤恢复至自然白皙

2.8.1　任务描述

本任务是将人物皮肤恢复至自然白皙。首先利用“阴影/高光”将图像提亮，使人物细节更加清晰；接着利用“高斯模糊”滤镜及图层模式，给人物皮肤进行简单的磨皮处理，使人物皮肤细致、白皙；再配合使用“颜色查找”使人物显得更加粉嫩；最后利用“亮度/对比度”来调节图像的明暗对比，使图像更加自然。图像调整前后的效果对比如图 2.144 和 2.145 所示。

图 2.144 原图像

图 2.145 效果图

2.8.2 相关知识

1. 阴影/高光

“阴影/高光”命令适用于校正由强逆光形成剪影的照片，让阴影区域的细节呈现出来。使用数码相机逆光拍摄时，经常会遇到一种情况，就是场景中亮的区域特点亮，暗的区域又特别暗。拍摄时如果考虑亮调不能过曝，就会导致暗调区域过暗，看不清内容，形成高反差。处理这种照片最好的方法是使用“阴影/高光”来单独调整阴影区域，它能够基于阴影或高光中的局部像素来校正每个像素，调整阴影区域时，对高光的影响很小，而调整高光区域时，对阴影的影响也很小。非常适合校正由强逆光形成剪影的照片，也可以校正由于太接近相机闪光灯而出现发白焦点的照片。

选择“图像 | 调整 | 阴影/高光”菜单，打开“阴影/高光”对话框，点击“显示更多选项”复选框，将所有选项展开，如图 2.146 所示。

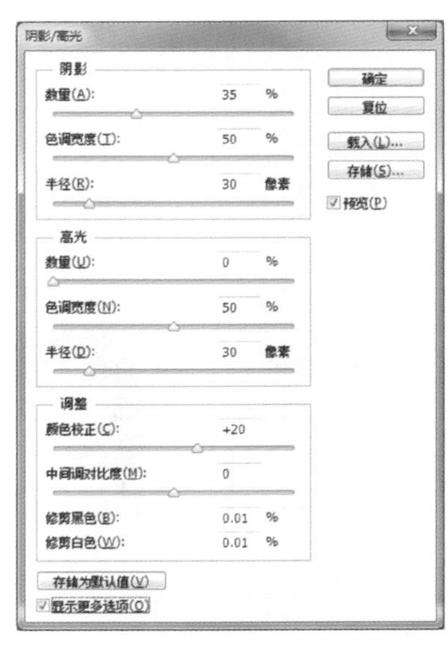

图 2.146 “阴影/高光”对话框

“阴影/高光”对话框中各选项具体说明如下：

● 阴影：在此拖动“数量”滑块或在此数值框中输入相应的数值，可改变暗部区域的明亮程度，其值越大，调整后的图像暗部区域越亮。

● 高光：在此拖动“数量”滑块或在此数值框中输入相应的数值，可改变高亮区域的明亮程度，其值越大，调整后的图像高亮区域越暗。

● 色调宽度：拖动此滑块可以控制阴影或高光色调的修改范围。设置为较小的值会只对较暗区域进行阴影校正的调整，或只对较亮区域进行高光校正的调整。设置为较大的值会增大中间调的色调范围。如果值太大，也可能会导致非常暗或非常亮的边缘周围出现光晕。

● 半径：拖动此滑块可以控制每个像素周围的局部相邻像素的大小，相邻像素用于确定像素是在阴影中，还是在高光中。若设置的半径值太大，则调整倾向于使整个图像变亮（或变暗），而不是只使主体变亮。

● 颜色校正：拖动此滑块可以在图像的已更改区域微调颜色，该项仅适用于彩色图像。

● 中间调对比度：拖动此滑块可以调整中间调的对比度。向左移动滑块会降低对比度，向右移动滑块会增加对比度。

● 修剪黑色和修剪白色：在这两个文本框中可以指定在图像中要将多少阴影和高光剪切到新的极端阴影（色阶为 0）和高光（色阶为 255）颜色，值越大，生成的图像的对比度越大。注意不要使剪切值太大，因为这样做会减小阴影或高光的细节。

● 存储为默认值：单击该按钮可以存储当前设置，并使它们成为“阴影/高光”的默认设置。在按住“Shift”键的同时单击该按钮，可还原默认设置。

打开配套素材文件 02/相关知识/大象 .jpg，如图 2.147 所示。选择“图像｜调整｜阴影/高光”菜单，打开“阴影/高光”对话框，设置“阴影”数量为“50”，单击“确定”按钮，此时图像效果如图 2.148 所示。

图 2.147 素材图

图 2.148 调整“阴影/亮光”后的效果

2. *颜色查找*

很多数字图像输入输出设备都有自己特定的色彩空间，这会导致色彩在这些设备间传递时出现不匹配的现象。“颜色查找”命令可以让颜色在不同的设备之间精确地传递和再现。另外，利用“颜色查找”命令可以制作出特殊颜色效果的图像。

下面以一个实例来介绍“颜色查找”的作用与实现效果。

步骤 1： 打开配套素材文件 02/相关知识/婚纱 .jpg，如图 2.149 所示。

步骤 2： 选择“图像｜调整｜颜色查找”菜单，打开“颜色查找”对话框，如图 2.150 所示。

图 2.149 素材图

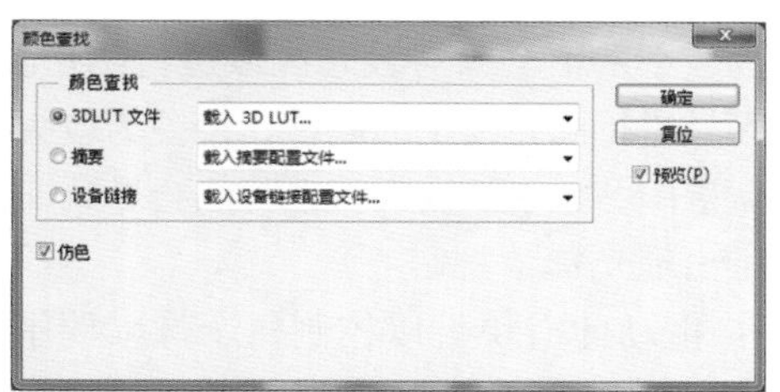

图 2.150 “颜色查找”对话框

步骤 3： 打开“3D LUT 文件”下拉列表，有许多文件选项，如图 2.151 所示，在该图

中标明了每个文件的名称。选择“HorrorBlue.3DL”选项，使图像产生特殊颜色效果，图像效果如图 2.152 所示。

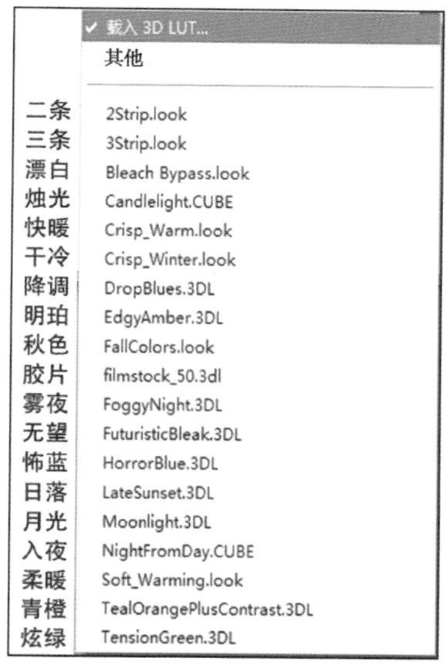

图 2.151 “3D LUT 文件”下拉列表

图 2.152 调整“颜色查找”后的效果

说明： 三维 LUT（3D LUT）的每一个坐标方向都有 RGB 通道。使用“颜色查找”配合模板，可以设计出照片的多种颜色效果，这样就能从中选取最合适的效果。

2.8.3 任务实现

步骤 1： 打开配套素材文件 02/任务实现/女模 .jpg，如图 2.144 所示。

步骤 2： 选择“图像 | 调整 | 阴影/高光”菜单，打开“阴影/高光”对话框，勾选“显示更多选项”，按照图 2.153 所示进行设置，单击“确定”按钮，图像细节变得清晰，效果如图 2.154 所示。

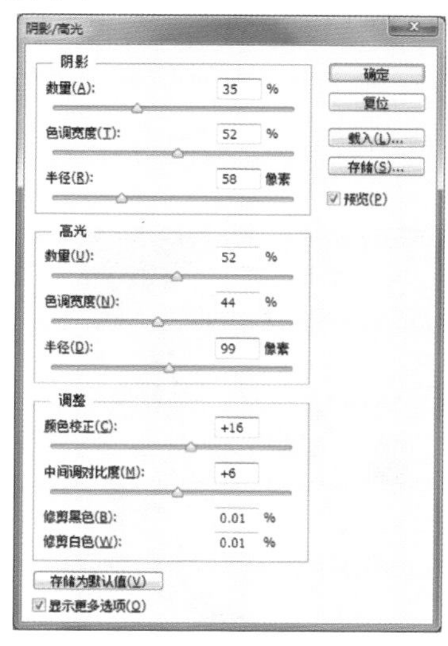

图 2.153 “阴影/高光”对话框

图 2.154 调整“阴影/高光”后的效果

步骤 3： 复制“背景”图层，得到“背景副本”图层，如图 2.155 所示。

步骤 4： 在“背景副本”图层上，选择“滤镜 | 模糊 | 高斯模糊”菜单，打开“高斯模

图 2.155　复制图层

糊”滤镜对话框，设置“半径”值为“1.5 像素”，如图 2.156 所示。单击“确定”按钮，此时图像效果如图 2.157 所示。

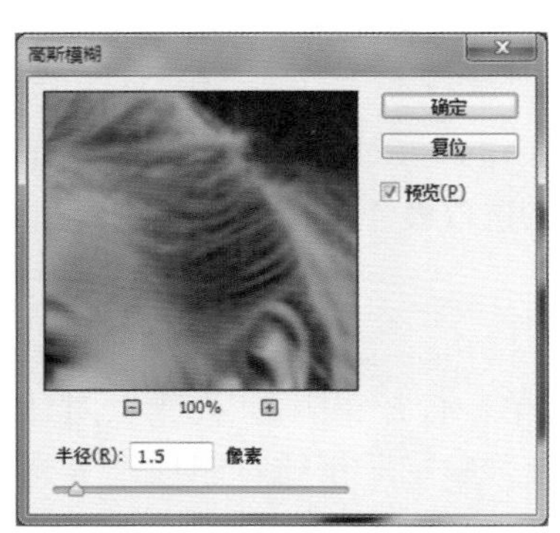

图 2.156　“高斯模糊”滤镜对话框

图 2.157　“高斯模糊”滤镜效果

步骤 5：将“背景副本”图层的混合模式设置为“滤色”，如图 2.158 所示，此时图像效果如图 2.159 所示。执行该步骤可以对人物皮肤进行简单的磨皮处理，使皮肤变得细致而有光泽。

图 2.158　设置图层混合模式

图 2.159　“滤色”效果

步骤 6：选择“图像 | 调整 | 颜色查找”菜单，打开“颜色查找”对话框，按照图 2.160 所示进行设置。单击“确定”按钮，此时人物皮肤变得更加粉嫩，效果如图 2.161 所示。

图 2.160 “颜色查找”对话框

步骤 7：选择“图像 | 调整 | 亮度/对比度”菜单，打开“亮度/对比度”对话框，按照图 2.162 所示进行设置，单击“确定”按钮，图像人物肤色变得更加自然，图像最终效果如图 2.145 所示。

图 2.161 调整“颜色查找”后的效果

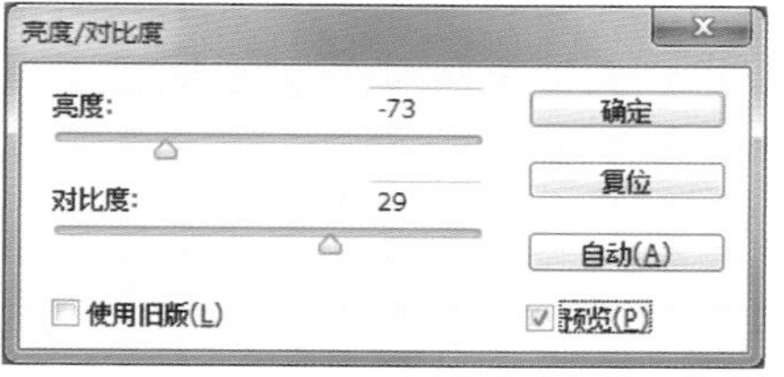

图 2.162 “亮度/对比度”对话框

2.8.4 练习实践

打开配套素材文件 02/练习实践/村屋 .jpg，如图 2.163 所示，从图像中可以看出房子漆黑一片，曝光不足，运用“阴影/高光”命令将房子的细节显示出来，再使用“亮度/对比度”命令使图像的明暗对比更加协调。调整后的图像效果如图 2.164 所示。

图 2.163 原图像

图 2.164 效果图

任务9　复古效果

2.9.1　任务描述

本任务主要介绍的是利用“匹配颜色”命令，再结合使用“色调均化”命令，更好地表现出图像中的所有亮度级别，使图像颜色转变为古铜色，从而产生一种复古的效果。图像调整前后的效果对比如图 2.165 和 2.166 所示。

图 2.165　原图像

图 2.166　效果图

2.9.2　相关知识

1. 匹配颜色

使用“匹配颜色”命令可以将两个图像或图像中两个图层的颜色和亮度相匹配，使其颜色色调和亮度协调一致。其中被调整修改的图像称为“目标图像”，而要采样的图像称为“源图像”。需要注意的是，“匹配颜色”命令仅适用于 RGB 模式。

下面以一个实例来介绍“匹配颜色”的作用与实现效果。

步骤 1： 打开配套素材文件 02/相关知识/人物 1.jpg 和人物 2.jpg，如图 2.167 和 2.168 所示。

步骤 2： “人物 1”面色发黄，“人物 2”面容白皙，可以通过“匹配颜色”命令，用“人物 2”去校正“人物 1”的皮肤颜色。在“人物 1”文件中，选择“图像｜调整｜匹配颜色”菜单，打开“匹配颜色”对话框，如图 2.169 所示。

“匹配颜色”对话框中各选项具体说明如下：

● 目标：该项显示了当前操作的图像的文件名称、图层名称及颜色模式。

● 明亮度：用于调整图像的亮度，数值越大，则得到的图像的亮度也越高，反之则越低。

● 颜色强度：用于调整图像颜色的饱和度，数值越大，图像所匹配的颜色饱和度越高，反之则越低。

● 渐隐：用于控制图像的颜色与图像的原色相近的程度，数值越大，图像越接近于颜色匹配前的效果，反之匹配的效果越明显。

● 中和：该项被选中可自动去除目标图像中的色痕。

● 使用源选区计算颜色：选中该项，在匹配颜色时仅计算源文件选区中的图像，选区外图像的颜色不计算在内。

● 使用目标选区计算调整：选中该项，在匹配颜色时仅计算目标文件选区中的图像，选区外图像的颜色不计算在内。

● 源：在该下拉列表中可以选择源图像文件的名称，如果选择“无”则目标图像与源图

像相同。

● 图层：在该下拉列表中将显示源图像文件中所有的图层，如果选择“合并的”选项则将源图像文件中的所有图层合并起来，再进行颜色匹配。

图 2.167　人物 1

图 2.168　人物 2

步骤 3：设置“颜色强度”值为“78”，“渐隐”值为“32”，“源”为“人物 2”，如图 2.170 所示，单击“确定”按钮，此时得到的“人物 1”的图像效果如图 2.171 所示。

图 2.169　“匹配颜色”对话框

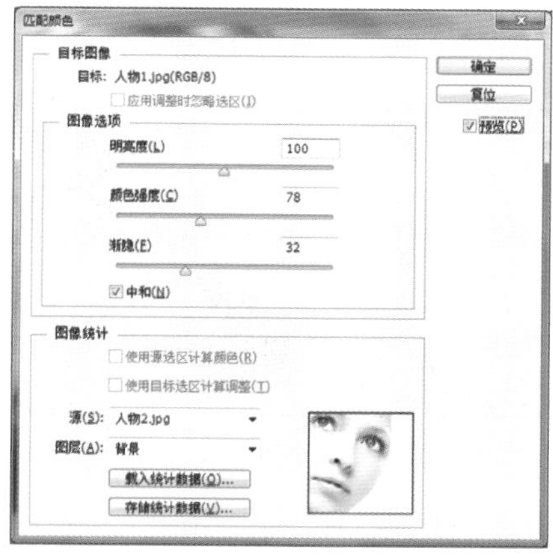

图 2.170　调整“匹配颜色”

图 2.171　调整“匹配颜色”后的效果

2. 色调均化

“色调均化”命令可以重新分配图像中像素的亮度值，使它们能够更加均匀地表现所有的亮度级别。应用该命令时，图像中最暗的像素将被填上黑色，图像中最亮的像素将被填上白色，其他亮度则均匀变化。当扫描得到的图像比较暗时，可以使用“色调均化”命令来平衡亮度值。

打开配套素材文件 02/相关知识/海面 .jpg，如图 2.172 所示，选择“图像｜调整｜色调均化”菜单，图像调整后的效果如图 2.173 所示。

图 2.172　素材图

图 2.173　调整“色调均化”后的效果

2.9.3　任务实现

步骤 1： 打开配套素材文件 02/任务实现/女模特 .jpg，如图 2.165 所示。

步骤 2： 新建图层，得到“图层 1”，在图像中用“矩形选框工具”创建选区，并填充颜色“＃f36701”，效果如图 2.174 所示。

步骤 3： 选择“选择｜反向”菜单，将选区填充颜色“＃69014a”，如图 2.175 所示。

图 2.174　填充左侧选区

图 2.175　填充右侧选区

步骤 4： 按“Ctrl＋D”组合键，取消选区，在“图层”面板中隐藏“图层 1”，重新选择“背景”图层，如图 2.176 所示。

步骤 5： 选择“图像｜调整｜匹配颜色”菜单，打开“匹配颜色”对话框，按照图 2.177 所示进行设置，单击“确定”按钮，此时得到的图像效果如图 2.178 所示。

图 2.176　“图层”面板

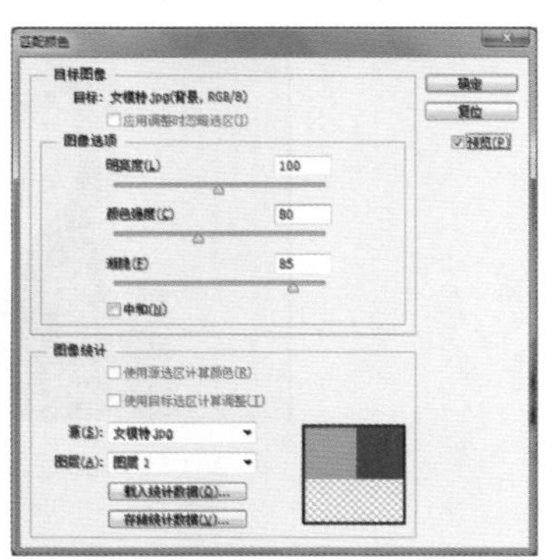

图 2.177　“匹配颜色”对话框

图 2.178 调整“匹配颜色”后的效果

步骤 6：选择“图像｜调整｜色调均化”菜单，得到图像的最终效果如图 2.166 所示。

2.9.4 练习实践

打开配套素材文件 02/练习实践/都市 .jpg 和菊花 .jpg，分别如图 2.179 和 1.80 所示，利用“匹配颜色”命令，将“菊花”图像的色彩应用到“都市”图像中，使其呈现出金碧辉煌的效果，“都市”图像的最终效果如图 2.181 所示。

图 2.179 素材图 1

图 2.180 素材图 2

图 2.181 效果图

任务 10 磨砂光盘封面效果

2.10.1 任务描述

本任务打造的是一种磨砂质感的光盘封面效果，首先运用“黑白”命令将素材图像调整为黑白效果图，接着使用“色调分离”命令减少图像颜色，产生特殊效果，再利用“添加杂色”滤镜产生磨砂的质感，最后再反复使用“椭圆选框工具”及其他辅助工具制作出光盘的外形。图像调整前后的效果对比如图 2.182 和 2.183 所示。

图 2.182　原图像

图 2.183　效果图

2.10.2　相关知识

1. 黑白

“黑白”命令是专门用于制作黑白照片和黑白图像的工具，它可以完全控制各颜色的转换方式，简单说来，就是可以控制一种颜色的色调深浅。例如彩色照片转换为黑白图像时，红色和绿色的灰度非常相似，色调的层次感被削弱了。“黑白”命令可以解决这个问题，它可以分别调整这两种颜色的灰度，将它们有效区分开，使色调的层次丰富、鲜明。

下面以一个实例来介绍“黑白”命令的功能与实现效果。

步骤 1：打开配套素材文件 02/相关知识/麦田 .jpg，如图 2.184 所示。

步骤 2：选择“图像 | 调整 | 黑白”菜单，打开“黑白”对话框，如图 2.185 所示。

“黑白”命令对话框中各选项的具体说明如下：

- 预设：在该下拉列表中可以选择一个预设的调整文件，对图像自动应用调整；如果要存储当前的调整设置结果，可单击选项右侧的按钮，在下拉列表中选择“存储预设”命令。
- 颜色滑块：拖动各个颜色的滑块可调整图像中特定颜色的灰色调。
- 色调：如果要为灰度着色，创建单色调效果，可勾选“色调”选项，再拖动“色相”滑块和“饱和度”滑块进行调整。单击颜色块，可以打开“拾色器”对颜色进行调整。
- 自动：单击该按钮，可设置基于图像的颜色值的灰度混合，并使灰度值的分布最大化。“自动”混合通常会产生极佳的效果，并可以用作使用颜色滑块调整灰度值的起点。

图 2.184　素材图

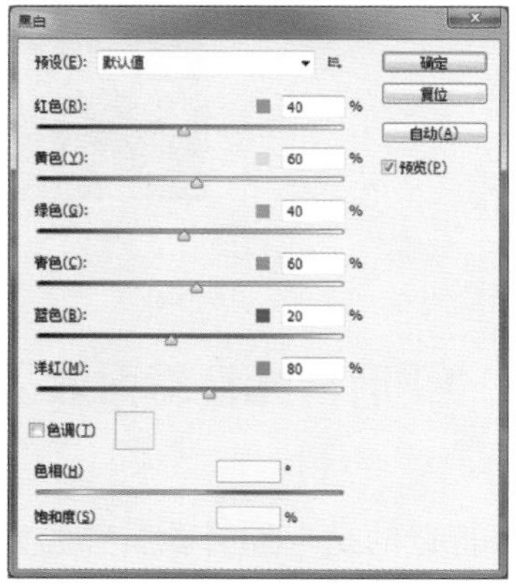

图 2.185　“黑白”对话框

步骤 3：按照如图 2.186 所示进行设置，单击“确定”按钮，得到的图像效果如图 2.187 所示。

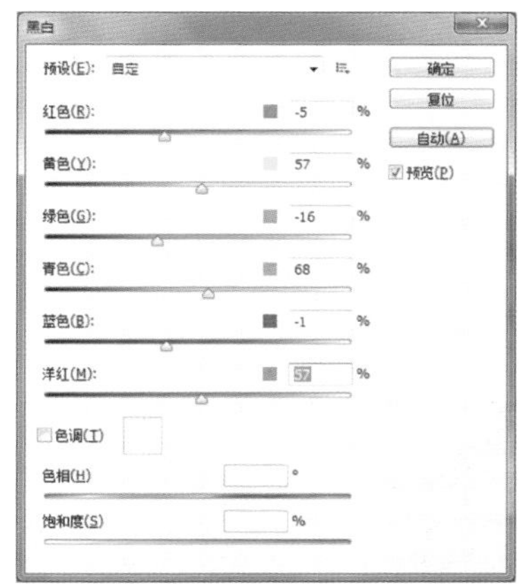

图 2.186　调整“黑白”

图 2.187　调整“黑白”后的效果

2. 色调分离

“色调分离”命令可以按照指定的色阶数减少图像的颜色或灰度图像中的色调，从而简化图像内容。该命令适合创建大的单调区域，或者在彩色图像中产生有趣的效果。如果灰度图像只设置两个亮度级别，则图像非黑即白。

打开配套素材文件 02/相关知识/菊花 .jpg，如图 2.188 所示。选择“图像｜调整｜色调分离”命令，打开“色调分离”对话框，设置“色阶”值为“3”，如图 2.189 所示，单击“确定”按钮，此时图像效果如图 2.190 所示。

图 2.188　素材图

图 2.189　“色调分离”对话框

图 2.190　调整“色调分离”后的效果

2.10.3 任务实现

步骤 1：打开配套素材文件 02/任务实现/光盘封面人物.jpg，如图 2.182 所示。

步骤 2：选择“图像｜调整｜黑白”菜单，打开“黑白”对话框，设置参数使其产生单色调效果，具体设置如图 2.191 所示，其中“色调”颜色为“＃b9e0b4”。此时图像效果如图 2.192 所示。

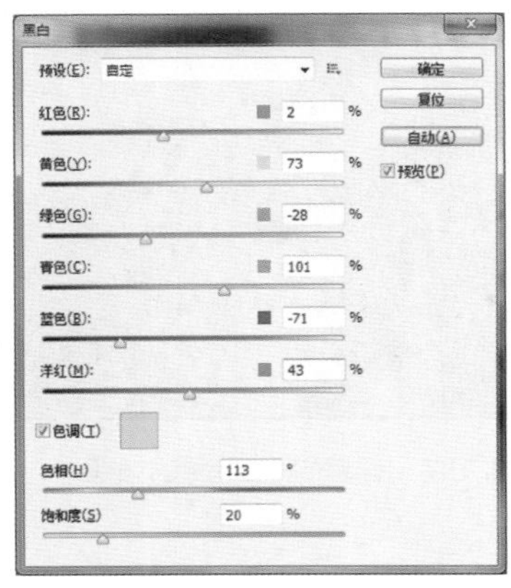

图 2.191 “黑白”对话框

图 2.192 调整“黑白”后的效果

步骤 3：选择“图像｜调整｜色调分离”菜单，打开“色调分离”对话框，设置“色阶”值为“3”，如图 2.193 所示，单击“确定”按钮，此时图像效果如图 2.194 所示。

图 2.193 “色调分离”对话框

图 2.194 调整“色调分离”后的效果

步骤 4：选择“滤镜｜杂色｜添加杂色”菜单，打开“添加杂色”滤镜对话框，按照图 2.195 所示进行设置，单击“确定”按钮，此时图像效果如图 2.196 所示。

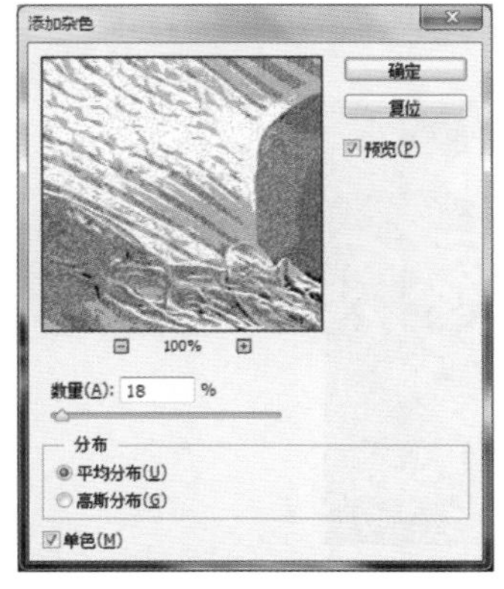

图 2.195 “添加杂色”滤镜对话框

图 2.196 “添加杂色”滤镜效果

步骤 5：在“工具箱”中选择“椭圆选框工具”，再将“椭圆选框工具”选项栏的“样式”设置为“固定比例”，如图 2.197 所示。

图 2.197 “椭圆选框工具”的选项栏

步骤 6：在“图层”面板上双击“背景”层，将其转换为普通图层，利用“椭圆选框工具”在图像中创建圆形选区，位置如图 2.198 所示。

步骤 7：按“Ctrl+Shift+I”组合键进行反选，按“Delete”键，将选区的图像内容删除，再按“Ctrl+D”组合键取消选择，得到的图像效果如图 2.199 所示。

图 2.198 创建选区

图 2.199 删除选区图像内容

步骤 8：在“图层”面板中新建一个图层，将其放置在最底层，并填充为“白色”，如图 2.200 所示，此时图像效果如图 2.201 所示。

图 2.200 新建图层并填充“白色”

图 2.201 图像效果

步骤 9：在“图层”面板上选择“图层 0”，按住“Ctrl”键，点击“图层 0”的缩略图，得到图像选区，选择“编辑｜描边”菜单，打开“描边”对话框，按照图 2.202 所示进行设置，设置描边颜色为“#b4b3b3”，单击“确定”按钮，得到的图像效果如图 2.203 所示。

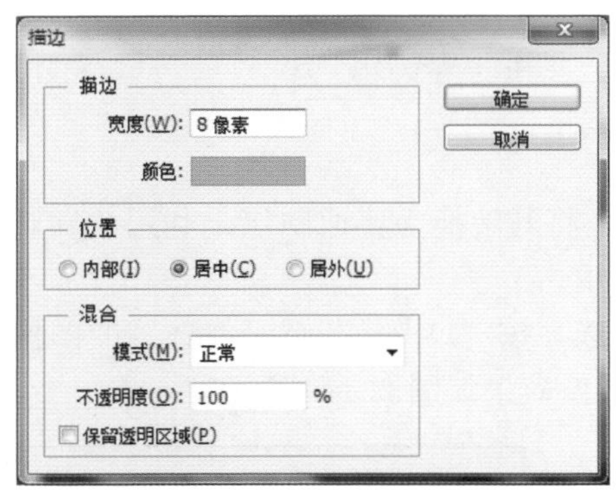

图 2.202 “描边”对话框

图 2.203 “描边”效果

步骤 10： 点击“图层”面板下方的 fx 按钮，选择图层样式“投影”，打开“图层样式”对话框，按照图 2.204 所示进行设置，单击“确定”按钮，此时图像效果如图 2.205 所示。

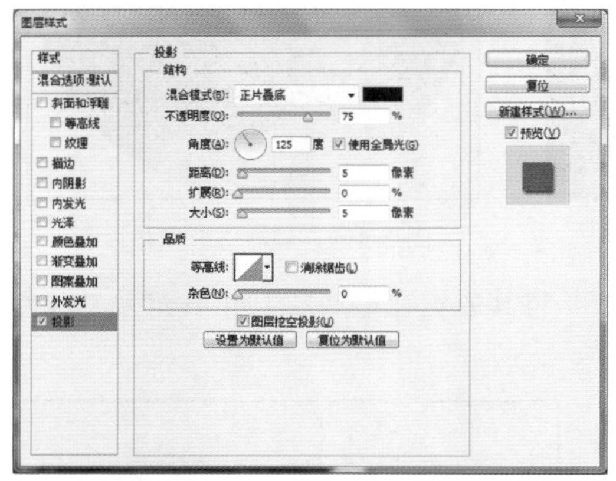

图 2.204 “图层样式”对话框

图 2.205 “投影”效果

步骤 11： 按住“Ctrl”键，点击“图层 0”的缩略图，得到图像选区，选择“选择｜变换选区”菜单，在工具选项栏中设置高和宽分别为“20%”，如图 2.206 所示。

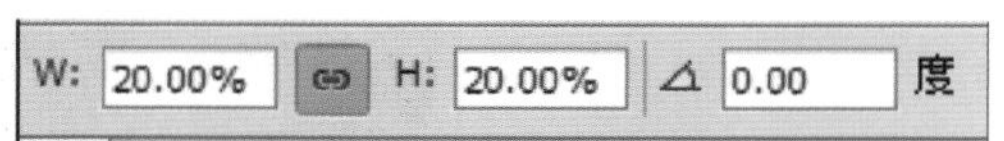

图 2.206 设置工具选项栏

步骤 12： 提交变换，此时得到一个缩小的选区，并将选区填充颜色设为“＃d9d9d9”。再次选择“编辑｜描边”菜单，打开“描边”对话框，按照图 2.207 所示进行设置，设置描边颜色为“白色”，单击“确定”按钮，得到的图像效果如图 2.208 所示。

步骤 13： 再次选择“选择｜变换选区”菜单，在工具选项栏中设置高和宽分别为“50%”，如图 2.209 所示，提交变换，得到一个更小的选区，如图 2.210 所示。

步骤 14： 按“Delete”键，将选区的图像内容删除，此时光盘效果已经制作完毕，图像最终效果如图 2.183 所示。

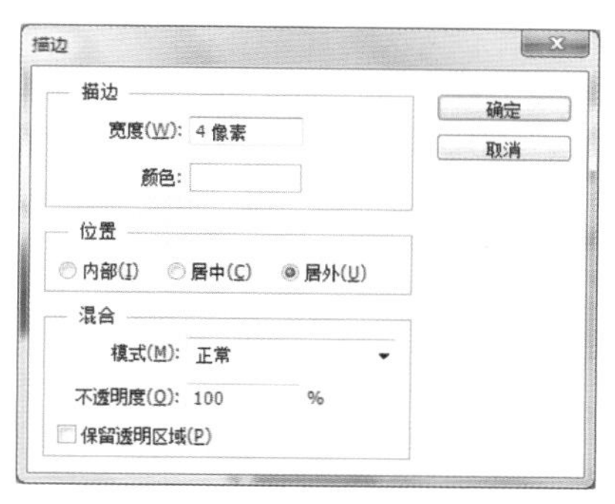

图 2.207 “描边”对话框

图 2.208 “描边”效果

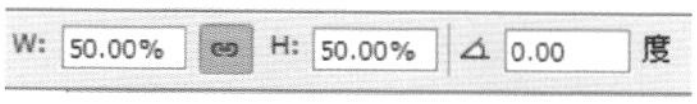

W: 50.00% H: 50.00% 0.00 度

图 2.209 设置工具选项栏

图 2.210 创建小选区

2.10.4 练习实践

打开配套素材文件 02/练习实践/婚纱照 .jpg，如图 2.211 所示，运用本次任务中介绍的“黑白”命令，将其调整为黑白艺术照，图像最终效果如图 2.212 所示。

图 2.211 原图像

图 2.212 效果图

项目 3　图像合成应用

教学目标

- 理解图层的作用和特点。
- 熟悉图层面板的各项功能。
- 掌握图层样式的用法。
- 掌握图层蒙版的运用。
- 熟悉调整图层的作用。

课前导读

图像合成是用户在处理图片、设计图像时经常要用到的一种应用技术，在 Photoshop 中进行图像合成离不开图层。图层是图像合成软件的灵魂，是 Photoshop 的核心要素之一，是用来装载各种图像的载体，没有图层，图像是无法存在的。本项目将通过自制相框、拼图效果、草原风光、电影海报四个图像合成任务的实现，帮助用户充分认识、理解并掌握图像合成相关技术的运用。

任务 1　自制相框

3.1.1　任务描述

本任务运用“移动工具”、“魔棒工具”和“图层”面板等将三幅图像进行合成处理，形成一幅完整的图像，使图像内容更加丰富、主题更加突出，合成后的效果如图 3.1 所示。

图 3.1　相框效果

3.1.2　相关知识

1. 图层面板

图层可以看作是透明的“玻璃纸”，用户可以在这张透明的纸上画画，没有画上的部分将保持透明状态。Photoshop 为用户提供了功能齐全的“图层”菜单和友好的“图层”面板。

关于图层的大部分操作都可以在“图层”面板中完成，如图 3.2 所示。熟悉“图层”面板的组成及各部分的作用，有助于用户在“图层”面板中对每个图层进行编辑和控制。

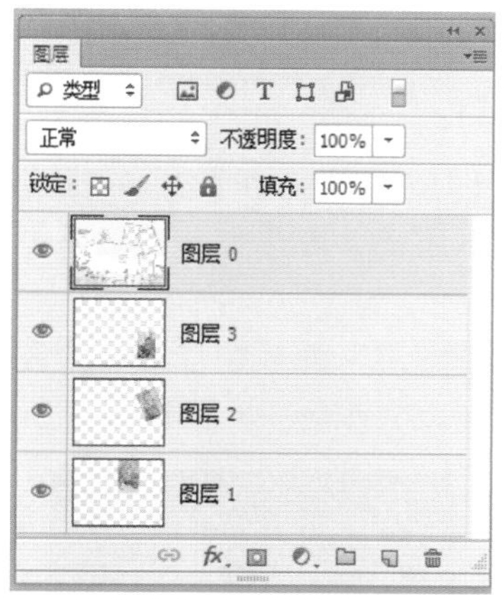

图 3.2　“图层”面板

在此仅简单介绍“图层”面板中的各个按钮与控制选项，在学习和实践中将会反复用到各个功能项。

● 设置图层混合模式 正常 ：用来设置图层的混合模式。选择不同的混合模式会得到不同的效果，缺省状态下为“正常”。

● 设置图层的总体不透明度 不透明度: 100% ：用来设置图层的不透明度。当不透明参数为 100%时，该图层下面的内容将被完全覆盖；当透明度为 0%时，这个图层将变得完全透明。

● 设置图层的内部不透明度 填充: 100% ：用来设置图层中图像的不透明度。对图像的任何编辑操作都只对不透明区域有效，对透明区域无效。而且不影响作用于该图层上的图层样式的不透明度。

● 图层属性控制按钮 锁定: ：用来设置图层属性。

● 显示/隐藏图层 ：用来设置当前图层的显示与隐藏状态。

● 删除图层 ：用来删除当前图层。

● 创建新图层 ：用来创建一个新图层。用鼠标拖动某层到该图标上可以复制该图层。

● 创建新组 ：用来新建一个可包含多个图层的集合。

● 创建新的填充或调整图层 ：用来创建一个填充图层或调整图层。

● 添加图层蒙版 ：用来创建一个蒙版图层。该图层用于屏蔽图层中的图像，其白色区域为该图层图像的显示部分，黑色区域为该图层的蒙版区。

● 添加图层样式 fx ：用来创建图层的样式。单击该按钮，可以在打开的菜单中选择各种图层样式命令，为当前图层添加图层样式。

● 链接图层 ：表示该图层和另一图层有链接关系。对有链接关系的图层操作时，所产生的影响会同时作用于所链接的所有图层上。

2. 图层基本操作

（1）选择单个图层。

选择单个图层：在“图层”面板中单击相应的图层即可，被选中的图层会以高亮的方式显示，如图 3.3 所示。

（2）选择多个连续图层。

选择多个连续的图层：在“图层”面板中单击一个图层，按住“Shift”键，单击另一个图层，则两个图层之间的所有图层都会被选中，如图 3.4 所示。

（3）选择多个不连续图层。

选择多个不连续的图层：在“图层”面板中单击一个图层后，按住“Ctrl”键，单击所需选择的图层，则多个不连续图层就会被选中，如图 3.5 所示。

图 3.3　选择单个图层

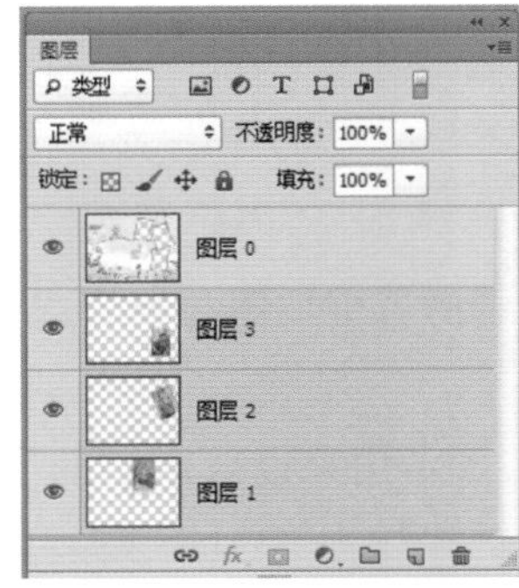

图 3.4　选择多个连续图层

图 3.5　选择多个不连续图层

（4）调整图层的顺序。

由于上、下图层具有相互遮盖关系，因此在一定情况下需要改变其上下次序，也就是改变图层的上下遮盖关系，从而改变图像显示的最终效果。具体方法如下：

● 选择需要移动的图层，直接用鼠标左键拖动图层，当高亮线出现时，释放鼠标左键，即可改变当前图层的次序。

● 选择需要移动的图层，选择“图层｜排列”子菜单命令即可改变当前图层的次序，如图 3.6 所示。

置为顶层 (F)	Shift+Ctrl+]
前移一层 (W)	Ctrl+]
后移一层 (K)	Ctrl+[
置为底层 (B)	Shift+Ctrl+[
反向 (R)	

图 3.6　“排列”子菜单

“排列”子菜单中各命令的作用如下：

➢置为顶层：将当前图层移至所有图层的上方。

➢前移一层：将当前图层向上移一层。

➢后移一层：将当前图层向下移一层。

➢置为底层：将当前图层移至所有图层的下方。

➢反向：逆序排列当前选择的多个图层。

（5）复制图层。

用户可以在同一图像中复制任何图层（包括背景）或任何图层组。还可以将任何图层或图层组从一个图像复制到另一个图像，从而在图像中添加多个图层。

选择“图层 | 复制图层”菜单或“图层”面板中的“复制图层”命令，打开“复制图层”对话框，如图3.7所示。

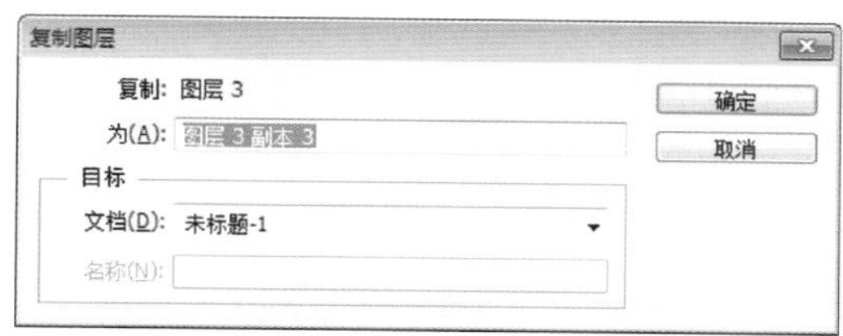

图3.7 “复制图层”对话框

对话框中各选项作用如下：

- 复制：原图层的名称。
- 为：复制图层的名称。
- 文档：选择复制图层的目标文件，可以是当前图像文件，也可以是当前Photoshop中已打开的其他文件，还可以是新建文件。当选择新建文件时，在下面的“名称”框中要输入新建文档的名称。

（6）对齐。

链接在一起的几个图层，可以按照一定的规则对齐，如向左对齐、向上对齐等。要对齐链接的图层，可选择菜单“图层 | 将图层与选区对齐”子菜单命令，如图3.8所示。

“将图层与选区对齐”子菜单中各命令的作用如下：

- 顶边：将所有链接图层最顶端的像素与当前图层最顶端的像素对齐。
- 垂直居中：将链接图层垂直方向的中心像素与当前图层垂直方向的中心像素对齐。
- 底边：将链接图层最底端的像素与当前图层最底端的像素对齐。
- 左边：将链接图层最左端的像素与当前图层最左端的像素对齐。
- 水平居中：将链接图层水平方向的中心像素与当前图层水平方向的中心像素对齐。
- 右边：将链接图层最右端的像素与当前图层最右端的像素对齐。

（7）分布。

分布链接图层是指将与当前图层链接的图层按一定的规则分布在画布上不同的地方。要分布链接图层，可选择“图层 | 分布”子菜单命令，如图3.9所示。

图3.8 “将图层与选区对齐”子菜单

图3.9 “分布”子菜单

“分布”子菜单中各命令的作用如下：

● 顶边：从每个图层最顶端的像素开始，均匀分布各链接图层的位置，使它们最顶边的像素间隔相同的距离。

● 垂直居中：从每个图层垂直居中的像素开始，均匀分布各链接图层的位置，使它们垂直居中的像素间隔相同的距离。

● 底边：从每个图层最底边的像素开始，均匀分布各链接图层的位置，使它们最底边的像素间隔相同的距离。

● 左边：从每个图层最左边的像素开始，均匀分布各链接图层的位置，使它们最左边的像素间隔相同的距离。

● 水平居中：从每个图层水平居中的像素开始，均匀分布各链接图层的位置，使它们水平居中的像素间隔相同的距离。

● 右边：从每个图层最右边的像素开始，均匀分布各链接图层的位置，使它们最右边的像素间隔相同的距离。

分布链接图层必须先设置 3 个或 3 个以上的图层链接，才可以执行以上“分布”子菜单中的各个命令。

（8）图层合并。

在 Photoshop 中可以分层处理图像，给图像处理带来了很大的方便，但是，当图像中的图层过多时，会感到计算机处理图像的速度明显减慢，甚至执行一个滤镜都需要花很长的时间。所以当图像的处理基本完成时，可以将各个图层合并起来，以节省系统资源，下面介绍 Photoshop 中各种合并图层的操作方法。

● 合并所有图层：选择“图层｜拼合图像”菜单，或者单击“图层”面板上的小黑色三角形按钮或选择图层后单击右键，在打开的菜单中选择“拼合图像”命令，可以将所有可见图层合并至背景图层中，合并前后“图层”面板如图 3.10 所示。

图 3.10　合并图层

使用此方法合并图层时系统会从图像文件中删去所有隐藏的图层，并显示确认对话框，如图 3.11 所示，单击按钮确认即可完成合并。

● 向下合并图层：选择“图层”面板中两个图层中处于上层的图层，选择“图层｜向下合并”菜单，或者单击“图层”面板上的小黑色三角形按钮，在打开的菜单中选择“向下合并”命令，也可以使用组合键“Ctrl＋E”将当前图层与下一个图层合并，其他图层则保持不变。

图 3.11 确认对话框

- 合并可见图层：选择“图层”面板中当前作用的可见图层，选择“图层｜合并可见图层”菜单，或者单击“图层”面板上的小黑色三角形按钮▶，在打开的菜单中选择“合并可见图层”命令，可将当前所有显示的图层合并，而隐藏的图层则不会被合并，并仍然保留。

3.1.3 任务实现

步骤 1：打开配套素材文件 03/任务实现/相框.jpg，如图 3.12 所示。

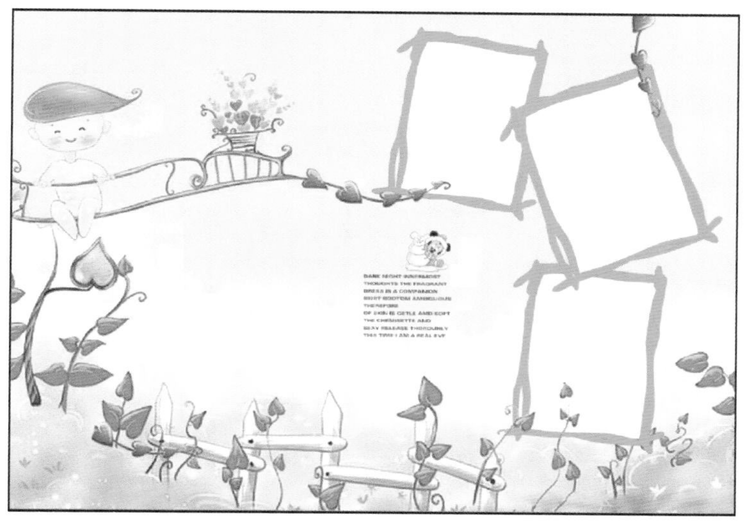

图 3.12 素材图

步骤 2：在“图层”面板上双击当前操作的背景层，弹出如图 3.13 所示的“新建图层”对话框，单击“确定”按钮将背景层转变为普通图层。

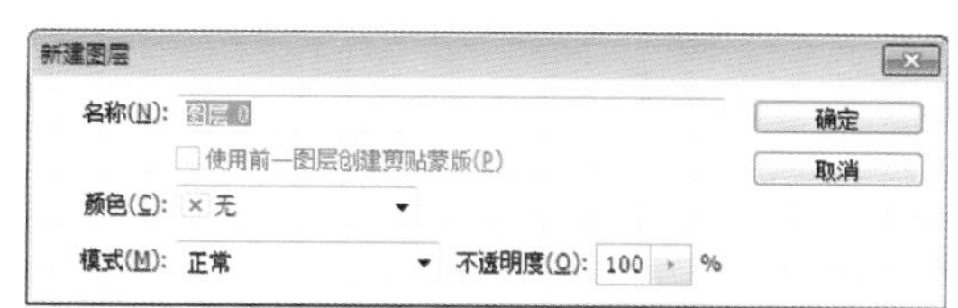

图 3.13 “新建图层”对话框

步骤 3：选择“魔棒工具”，设置选项栏上的容差为“32”，单击图像上的白色像素区域，得到选区如图 3.14 所示。

步骤 4：按“Delete”键，删除选区内的白色像素，此时可以看到含有透明区域的素材图像，如图 3.15 所示。

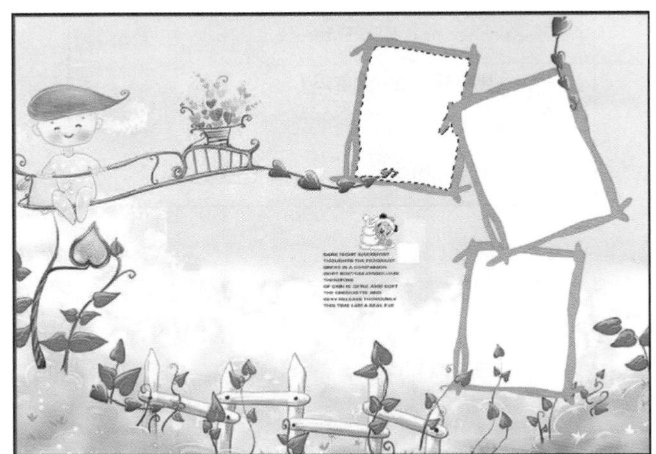

图 3.14　创建选区

图 3.15　删除选区内的白色像素

步骤 5：重复步骤 3 和步骤 4 的方法，将素材图像中其他两处白色区域删除，效果如图 3.16 所示。

图 3.16　删除其他两处白色区域

步骤 6：打开配套素材文件 03/任务实现/宝 1.jpg、宝 2.jpg 和宝 3.jpg，如图 3.17 所示。

图 3.17　素材图

步骤 7：使用“移动工具”将图 3.17 的 3 张素材图像移至相框图像中。效果如图 3.18 所示。

图 3.18　移动图像

步骤 8：在“图层”面板上，选择“图层 1”，按“Ctrl＋T”组合键，将选项栏上图像的高和宽设置为“50％”，如图 3.19 所示。

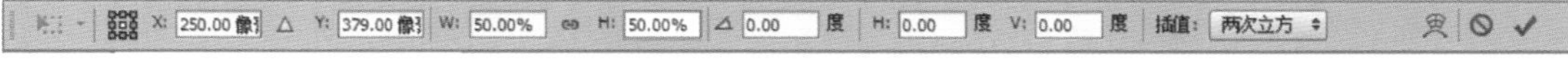

图 3.19　设置选项栏

步骤 9：选择“图层 2”，使用“Ctrl＋T”组合键在选项栏上依次将图像的高和宽设置为“50％”。

步骤 10：选择“图层 3”，使用“Ctrl＋T”组合键在选项栏上依次将图像的高和宽设置为“50％”。

步骤 11：选择“移动工具”将三个图像分别放到相框图像中三个透明区域内，效果如图 3.20 所示。

步骤 12：为了达到更加完美的效果，将相框图像所在图层从最下层移到最上层，移动前后“图层”面板如图 3.21 所示。

图 3.20　移动图像至透明区域

图 3.21　“图层”面板

步骤 13：此时相框图像效果如图 3.22 所示，选择“移动工具”调整位置，使用“Ctrl+T”组合键旋转图像方向，最终得到如图 3.1 所示效果。

图 3.22　进一步调整图像后的效果

3.1.4　练习实践

将 03/练习实践/人物 1.jpg、人物 2.jpg 和相框 .jpg 进行合成，运用“魔棒工具”将素材图像相框 .jpg 中的白色区域去除，用“移动工具”将人物 1.jpg 和人物 2.jpg 移到相框 .jpg中，放至适当位置并用“Ctrl+T”组合键调整至合适大小，该任务即可完成。素材图如图 3.23 所示，合成后的效果如图 3.24 所示。

图 3.23　素材图

图 3.24　效果图

任务 2　拼图效果

3.2.1　任务描述

本任务主要是在一幅素材图像基础上，制作出拼图的效果。该任务运用了选区工具和填充功能制作拼图图案，利用拼图图案将背景图像分成两部分，并对每部分应用图层样式，以突出拼图的效果，制作完成后的效果如图 3.25 所示。

图 3.25　拼图效果

3.2.2 相关知识

1. 图层样式

Photoshop 的图层样式非常丰富，以前需要用很多步骤制作的效果在这里设置几个参数就可以轻松完成，是制作图片效果的重要手段之一。但也正因为图层样式的种类和设置很多，许多人对它并没有全面的了解，下面将详细介绍 Photoshop 图层样式的设置及效果，以方便读者掌握。

（1）图层混合选项。

“图层样式”对话框左侧列出的选项最上方就是“混合选项：默认”，如果修改了右侧的选项，其标题将会变成“混合选项：自定义”。

“图层样式”对话框中的“混合选项”可以更改图层的不透明度以及与下面图层的混合方式，在对话框的中间区域提供了常规和高级的混合选项，如图 3.26 所示。

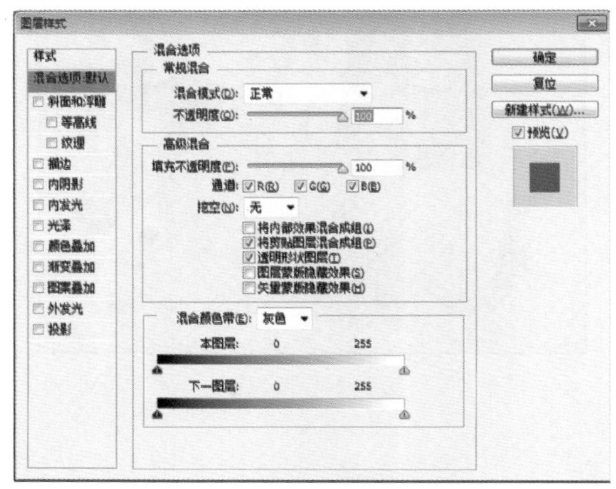

图 3.26 “图层样式”对话框

对话框中各参数具体说明如下：

- 混合模式：用来设置图层的混合效果。
- 不透明度：用来设置图层的不透明度；这个选项的作用和“图层”面板中的“不透明度”一样。在这里修改不透明度的值，“图层”面板中的设置也会发生相应的变化，这个选项会影响整个层的内容。
- 填充不透明度：用来设置填充图层的不透明度；这个选项只会影响图层本身的内容，不会影响图层的样式。因此调节这个选项可以将图层调整为透明的，同时保留图层样式效果。如图 3.27 所示，左侧素材图像只用图层样式“阴影”效果；中间素材图像在应用图层样式“阴影”效果的同时将“填充不透明度”设置为“50%”；右侧素材图像在应用图层样式“阴影”效果的同时将“不透明度”设置为“50%”。

另外，在“填充不透明度”的调整滑块下面有三个复选框，用来设置“填充不透明度”所影响的色彩通道。通道的选择因所编辑的图像类型不同而不同，默认情况下，混合图层或图层组时包括所有通道，但用户可以限制混合，以便在混合图层或图层组时只更改指定通道的数据。

- 挖空：挖空方式有三种，包括深、浅和无，用来设置当前层在下面的层上“打孔”并显示下面层内容的方式。如果没有背景层，当前层就会在透明层上“打孔”。

图 3.27　图像在“阴影”效果下应用“填充不透明度”与“不透明度”的对比

要想看到“挖空”效果，必须将当前层的“填充不透明度”（不是普通层不透明度）设置为“0”或者一个“<100%”的值以使其效果显示出来。

如果对不是图层组成员的层设置“挖空”，这个效果将会一直穿透到背景层，也就是说当前层中的内容所占据的部分将全部或者部分显示背景层的内容（按照填充不透明度的设置不同而不同）。在这种情况下，将“挖空”设置为“浅”或者“深”是没有区别的。但是如果当前层是某个图层组的成员，那么“挖空”设置为“深”或者“浅”就有了区别。如果设置为“浅”，打孔效果将只能进行到图层组下面的一个层，如果设置为“深”，打孔效果将一直深入到背景层。下面通过一个例子来说明：一幅图片由五个图层组成，背景层为黑色、背景层上面的“图层 1”为灰色、再上面是“图层 2”、“图层 3”、“图层 4”，颜色分别是红、绿和蓝，最上面的这三个层组成了一个图层组。图像和“图层”面板如图 3.28 所示。

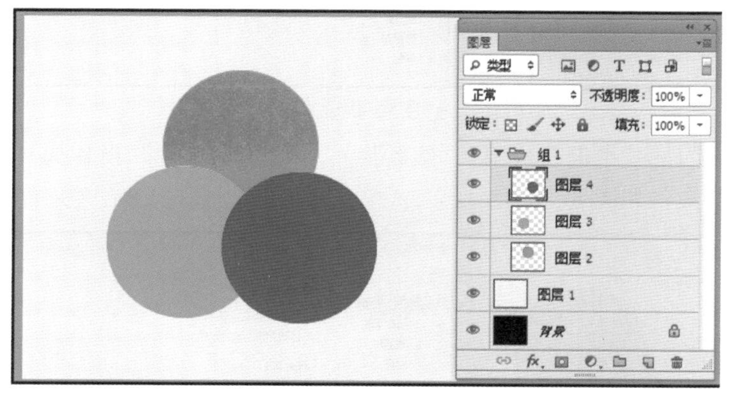

图 3.28　图像和“图层”面板

现在选择“图层 4”，打开“图层样式”对话框，设置“挖空”为“浅”，并将“填充不透明度”设置为“0”，可以得到如图 3.29 所示的效果。

可以看到，图层 4 中蓝色圆所占据的区域打了一个“孔”，并深入到“图层 1”上方，从而使“图层 1”的灰色显示出来。由于“填充不透明度”被设置为“0”，“图层 1”的颜色完全没有保留。如果将“填充不透明度”设置为“>0”的值，会有略微不同的效果。

如果将“挖空”方式设置为“深”，将得到如图 3.30 所示的效果。

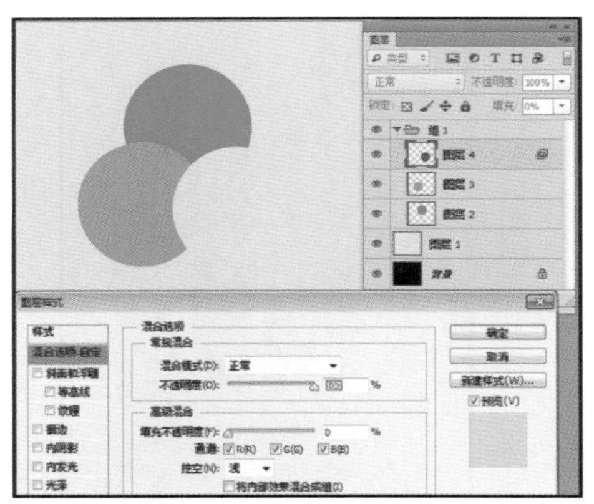

图 3.29 “挖空”设置为“浅”

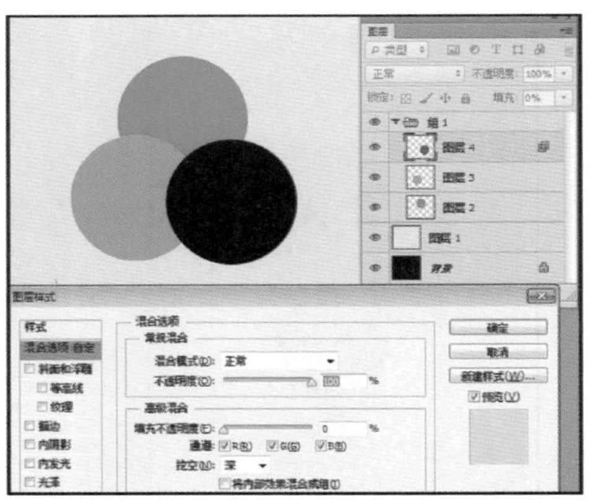

图 3.30 “挖空”设置为“深”

● “将内部效果混合成组”复选框：这个选项用来使混合模式影响所有落入这个层的非透明区域的效果，比如内测发光、内侧阴影、光泽效果等都将落入层的内容中，因而会受到其影响。但是其他在层外侧的效果（比如投影效果）由于没有落入层的内容中，因而不会受到影响。例如，我们首先为“图层 4”添加一个“光泽”效果，“大小”为“0”，“距离”为“100”，效果如图 3.31 所示。

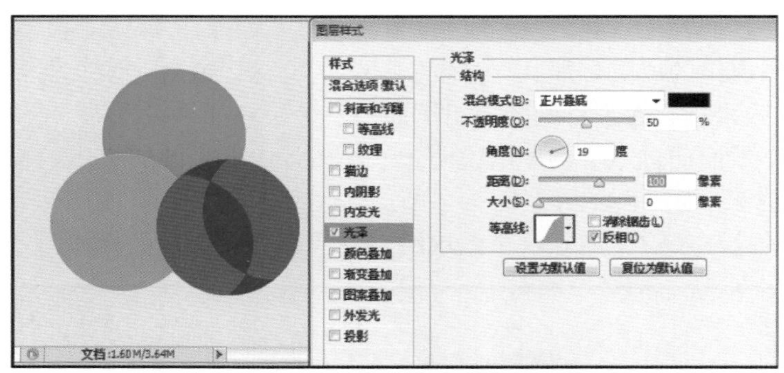

图 3.31 为“图层 4”设置“光泽”效果

首先选中“将内部效果混合成组”，然后将“填充不透明度”设置为“0”，得到的效果是蓝色部分完全消失，如图 3.32 所示。

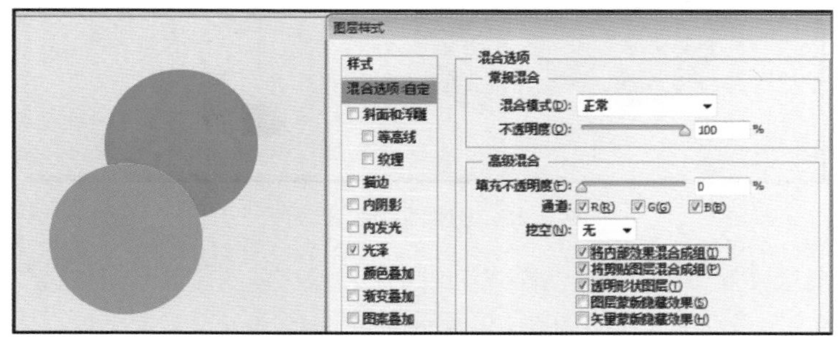

图 3.32 勾选“将内部效果混合成组”

如果不选中“将内部效果混合成组”，效果是蓝色部分消失，而“光泽”效果仍然保留了下来，如图 3.33 所示。

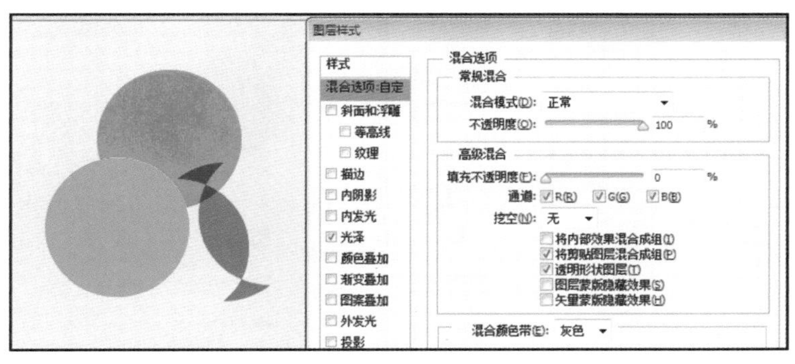

图 3.33　未勾选“将内部效果混合成组”

● “将剪贴图层混合成组” 复选框：该选项可以将构成一个剪切组的层中最下面的那个层的混合模式样式应用于这个组中的所有层。如果不选中这个选项，组中所有的层都将使用自己的混合模式。

为了演示这个效果，首先在上面的例子中将 “图层 3” 和 “图层 4” 转换成 “图层 2” 的剪切图层，方法是按住 “Alt” 键单击图层之间的横线，效果如图 3.34 所示。

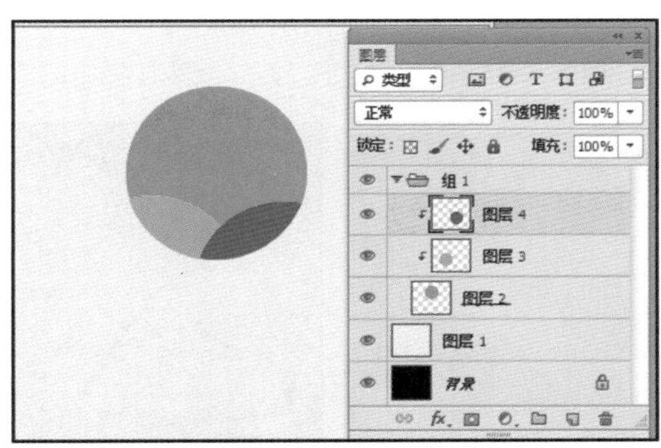

图 3.34　将“图层 3”和“图层 4”转换成“图层 2”的剪切图层

接下来双击 “图层 2” 打开其 “图层样式” 对话框，选中 “将剪贴图层混合成组” 选项，然后减小 “填充不透明度”，可以得到如图 3.35 左图所示的效果，注意其中的绿色区域和蓝色区域分别是 “图层 3” 和 “图层 4” 的内容，它们也受到了影响。

如果不选中 “将剪贴图层混合成组” 选项，调整 “填充不透明度” 会得到如图 3.35 右图所示的效果，注意 “图层 3” 和 “图层 4” 的内容没有受到影响。

● “透明形状图层” 复选框：在决定内部形状和效果时使用图层的透明度。

● “图层蒙版隐藏效果” 复选框：使用图层蒙版隐藏图层和效果。

● “矢量蒙版隐藏效果” 复选框：使用矢量蒙版隐藏图层和效果。

● “混合颜色带” 下拉列表框：可选择一个颜色，然后拖动滑块设置混合操作的范围。它包含 4 个选项，分别是 “灰色”、“红色”、“绿色” 和 “蓝色”，使用时可以根据需要选择适当的颜色进行调节。

这是一个非常复杂的选项，通过调整这个滑动条可以让混合效果只作用于图片中的某个特定区域，可以对每个颜色通道进行不同的设置，如果要同时对三个通道进行设置，应当选择 “灰色”。“混合颜色带” 功能可以用来进行高级颜色调整。

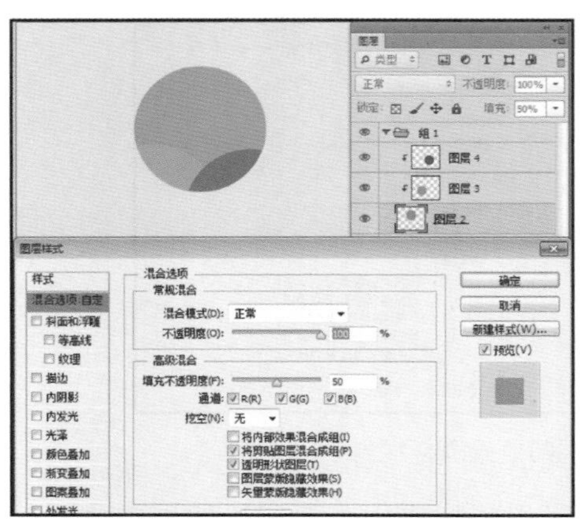
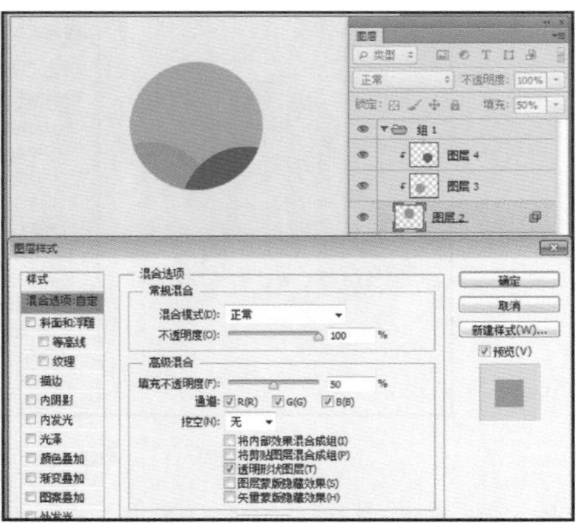

图 3.35　勾选与未勾选“将剪贴图层混合成组”对比效果

在“本图层”上有两个滑块，比左侧滑块更暗或者比右侧滑块更亮的像素将不会显示出来。在“下一图层”上也有两个滑块，但是作用和上面的恰恰相反，图片上在左边滑块左侧的部分将不会被混合，而亮度高于右侧滑块设定值的部分也不会被混合。

下面通过一个实例介绍“混合颜色带”的使用方法。

步骤 1：打开配套素材文件 03/任务实现/白云 .jpg 和树 .jpg，如图 3.36 所示。

图 3.36　素材图

步骤 2：按组合键“Ctrl＋A”全选白云图像，使用“移动工具”将其移至树所在图像，单击“云”所在图层，打开“图层样式”对话框，对“混合颜色带”进行调整，调整后的图像效果和“图层样式”如图 3.37 所示，注意这里图片中颜色较深的蓝色部分变成了透明色，而云彩的白色则仍然保留。

图 3.37　调整“混合颜色带”

可以看到，留下的图像部分周围出现了明显的锯齿和色块。假设想要将云彩放入树的天空中，只需要对“混合颜色带”进行调整就可以实现。

步骤3：为了使云彩的边缘部分平稳过渡，可以将“本图层”滑块分成两个独立的小滑块进行操作，操作方法是按住“Alt”键拖动滑块。调整后的效果如图3.38所示。

图3.38 调整“本图层”滑块

步骤4：为了使云彩放入树的天空中，这里还需要调整“下一图层”滑块，调整后的效果如图3.39所示。

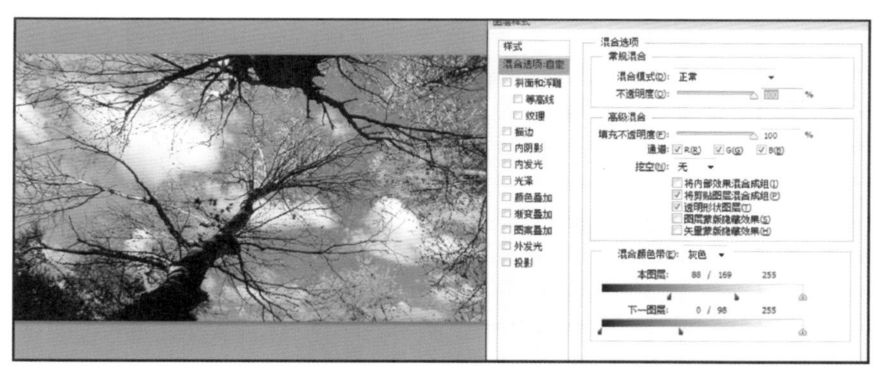

图3.39 调整“下一图层”滑块

（2）斜面和浮雕。

用来给图像添加各种斜面和浮雕的效果。可在“图层样式”对话框左侧的“样式”选项组中选中“斜面和浮雕”复选框来进行设置。“斜面和浮雕”可以说是Photoshop图层样式中最复杂的，其中包括内斜面、外斜面、浮雕效果、枕状浮雕和描边浮雕，虽然每一项中包含的选项都是一样的，但是制作出来的效果却大相径庭。

“斜面和浮雕”选项中各个参数的用法如下（与前面类似用法的参数将不再介绍）：

1）样式。用来选择斜面和浮雕的具体形态，在该下拉列表框中共有5个选项：“内斜面”、“外斜面”、“浮雕效果”、“枕状浮雕”和“描边浮雕”。

- 内斜面：添加了内斜面的层好像同时多出一个高光层（在其上方）和一个投影层（在其下方），显然这比前面介绍的那几种只增加一个虚拟层的样式要复杂。投影层的混合模式为“正片叠底”，高光层的混合模式为“滤色”，两者的透明度都是“75%”。虽然这些默认设置和前面介绍的几种图层样式都一样，但是两个图层配合起来，效果就多了很多变化。

为了看清楚这两个“虚拟”的图层究竟是怎么回事，先将图片的背景设置为黑色，然后为白色的圆所在的图层添加“内斜面”样式，再将该图层的“填充不透明度”设置为“0”。这样就将层上方“虚拟”的高光层分离出来了，如图 3.40 所示。

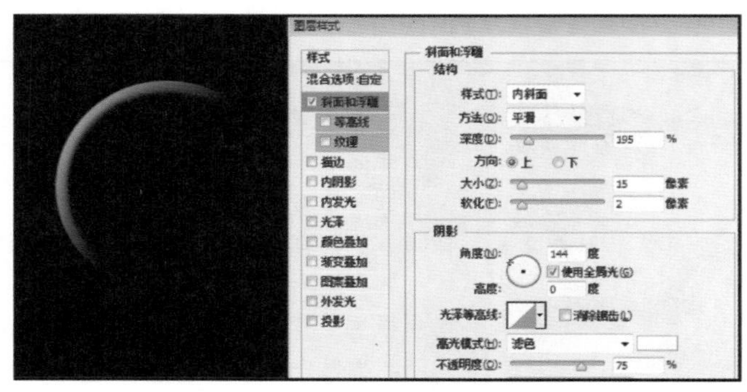

图 3.40　分离出高光层

同理，再将图片的背景色设置为白色，然后为黑色的圆所在的图层添加“内斜面”样式，再将该图层的“填充不透明度”设置为“0”。这样就将图层下方“虚拟”的投影层分离出来了，如图 3.41 所示。

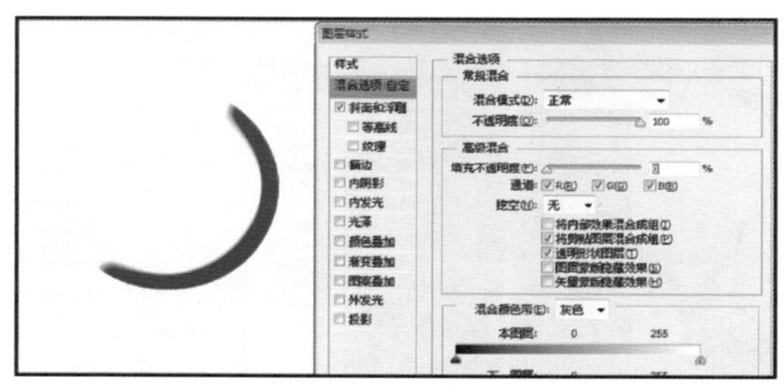

图 3.41　分离出投影层

这两个“虚拟”的图层配合起来构成“内斜面”效果，类似于来自左上方的光源照射一个截面形为梯形的高台形成的效果。

● 外斜面：被赋予了“外斜面”样式的图层也会多出两个“虚拟”的图层，一个在上，一个在下，分别是高光层和阴影层，混合模式分别是“正片叠底”和“滤色”，这些和“内斜面”是完全一样的，此处不再赘述。

● 浮雕效果：前面介绍的斜面效果添加的“虚拟”层都是一上一下的，而浮雕效果添加的两个“虚拟”层则都在层的上方，因此不需要调整背景颜色和层的填充不透明度就可以同时看到高光层和阴影层。这两个“虚拟”层的混合模式以及透明度仍然和斜面效果一样。图 3.42 所示是与背景颜色相同的圆添加了浮雕效果后的图像。

● 枕状浮雕：添加了“枕形浮雕”样式的层会一下子多出四个“虚拟”图层，两个在上，两个在下。上下各含有一个高光层和一个阴影层。因此，“枕状浮雕”是内斜面和外斜面的混合体，图层首先被赋予一个“内斜面”样式，形成一个突起的高台效果，然后又被赋予一个“外斜面”样式，整个高台又陷入一个“坑”中，将上例中的样式设为“枕状浮雕”后的效果如图 3.43 所示。

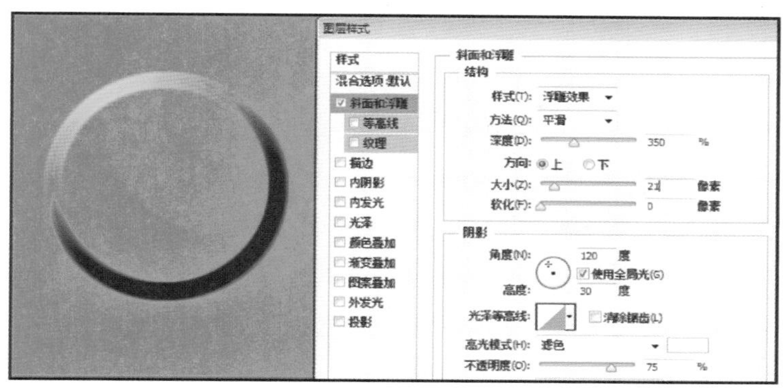

图 3.42　为圆添加“浮雕效果”

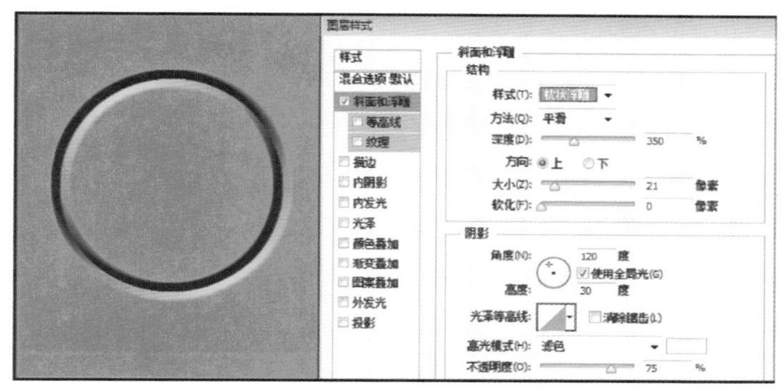

图 3.43　“枕状浮雕”效果

- 描边浮雕：只适用于描边对象，即在应用描边浮雕效果时需先设置描边效果。

2）方法。用来设置斜面和浮雕的雕刻粗度，在该下拉列表框中有 3 个选项：“平滑”、“雕刻清晰”和“雕刻柔和”。其中“平滑”是默认值，选中这个值时斜角的边缘为模糊效果，选中“雕刻清晰”值时斜角的边缘为锐化效果，而“雕刻柔和”是一个折中的值，如图 3.44 所示分别是设置这三种方法后的效果。

图 3.44　设置三种不同方法的效果

3）深度。用来设置效果的深浅程度。“深度”必须和“大小”配合使用，在“大小”一定的情况下，用“深度”可以调整高台的截面梯形斜边的光滑程度。在“大小”保持不变的情况下，将“深度”值设置为“100%”和“1 000%”时的效果如图 3.45 所示。

4）方向。用来设置“深度”的方向；“方向”的设置值只有“上”和“下”两种，其效果和设置“角度”是一样的。在制作按钮时，“上”和“下”可以分别对应按钮的正常状态和按下状态，较使用“角度”进行设置更加方便和准确。

图 3.45　设置不同“深度”值的效果

5）大小。用来控制阴影的方向，如果选择“上”，则亮部在上，阴影在下；如果选择“下”，则亮部在下，阴影在上；“大小”在用来设置高台的高度时，必须和“深度”配合使用。

6）软化。用来设置阴影边缘的柔化程度。数值越大，边缘过渡越柔和。

7）角度、高度。用来设置立体光源的角度和高度。

8）光泽等高线。用来设置明暗对比的分布方式，使用方法与下面提到的等高线一样。

9）高光模式、阴影模式。在两个下拉列表中，可以为高光与暗调部分选择不同的混合模式，从而得到不同的效果，如果单击右侧颜色块，还可以在打开的“拾色器”对话框中为高光与暗调部分选择不同的颜色。

前面提到“斜面和浮雕”效果可以分解为两个“虚拟”的层，分别是高光层和阴影层。这里调整高光层的效果如图 3.46 所示。

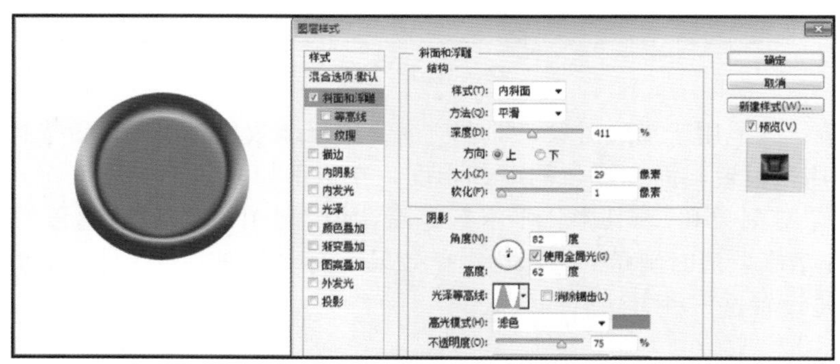

图 3.46　调整高光层后的效果

将对象的高光层设置为红色实际等于将光源颜色设置为红色，注意混合模式一般应当使用“滤色”，因为这样才能反映出光源颜色和对象本身颜色的混合效果。

阴影模式的设置原理和高光模式是一样的，但是由于阴影层的默认“混合模式”是“正片叠底”，有时候修改了颜色后看不出效果，因此这里将层的“不透明度”设置为“0”，可以得到如图 3.47 所示的效果。

10）等高线。用于设置立体对比的分布方式，单击“光泽等高线”右侧的下拉按钮，从打开的下拉列表框中可以选择相应的等高线样式。“斜面和浮雕”图层样式中的“光泽等高线”容易让人与对话框左侧的“等高线”设置混淆。其实仔细比较一下就可以发现，对话框右侧是“光泽等高线”，这个等高线只会影响“虚拟”的高光层和阴影层，而对话框左侧的“等高线”则是用来为图层本身赋予条纹状效果的。

11）纹理。用来为层添加材质，其设置比较简单。首先在下拉框中选择纹理，然后按纹理的应用方式进行设置即可。

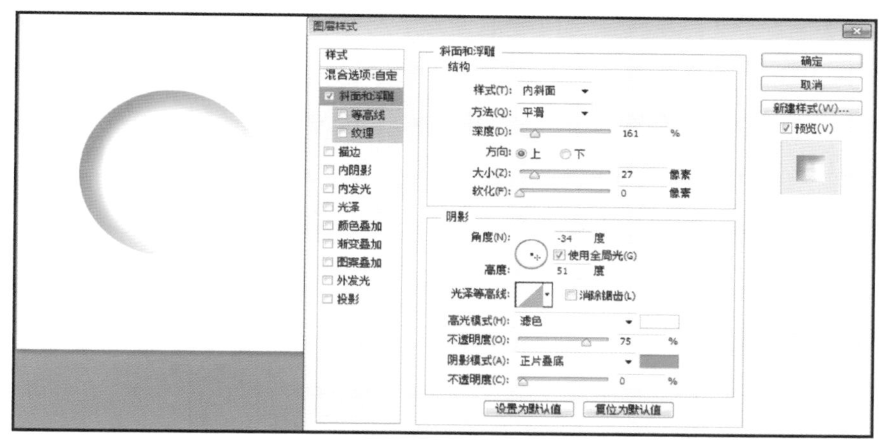

图 3.47　调整“不透明度”后的效果

常用的选项包括：

- 图案：用来设置填充所用的图案。
- 贴紧原点：用来设置使图案的位置返回到原来的地方。
- 缩放：用来设置图案的放大或缩小，以适合要求。
- 深度：用来设置立体的对比效果强度。
- 反相：用来设置是否将图案反相，从而得到相反的图案效果。
- 与图层链接：用来设置是否将所做的图案和图层链接在一起。

（3）描边。

用来给图像添加描边效果。可在“图层样式”对话框左侧的“样式”选项组中选中“描边”复选框来进行设置。描边样式直观简单，用指定颜色沿着层中非透明部分的边缘描边。

“描边”对话框中各参数具体说明如下：

- 大小：可用来设置“描边”的宽度，数值越大则生成的描边宽度越大。
- 位置：可用来设置描边的位置，可选项有“外部”、“内部”和“居中”3 种位置。
- 填充类型：可用来设置描边的类型，可选项有“颜色”、“渐变”和“图案”3 种，可分别用单一颜色、渐变颜色、图案来进行描边。

这里需要注意的是，选择“编辑｜描边”菜单和用“描边”图层样式的效果是不同的。

不同之一：同时将两个对象进行描边后，再分别在这两个对象上删除像素，所得的效果是不同的，比较效果如图 3.48 所示。可以看出用菜单中的“描边”选项进行描边操作的圆在删除像素后边缘没有描边效果，而使用“描边”的图层样式进行描边操作的圆在删除像素后边缘还保留着描边的效果。

不同之二：将上例的两个圆形所在图层的填充值同样设置为 20%后效果如图 3.49 所示，可以看出用菜单中的“描边”选项进行描边的圆和描边的颜色都发生了变化，而用“描边”的图层样式进行描边操作的圆只有圆本身的像素发生了变化，而描边的颜色则保持不变。

（4）内阴影。

用来在图像内侧形成阴影效果。可在“图层样式”对话框左侧的“样式”选项组中

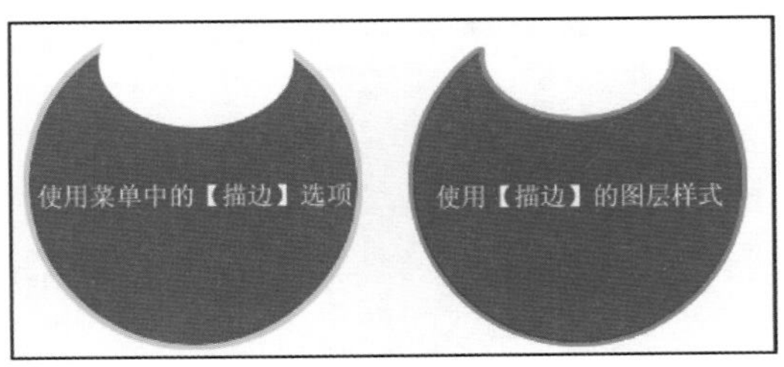

图 3.48　两种描边操作删除像素后的不同效果

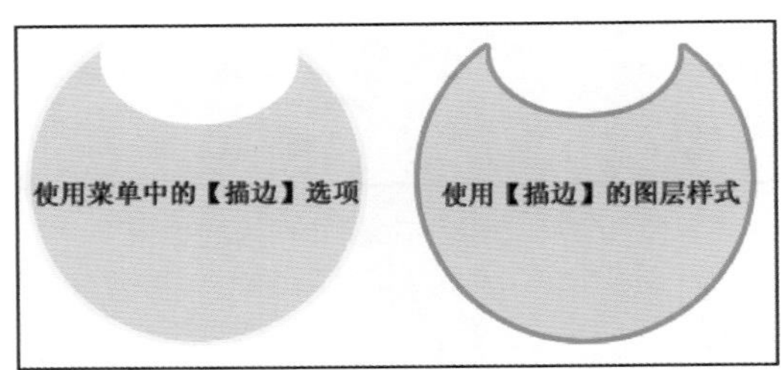

图 3.49　两种描边操作设置相同填充值后的不同效果

选中“内阴影”复选框后进行设置。“内阴影”选项的设置与“投影”选项的设置类似，仅仅是产生的阴影的方向不同而已。如图 3.50 所示是添加“内阴影”图层样式后的效果。

“内阴影”的很多选项和“投影”是一样的，“投影”可以理解为一个光源照射平面对象的效果，而“内阴影”则可以理解为光源照射球体的效果。

图 3.50　添加“内阴影”图层样式后的效果

（5）内发光。

用来在图像内侧添加内部发光的效果。可在“图层样式”对话框左侧的“样式”选项组中选中“内发光”复选框来设置。“内发光”选项的设置与“外发光”选项的设置类似，可将内侧发光效果想象为一个在内侧边缘安装有照明设备的隧道的截面，也可以理解为一个玻璃棒的横断面，这个玻璃棒外围有一圈光源。“内发光”与“外发光”相比多一个“源”选项。

“源”用来设置光源的位置，“居中”项是指光源位于图层的中心，而“边缘”项是指光源位于图层的边缘。

图 3.51 所示为添加“内发光”和“描边”图层样式后产生的效果。

图 3.51　添加“内发光”和“描边”图层样式后的效果

（6）光泽。

用来给图层添加光泽。可在“图层样式”对话框左侧的“样式”选项组中选中“光泽”复选框来进行设置。光泽用来在层的上方添加一个光泽效果，选项虽然不多，但很难准确把握，微小的设置差别都会使效果产生很大的变化。

另外，“光泽”效果还和图层的轮廓相关，即使参数设置完全一样，不同内容的层添加“光泽”图层样式后产生的效果也不完全相同。如图 3.52 所示是添加“光泽”图层样式后的图像效果。

图 3.52　添加“光泽”图层样式后的效果

（7）颜色叠加。

“颜色叠加”可在“图层样式”对话框左侧的“样式”选项组中选中“颜色叠加”复选框来进行设置。“颜色叠加”相当于为层着色。也可以认为这个样式在层的上方加了一个混合模式为“普通”、不透明度为“100%”的“虚拟”层。

这里为图层添加“颜色叠加”图层样式，并将叠加的“虚拟”层的“混合模式”颜色设置为“黄色”，“不透明度”设置为“50%”。添加“颜色叠加”图层样式后的效果如图 3.53 所示。注意，添加了样式后的颜色是图层原有颜色和“虚拟”层颜色的混合。

（8）渐变叠加。

用来给图像叠加渐变色。可在“图层样式”对话框左侧的“样式”选项组中选中“渐变叠加”复选框来进行设置。“渐变叠加”和“颜色叠加”的原理是完全一样的，只不过“虚拟”层的颜色是渐变的而不是单色的。“渐变叠加”对话框中各参数具体说

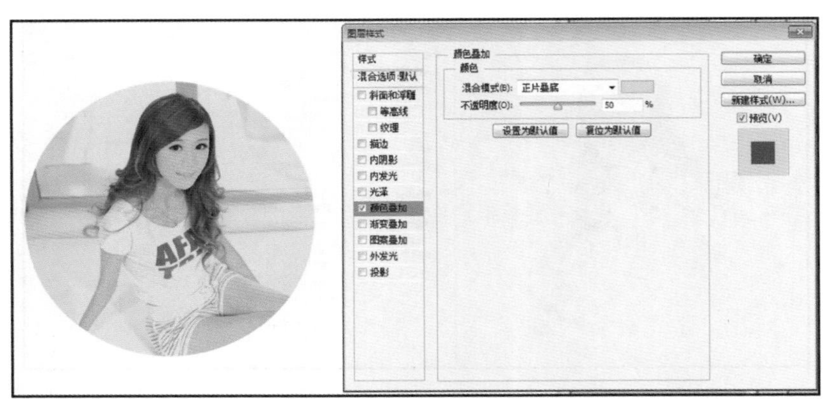

图 3.53　添加“颜色叠加”图层样式后的效果

明如下：

● 渐变：用来设置需要叠加的渐变色。

● 样式：用来设置渐变颜色叠加的方式，可选项有“线性”、“径向”、“角度”、“对称的”和“菱形”。

● 缩放：用来设置渐变颜色之间的融合程度，数值越小，融合程度越低。

● 反向：用来设置反方向叠加渐变色。

●“与图层对齐”复选框：用来设置渐变色由图层中最左侧的像素叠加至最右侧的像素。

如图 3.54 所示为添加“渐变叠加”图层样式后的效果。

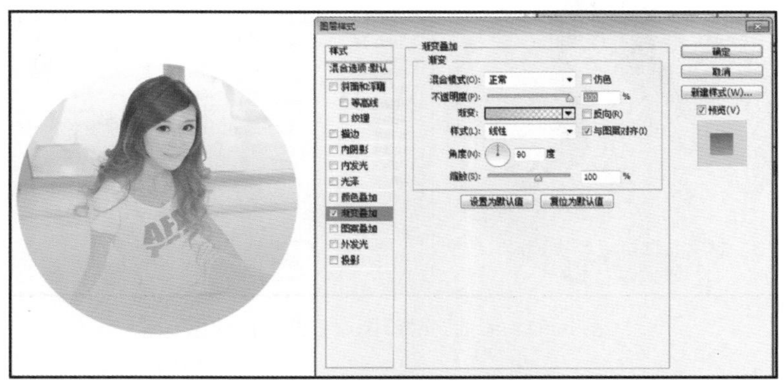

图 3.54　添加“渐变叠加”图层样式后的效果

（9）图案叠加。

用来给图像叠加图案。可在“图层样式”对话框左侧的“样式”选项组中选中“图案叠加”复选框来进行设置。“图案叠加”图层样式的设置方法和“斜面和浮雕”中“纹理”的设置方法完全一样。

说明：颜色叠加、渐变叠加、图案叠加是有主次关系的，主次关系从高到低分别是颜色叠加、渐变叠加和图案叠加。这就是说，如果你同时添加了这三种样式，并且将它们的“不透明度”都设置为“100%”，那么你只能看到“颜色叠加”产生的效果。要想使层次较低的叠加效果显示出来，必须清除上层的叠加效果或者将上层叠加效果的“不透明度”设置为“<100%”的值。

图 3.55 为在图 3.54 所示的图像（已添加“渐变叠加”图层样式）上添加了“图案叠加”图层样式后的效果。

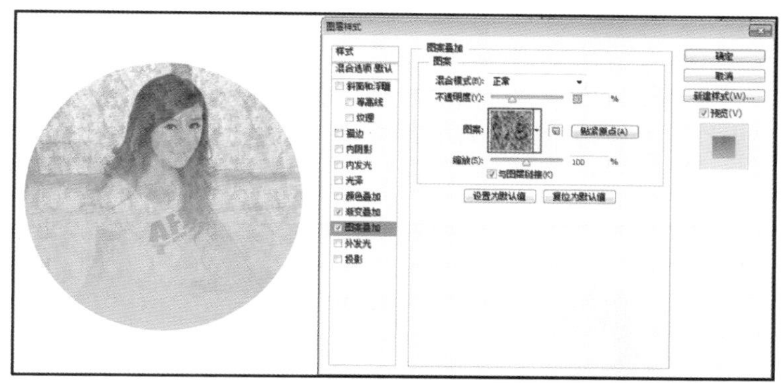

图 3.55 添加“图案叠加”图层样式后的效果

（10）外发光。

用来在图像外侧形成发光效果。可在“图层样式”对话框左侧的“样式”选项组中选中“外发光”复选框后进行设置。添加了“外发光”效果的层好像下面多出了一个层，这个假想层的填充范围比上面的略大，缺省“混合模式”为“滤色”，默认“不透明度”为“75%”，从而产生层的外侧边缘“发光”的效果。

由于默认混合模式是“滤色”，因此如果背景层被设置为白色，那么不论你如何调整外侧发光的设置，效果都无法显示出来。要想在白色背景上看到外侧发光效果，必须将混合模式设置为“滤色”以外的其他值。如图 3.56 所示为在图 3.54（已添加“渐变叠加”图层样式）上添加“外发光”图层样式后的效果。这里将背景层由白色变为天蓝色。

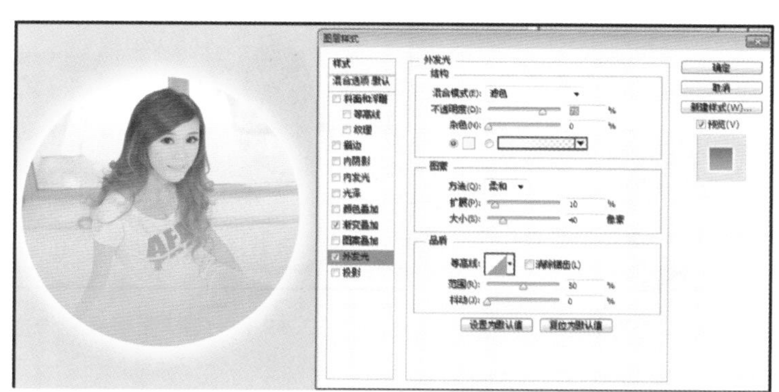

图 3.56 添加“外发光”图层样式后的效果

“外发光”对话框中各主要参数具体说明如下（与前面类似用法的参数不再介绍）：

- 混合模式：用来设置外发光的混合效果。
- 不透明度：用来设置外发光的不透明度。
- 杂色：在外侧的发光效果中添加杂色。
- 方法：在该下拉列表中可以设置“外发光”的方法，选择“柔和”选项，所发出的光线边缘柔和，选择“精确”选项，光线则按图像边缘轮廓出现外发光效果。
- 扩展：用来设置光芒向外扩展的程度。
- 大小：用来设置光芒面积的大小。

● 范围：该参数决定发光的轮廓范围。

● 抖动：该参数用于在发光中随机安排渐变效果，由于渐变的随机性，相当于产生大量杂色。

（11）投影。

添加“投影”效果后，层的下方会出现一个轮廓和层的内容相同的“影子”，这个“影子”有一定的偏移量，默认情况下会向右下角偏移。“阴影”的默认“混合模式”是“正片叠底”，“不透明度”为“75%”。如图 3.57 所示为添加“投影”图层样式后的效果。

图 3.57 添加“投影”图层样式后的效果

选择“图层｜图层样式｜创建图层”菜单，将打开如图 3.58 所示的对话框，单击“确定”后，可以将“阴影”图层样式分离出来，这样就可以对阴影部分做进一步的调整，这里对分离出来的“阴影”图层样式做大小和斜切调整，“图层”面板和图像效果如图 3.59 所示。其他样式也可用同样的操作方法。

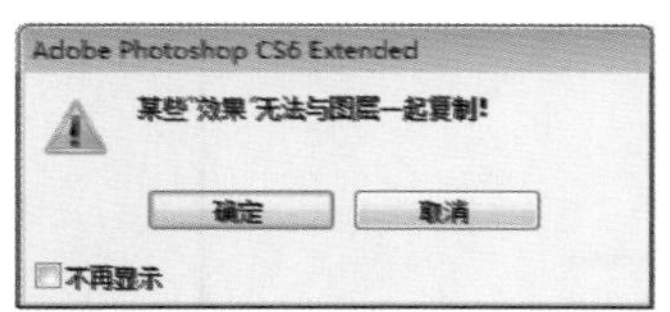

图 3.58 “创建图层”对话框

图 3.59 “图层”面板和图像效果

“投影”对话框中各参数具体说明如下：

● 混合模式：用来设置投影的混合效果。

● 不透明度：用来设置投影的不透明度。

● 角度：用来定义投影投射的方向。

● “使用全局光”复选框：选中该项，则“投影”效果使用全局设置，反之可以自定义角度。在“使用全局光”复选框被选中的情况下，如果改变该角度值，将改变图像中所有图层样式中的角度值。

● 距离：用来设置阴影与图像之间的距离。

● 扩展：用来设置阴影与图像间内部缩小的比例。

● 大小：用来设置阴影的模糊程度。

● 等高线：用来设置阴影的形状，单击等高线缩略图后的下三角形按钮可以打开等高线列表选择等高线，也可以对等高线进行编辑。

●“消除锯齿”复选框：用来调整阴影的渐变效果，可消除锯齿，使渐变柔和化。

● 杂色：用来调整阴影的像素分布，使阴影斑点化。

●“图层挖空投影”复选框：当填充是透明时，模糊化阴影。

2. 图层样式操作

除了对图层样式进行直接编辑外，还可以对图层样式进行一些其他的操作，比如复制图层样式、缩放图层样式、删除图层样式等。

（1）复制图层样式。

用户可以将某一图层中的图层样式复制到另一个图层中，这样既省去了重设的麻烦，又加快了操作速度，具体方法如下：

步骤 1：新建图像文件，输入文字“复制”，适当添加图层样式效果，单击右键，在打开的快捷菜单中单击“拷贝图层样式”命令，或者选择“图层｜图层样式｜拷贝图层样式”菜单。

步骤 2：选择要粘贴图层样式的图层，单击右键，在打开的快捷菜单中单击“粘贴图层样式”命令，或者选择“图层｜图层样式｜粘贴图层样式”菜单即可。

（2）缩放图层样式。

拷贝图层样式可以在不同的图像文件之间进行，如果两个图像文件的分辨率大小不同，得到的图层样式可能不一致。“缩放效果”可以设置图层样式的放大或缩小的倍数，缩放范围为 1%～1000%，但不会缩放图像的大小。具体方法如下：

步骤 1：选择“图层｜图层样式｜缩放效果”菜单，可打开如图 3.60 所示对话框。

步骤 2：设置缩放参数后，单击“确定”按钮即可。图 3.61 所示为原图层样式效果图和设置缩放参数为“50%”后的图层样式效果图。

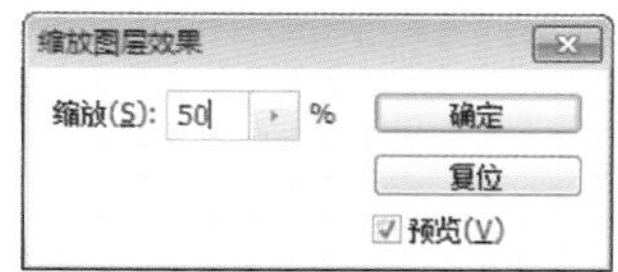

图 3.60　“缩放图层效果”对话框

缩放 缩放

图 3.61　缩放效果

（3）删除图层样式。

当不需要某图层样式时，可以将它删除，具体方法是：选择需要删除图层样式的图层，单击右键，在打开的快捷菜单中单击“清除图层样式”，或者选择“图层｜图层样式｜清除图层样式”菜单即可。

3.2.3　任务实现

步骤 1：新建大小为“100 像素×100 像素”、背景内容为“透明”的文件，其他参数保持默认，“新建”对话框如图 3.62 所示。

步骤 2：选择工具箱上的“矩形选框工具”，并将“矩形选框工具”选项栏中的“样式”设为“固定大小”、“宽度”和“高度”分别为“50 像素”，其他参数保持不变，如图 3.63 所示。

步骤 3：绘制一个矩形选区，并按“Alt+Delete”组合键为矩形选区填充前景色（任意

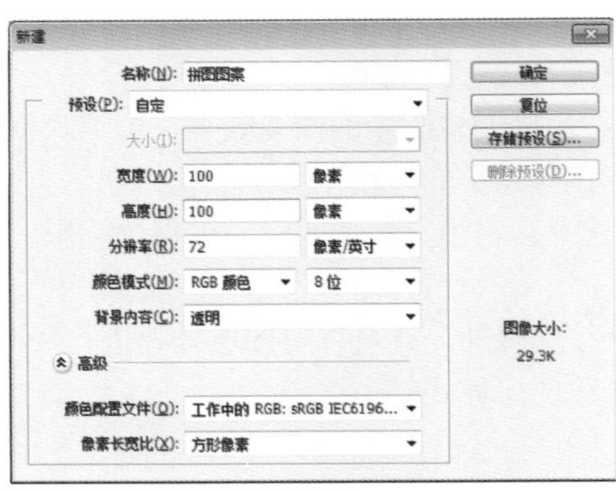

图 3.62 “新建”对话框

图 3.63 “矩形选框工具”的选项栏

颜色)，移动矩形选区再次填充前景色，如图 3.64 所示。然后用“Ctrl+D”组合键取消选区。

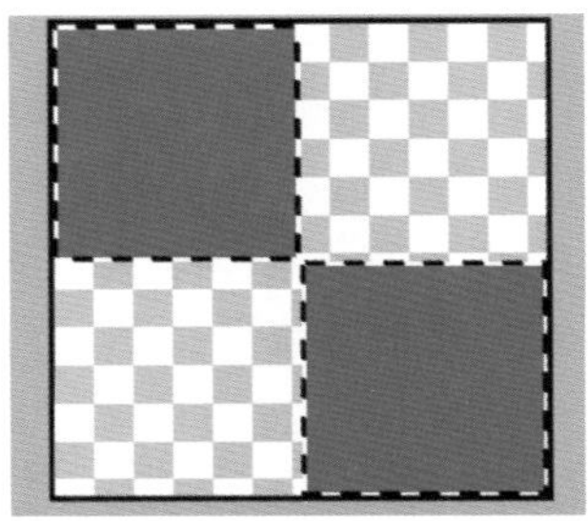

图 3.64 绘制选区并填充前景色

步骤 4：选择“椭圆选框工具”，其选项栏“样式”设为“固定大小”、“宽度”和“高度”分别为“25 像素”，其他参数保持不变，如图 3.65 所示。

图 3.65 “椭圆选框工具”的选项栏

步骤 5：在配套素材文件 03/任务实现/拼图图案.psd 文档中的矩形边上的中间位置创建多个圆形选区，并用“Alt+Delete”组合键为圆形选区填充前景色，用“Delete”键将图像边缘上的两个圆形选区的像素做删除处理，完成后的效果如图 3.66 所示。

图 3.66 创建圆形区域

步骤 6：用“Ctrl＋A”组合键全选，然后选择“编辑｜定义图案”菜单，打开“图案名称”对话框，为图案定义名称，如图 3.67 所示。单击“确定”按钮。

图 3.67　“图案名称”对话框

步骤 7：打开配套素材文件 03/任务实现/车.jpg，并新建空白图层，然后在新建图层上选择“编辑｜填充”菜单，打开“填充”对话框，并在“使用”下拉列表中选择“图案”选项，然后在“自定图案”选项中选择刚刚定义好的拼图图案，如图 3.68 所示，其他参数不变，单击“确定”后，图像效果如图 3.69 所示。

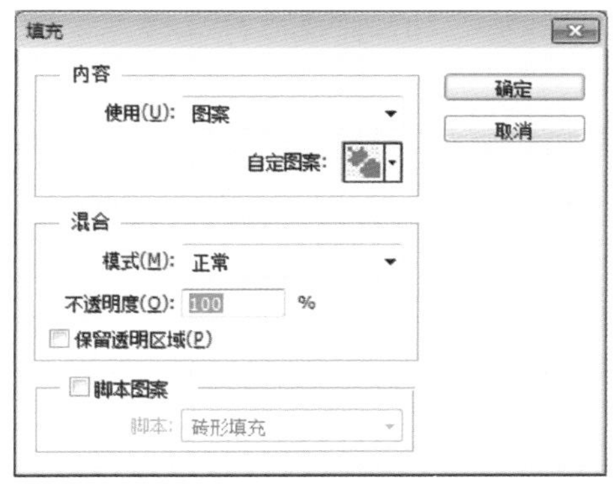

图 3.68　“填充”对话框

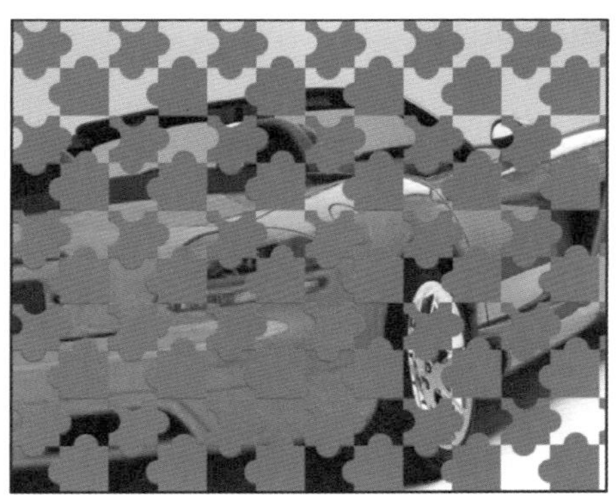

图 3.69　填充拼图图案

步骤 8：按住“Ctrl”键，在“图层”面板上单击图案所在图层，得到图案选区，然后选择“选择｜反向”菜单进行反选，然后在图层上选择“背景”层，在“背景”层上按“Ctrl＋J”组合键将所选区域复制到新层，此时“图层”面板如图 3.70 所示。

图 3.70　“图层”面板

步骤 9：为“图层 1”添加“斜面和浮雕”和“投影”图层样式，样式参数设置如图 3.71 所示。

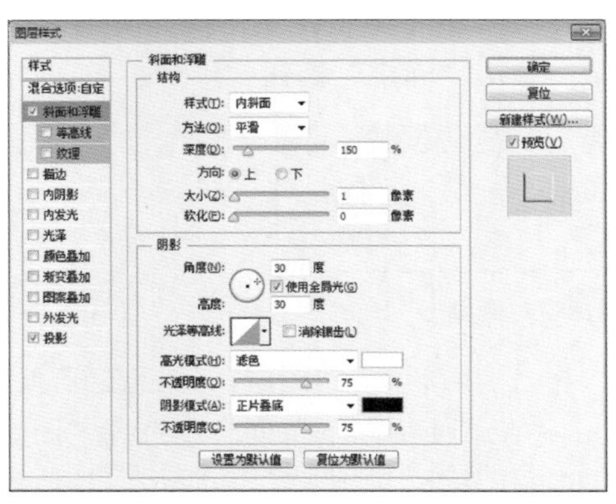

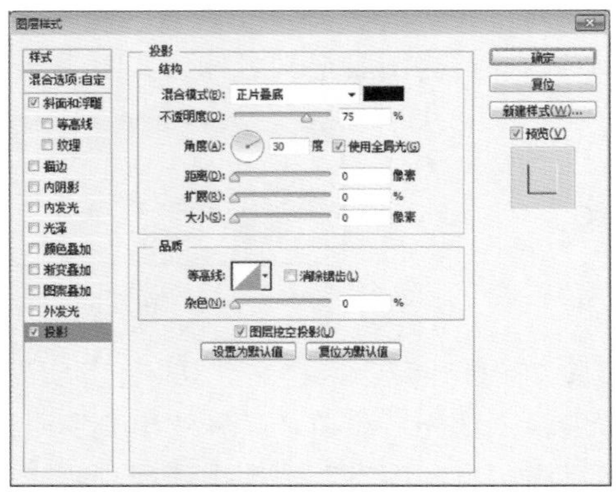

图 3.71　设置图层样式（图层 1）

步骤 10：为“图层 2”添加“斜面和浮雕”和“投影”图层样式，样式参数设置如图 3.72 所示。

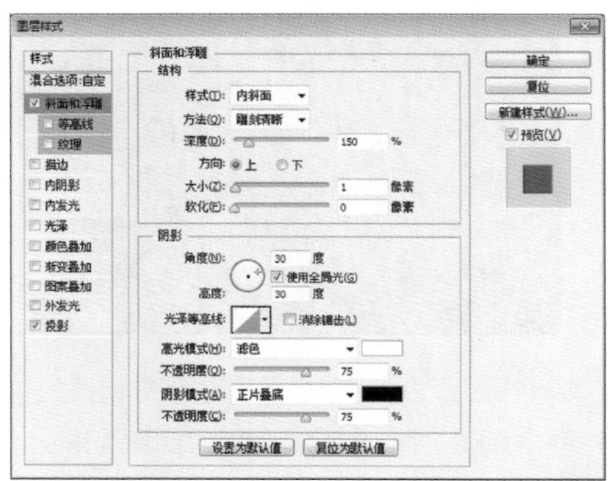

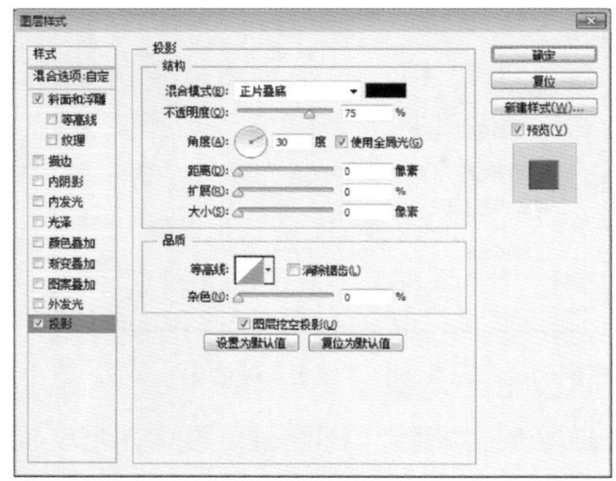

图 3.72　设置图层样式（图层 2）

步骤 11：选择“图层 1”，将“图层”面板上的“填充”值设为“0%”，以便去掉图案的填充颜色，从而显示出车图像的全部，得到的最终效果如图 3.25 所示。

3.2.4　练习实践

综合运用“画笔工具”、“矩形选框工具”、“图层”面板和“图层样式”对素材文件 03/练习实践/宝 1.jpg 、宝 2.jpg、宝 3.jpg 和宝 4.jpg 进行合成，如图 3.73 所示，合成后的效果如图 3.74 所示。

图 3.73　素材图

图 3.74 效果图

任务3 草原风光

3.3.1 任务描述

本任务主要是将四幅素材图像中的部分内容很好地融合在一起，合成后的图像内容丰富、色泽饱满、情景真实。任务中需运用“图案图章工具”、“污点修复画笔工具”和“橡皮擦工具”进行修图，运用多种图层混合模式来润色，图像合成后的效果如图 3.75 所示。

图 3.75 草原风光效果

3.3.2 相关知识

1. 图层混合模式

所谓图层混合模式是指某图层与其下图层的色彩叠加方式，一般使用正常模式，除了正常模式以外，还有很多种混合模式，灵活运用不同的模式可以产生特殊的合成效果。

设定下面图层的颜色为基色，上面图层的颜色为混合色，最终看到的颜色为结果色。下面用 2 幅图来介绍不同的混合模式下颜色发生的变化，其中，图 3.76 中左图为基色，右图为混合色。

（1）正常模式。

系统的默认模式，采用该模式时与原图没有区别，效果如图 3.77 所示。

（2）溶解模式。

若图层的不透明度“<100%”，根据任何像素位置的不透明度，结果色由基色或混合色的像素随机替换。如图 3.78 所示为不透明度设置为“80%”时的图像效果。

图 3.76　基色（左）与混合色（右）效果

图 3.77　正常模式效果

图 3.78　溶解模式效果

（3）变暗模式。

查看每个通道中的颜色信息，并选择基色或混合色中较暗的颜色作为结果色，将替换比混合色亮的像素，而比混合色暗的像素则保持不变。效果如图 3.79 所示。

（4）变亮模式。

查看每个通道中的颜色信息，并选择基色或混合色中较亮的颜色作为结果色，比混合色暗的像素将被替换，比混合色亮的像素则保持不变。效果如图 3.80 所示。

图 3.79　变暗模式效果

图 3.80　变亮模式效果

（5）正片叠底模式。

查看每个通道中的颜色信息，并将基色与混合色复合，结果色总是较暗的颜色。任何颜色与黑色复合产生黑色，任何颜色与白色复合保持不变。当用黑色或白色以外的颜色绘画时，绘画工具绘制的连续描边产生逐渐变暗的颜色。效果如图 3.81 所示。

（6）滤色模式。

查看每个通道的颜色信息，并将混合色的互补色与基色复合，结果色总是较亮的颜色。用黑色过滤时颜色保持不变。用白色过滤时将产生白色。此效果类似于多个幻灯片在彼此之上投影。效果如图 3.82 所示。

图 3.81 正片叠底模式效果

图 3.82 滤色模式效果

（7）颜色加深模式。

查看每个通道中的颜色信息，并通过增加对比度使基色变暗以反映混合色，与白色混合后不产生变化。效果如图 3.83 所示。

（8）颜色减淡模式。

查看每个通道中的颜色信息，并通过减小对比度使基色变亮以反映混合色，与黑色混合则不发生变化。效果如图 3.84 所示。

图 3.83 颜色加深模式效果

图 3.84 颜色减淡模式效果

（9）线性加深模式。

查看每个通道中的颜色信息，并通过减小亮度使基色变暗以反映混合色，与白色混合后不产生变化。效果如图 3.85 所示。

（10）线性减淡模式。

查看每个通道中的颜色信息，并通过增加亮度使基色变亮以反映混合色，与黑色混合则不发生变化。效果如图 3.86 所示。

图 3.85　线性加深模式效果

图 3.86　线性减淡模式效果

（11）深色模式。

比较混合色和基色所有通道值的总和，并显示值较小的颜色。深色模式不会生成第三种颜色（可以通过“变暗”混合获得），因此它将从基色和混合色中选择最小的通道值来创建结果色。效果如图 3.87 所示。

（12）浅色模式。

比较混合色和基色所有通道值的总和，并显示值较大的颜色。浅色模式不会生成第三种颜色（可以通过“变亮”混合获得），因此它将从基色和混合色中选择最大的通道值来创建结果色。效果如图 3.88 所示。

图 3.87　深色模式效果

图 3.88　浅色模式效果

（13）叠加模式。

复合或过滤颜色，具体取决于基色。图案或颜色在现有像素上叠加，同时保留基色的明暗对比。不替换基色，但基色与混合色相混以反映原色的亮度或暗度。效果如图 3.89 所示。

（14）柔光模式。

使颜色变暗或变亮，具体取决于混合色。此效果与发散的聚光灯照在图像上相似。如果混合色（光源）比 50% 灰色亮，则图像变亮，就像被减淡了一样。如果混合色（光源）比

50% 灰色暗，则图像变暗，就像被加深了一样。用纯黑色或纯白色绘画会产生明显较暗或较亮的区域，但不会产生纯黑色或纯白色。效果如图 3.90 所示。

图 3.89　叠加模式效果

图 3.90　柔光模式效果

（15）强光模式。

复合或过滤颜色，具体取决于混合色。此效果与耀眼的聚光灯照在图像上相似。如果混合色（光源）比 50% 灰色亮，则图像变亮，就像过滤后的效果。这对于向图像添加高光非常有用。如果混合色（光源）比 50% 灰色暗，则图像变暗，就像复合后的效果。这对于向图像添加阴影非常有用。用纯黑色或纯白色绘画会产生纯黑色或纯白色。效果如图 3.91 所示。

（16）亮光模式。

通过增加或减小对比度来加深或减淡颜色，具体取决于混合色。如果混合色（光源）比 50% 灰色亮，则通过减小对比度使图像变亮。如果混合色比 50%灰色暗，则通过增加对比度使图像变暗。效果如图 3.92 所示。

图 3.91　强光模式效果

图 3.92　亮光模式效果

（17）线性光模式。

通过减小或增加亮度来加深或减淡颜色，具体取决于混合色。如果混合色（光源）比 50%灰色亮，则通过增加亮度使图像变亮。如果混合色比 50%灰色暗，则通过减小亮度使图像变暗。效果如图 3.93 所示。

（18）点光模式。

根据混合色替换颜色，如果混合色（光源）比 50%灰色亮，则替换比混合色暗的像素，而不改变比混合色亮的像素，如果混合色比 50%灰色暗，则替换比混合色亮的像素，而比混合色暗的像素则保持不变，这对于向图像添加特殊效果非常有用。效果如图 3.94 所示。

图 3. 93　线性光模式效果

图 3. 94　点光模式效果

（19）实色混合模式。

用于将基色和混合色进行混合，使其达成统一的效果。效果如图 3.95 所示。

（20）差值模式。

查看每个通道中的颜色信息，并从基色中减去混合色，或从混合色中减去基色，具体取决于哪一个颜色的亮度值更大。与白色混合将反转基色值，与黑色混合则不产生变化。效果如图 3.96 所示。

图 3.95　实色混合模式效果

图 3.96　差值模式效果

（21）排除模式。

创建一种与差值模式相似但对比度更低的效果，与白色混合将反转基色值，与黑色混合则不发生变化。效果如图 3.97 所示。

（22）减去模式。

从目标通道中相应的像素上减去源通道中的像素值，此结果将除以“缩放”因数并添加到“位移”值。“缩放”因数可以是介于 1.000～2.000 的任何数字。可以使用“位移”值，通过任何介于－255～＋255 的亮度值使目标通道中的像素变暗或变亮。效果如图 3.98 所示。

图 3.97　排除模式效果

图 3.98　减去模式效果

（23）划分模式。

假设上面图层选择划分，那么所看到的图像是，下面的可见图层根据上面图层颜色的纯度，相应减去了同等纯度的该颜色，同时上面颜色的明暗度不同，被减去区域图像的明度也不同，上面图层颜色越亮，图像亮度变化就会越小，上面图层越暗，被减区域图像就会越亮。也就是说，如果上面图层是白色，那么不会减去颜色，也不会提高明度，如果上面图层是黑色，那么所有不纯的颜色都会被减去，只留着最纯的三原色及其混合色。效果如图 3.99 所示。

（24）色相模式。

用基色的亮度和饱和度以及混合色的色相创建结果色。效果如图 3.100 所示。

图 3.99　划分模式效果

图 3.100　色相模式效果

（25）饱和度模式。

用基色的亮度和色相以及混合色的饱和度创建结果色。在灰色的区域上用此模式不会产生变化。效果如图 3.101 所示。

（26）颜色模式。

用基色的亮度以及混合色的色相和饱和度创建结果色，这样可以保留图像中的灰阶，对于给单色图像上色和给彩色图像着色非常有用。效果如图 3.102 所示。

图 3.101　饱和度模式效果

图 3.102　颜色模式效果

（27）明度模式。

用基色的色相和饱和度以及混合色的亮度创建结果色。此模式创建与颜色模式相反的效果。效果如图 3.103 所示。

图 3.103　明度模式效果

在设置图层混合模式时，初学者往往不会一步到位地选择到合适的混合模式。不用着急，可先在模式下拉列表中选择任意一种混合模式来观察效果。如滤色和正片叠底所在组的模式是相互对应的，其中滤色可以过滤掉黑色，而正片叠底可以过滤掉白色，这样可为以黑白图片为底色的素材省去了麻烦的抠图操作。

2. 调整图层

“图层｜新建调整图层”菜单命令与“图像调整”菜单命令类似，不同之处在于前者能让用户对试用颜色和色调进行调整，而不会永久地改变图像的像素。调整图层会影响在它之下的所有图层或者当前操作图层，点击菜单“图层｜新建调整图层”下的任一命令，会弹出如图 3.104 所示的“新建图层”对话框，勾选该对话框中的“使用前一图层创建剪贴蒙版”表示只作用于当前操作图层，不勾选表示作用于当前图层之下的所有图层，此时的操作与点击“图层”面板上的按钮的效果一样。

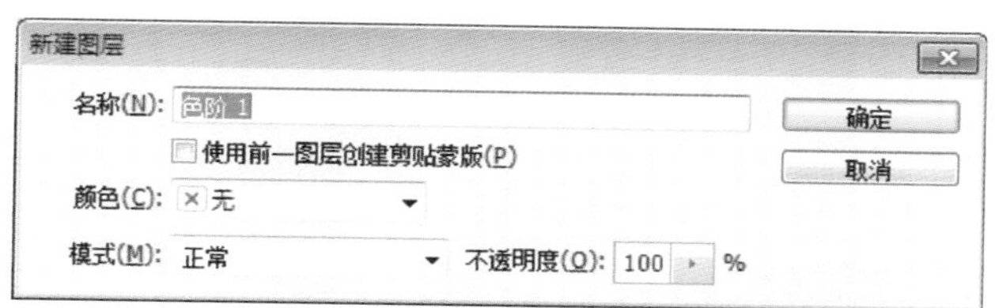

图 3.104 “新建图层”对话框

3.3.3 任务实现

步骤 1：新建大小为“10 厘米×8 厘米”、分辨率为“300 像素/英寸”，其他参数采用默认值，文件名为“草原风光.psd”的文件。

步骤 2：打开配套素材文件 03/任务实现/草原.jpg，如图 3.105 所示，将文件移入“草原风光”文件中，缩放到合适大小，选择“图案图章工具”修复左下部和右下部的两个区域。

图 3.105 素材图

步骤 3：选取部分毡房，将位置向左微移，并选择“图案图章工具”和“污点修复画笔工具”将草原进行修复，修复后的草原效果和此时的“图层”面板如图 3.106 所示。

图 3.106 修复后的草原图像和“图层”面板

步骤 4：使用“Ctrl+Alt+Shift+E”组合键盖印图层后，再将盖印图层复制，设置该图层混合模式为“叠加”，图层不透明度为“37%”，修补后的图像效果和“图层”面板如图 3.107 所示。

图 3.107　修补后的草原图像和“图层”面板

步骤 5：选择“图层”面板上的“创建新图层”按钮，设置该图层填充颜色为“#1a9606”，图层混合模式为“柔光”，图层不透明度为“50%”，此时图像效果和“图层”面板如图 3.108 所示。

图 3.108　润色后的草原图像和“图层”面板

步骤 6：打开 03/任务实现/天空 .jpg 图像文件，缩放至合适大小，调整到覆盖住草原图片灰色天空的位置，图层混合模式为“变暗”，不透明度为“100%”，将“橡皮擦工具”的硬度置为“0%”，不透明度为“60%”，适当擦除与草原重叠的多余的天空部分，效果如图 3.109 所示。

步骤 7：选择“Ctrl＋Alt＋Shift＋E”组合键盖印图层后，再将盖印图层复制，设置图层混合模式为“正片叠底”，图层的不透明度为“25%”，此时“图层”面板如图 3.110 所示。

图 3.109　加入天空后的草原图像

图 3.110　“图层”面板

步骤 8：打开配套素材文件 03/任务实现/马 .jpg，设置图层混合模式为“变暗”，“图层”面板如图 3. 111 所示，用软橡皮擦擦除多余部分，将马缩小，并放置到如图 3. 112 所示的位置。

图 3. 111　“图层”面板

图 3. 112　加入马后的草原图像

步骤 9：打开配套素材文件 03/任务实现/风车 . jpg，使用“多边形套索工具”或“钢笔工具”将风车抠出，同时对不完整的扇叶进行修补，修补方法是在一个完好的扇叶上复制一部分接到不完整的扇叶上，缩放风车大小，并放置到如图 3. 113 所示的位置。

图 3. 113　加入风车后的草原图像

步骤 10：复制风车图层，将风车再缩小并放置到如图 3. 114 所示的位置，此时“图层”面板如图 3. 115 所示。

图 3. 114　复制、调整风车图层

图 3. 115　“图层”面板

步骤 11：使用“Ctrl＋Alt＋Shift＋E”组合键盖印图层，选择将图像整体调暗。“曲线”对话框如图 3. 116 所示。

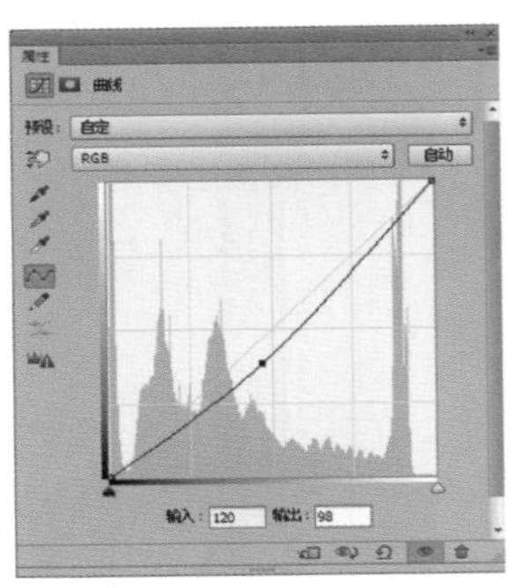

图 3.116 “曲线”对话框

3.3.4 练习实践

对配套素材文件 03/任务实现/练习实践中的背景 5.jpg 和人物 5.jpg 进行合成，如图 3.117 所示。使用“图层”面板上的中的“色阶”来校正图像，用“画笔工具”和“图层蒙版”合成图像，合成后的效果如图 3.118 所示。

图 3.117 素材图

图 3.118 效果图

任务 4 电影海报

3.4.1 任务描述

本任务是将三幅素材图像合成制作出电影海报的效果。任务中使用了“新建调整图层”、“图层蒙版”、“图层样式”、“文字工具”等，海报效果如图 3.119 所示。

图 3.119 电影海报效果

3.4.2 相关知识

1. 认识蒙版

图层蒙版是以图层为基础的，可以说它是 Photoshop 中集图层和蒙版功能为一体的强大工具。图层蒙版是 Photoshop 图层的精华，使用图层蒙版可以创建出多种梦幻般的图像。通过更改图层蒙版，可以将大量特殊效果应用到图层，而不会影响该图层上的像素。

图层蒙版可以将图层中图像的某些部分处理成透明和半透明的效果，而且可以恢复已经处理过的图像，是 Photoshop 的一种独特的图像处理方式。当要给图像的某些区域运用颜色变化、滤镜和其他效果时，蒙版能隔离和保护图像的其余区域。

下面通过一个实例来进一步理解图层蒙版的用法。

步骤 1：任意打开一幅素材图，这里如图 3.120 所示，选择背景层双击，将背景层转变为普通图层，然后再新建一图层，将该图层移至最底层，并填充颜色。此时“图层”面板如图 3.121 所示。

图 3.120 素材图

图 3.121 “图层”面板

步骤 2：选择“椭圆选框工具”，设置“羽化”值为“30”，然后单击“图层”面板底部的“添加图层蒙版”按钮，此时图像效果如图 3.122 所示，“图层”面板如图 3.123 所示。

图 3.122　效果图

图 3.123　“图层”面板

上述操作从效果图上看，与用羽化删除图像像素的方法非常类似，但是从“图层”面板可以发现，运用了图层蒙版后的最大的好处就是并没有真正删除图像像素，为后期修改图像起到了很好的保护作用。

2. 新建图层蒙版

选择将要添加图层蒙版的图层，单击“图层”面板中的“添加图层蒙版”按钮，或者选择“图层｜图层蒙版｜显示全部”菜单，即可创建一个图层蒙版，此时图层旁边就会出现一个白色的蒙版，此时“图层”面板及其对应的图像效果如图 3.124 所示。

图 3.124　“图层”面板及其对应的图像效果（未遮盖图层）

按住键盘上的“Alt”键，单击“图层”面板中的“添加图层蒙版”按钮，或者选择“图层｜图层蒙版｜隐藏全部”菜单，可以创建一个遮盖全部图层的蒙版，“图层”面板及其对应的图像效果如图 3.125 所示。

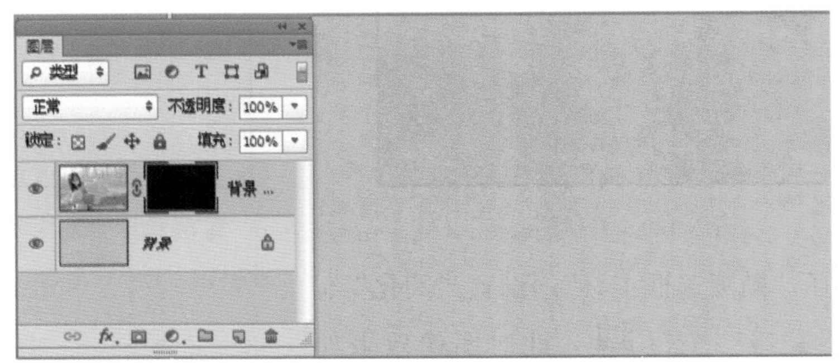

图 3.125　“图层”面板及其对应的图像效果（遮盖全部图层）

3. 编辑图层蒙版

图层蒙版可以看作是灰度图像，蒙版中白色区域对应的图像是完全可见的，黑色区域对应的图像是完全不可见的，灰色区域对应的图像是半透明的。所以如果要隐藏图层中某区域，可将蒙版中相应位置设置为黑色；如果要显示图层中某区域，可将蒙版中相应位置设置为白色；如果要使图层中某区域可见，可将蒙版中相应位置设置为灰色。如图 3.126 所示为“图层蒙版缩览图”的状态及其对应的图像效果。

图 3.126 “图层蒙版缩览图”的状态及其对应的图像效果

图层蒙版中的白色、灰色、黑色区域是可以任意改变的，编辑的方法和编辑灰度图像基本相同。需要注意的是，在选择蒙版时一定要注意确认操作对象是“蒙版”而不是图像本身。当选中“蒙版”时，图像编辑窗口的标题栏中会出现“图层蒙版”的字样，表示当前编辑的对象是“蒙版”；也可以直接在“图层”面板中观察，当选中“蒙版”时，“图层蒙版缩览图”周围会出现一个白色方框和一个黑色方框。

4. 删除及应用图层蒙版

删除图层蒙版是指去除蒙版，不考虑其对图层的作用；应用图层蒙版是指按图层蒙版所定义的灰度，定义图层中像素分布的情况，保留蒙版中白色区域对应的像素，删除蒙版中黑色区域所对应的像素。

要删除图层蒙版，可按以下任一方法进行操作：

● 选择要删除的“图层蒙版缩览图”，然后将它拖到🗑按钮上，在打开的对话框中单击“删除”按钮即可。

● 选择“图层｜图层蒙版｜删除”菜单即可。

要应用图层蒙版，可按以下任一方法进行操作：

● 激活“图层蒙版缩览图”，单击“图层”面板下方的🗑按钮，在打开的如图 3.127 所示的提示对话框中单击“应用”按钮即可。

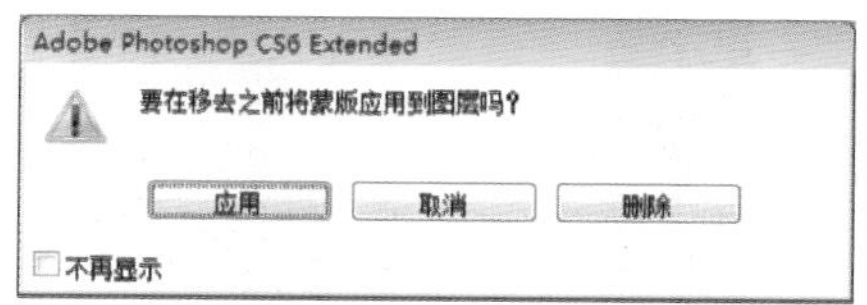

图 3.127 应用蒙版对话框

● 选择“图层｜图层蒙版｜应用”菜单即可，如图 3.128 所示是应用蒙版前后“图层”面板的状态。

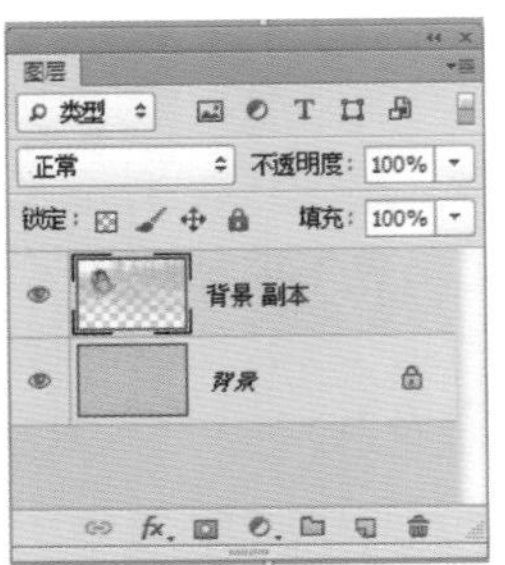

图 3.128　应用蒙版前后“图层”面板的状态

5. 启用和停用图层蒙版

要停用图层蒙版，只需选中图层蒙版，选择“图层｜图层蒙版｜停用”菜单即可；当图层蒙版的图标出现一个大红叉时，如图 3.129 所示，表示图层蒙版处于停用状态，此时图层中的图像会恢复原状。

要启用图层蒙版，可选中“图层蒙版缩览图”，选择“图层｜图层蒙版｜启用”菜单，即可启用图层蒙版。

图 3.129　停用图层蒙版

3.4.3　任务实现

步骤 1：打开配套素材文件 03/任务实现/海报背景 .jpg、人物 W.jpg 和人物 M.jpg 三幅素材图像，如图 3.130 所示。

图 3.130　素材图

步骤 2：在“海报背景”层上双击，将弹出“新建图层”对话框，点击“确定”按钮，此时背景层转换成普通图层。点击菜单“图层｜新建调整图层｜色彩平衡”选项，弹出“新建图层”对话框，并勾选“使用前一图层创建剪贴蒙版”，如图 3.131 所示。

图 3.131 “新建图层”对话框

步骤 3：点击“确定”按钮，弹出“属性”下的“色彩平衡”选项，选择色调下的“阴影”选项，“阴影”参数设置和图像效果如图 3.132 所示。

图 3.132 “阴影”参数设置和图像效果

步骤 4：选择色调下的“高光”，参数设置、图像效果及此时“图层”面板如图 3.133 所示。调整图像色调下“阴影”和“高光”的目的是使背景的整体色调符合设计主题。

图 3.133 “高光”参数设置和图像效果及“图层”面板

步骤 5：将人物 W 图像移至海报背景图像中，选择“Ctrl＋T”组合键调整大小为原来的“50％”，与调整背景图层的方法一样，使用“图层｜新建调整图层｜色彩平衡”选项，并勾选“使用前一图层创建剪贴蒙版”，对图像进行色调调整，使其与背景图像的色调相协调，“阴影”和“高光”的调整如图 3.134 所示。

步骤 6：在人物 W 图像上做矩形选区，并将该选区的羽化值设为“40 像素”，单击“图层”面板上的“添加图层蒙版”按钮，为人物 W 添加图层蒙版，用“画笔工具”在图层蒙版的羽化边缘上做反复处理，直到满意为止，最后将该图层的不透明度设为“60％”，图像效果和“图层”面板如图 3.135 所示。

步骤 7：将人物 M 移到背景图像中，选择“Ctrl＋T”组合键将大小调整为原来的

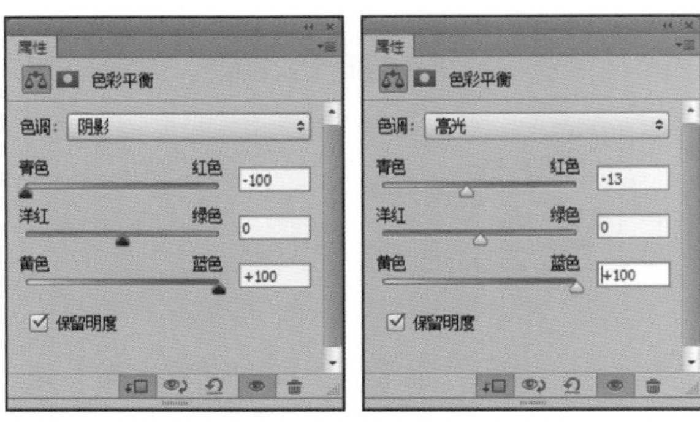

图 3.134　调整人物 W 的“阴影”和“高光”

图 3.135　图像效果和“图层”面板（步骤 6）

“44%”，与调整人物 W 的方法一样，将人物 M 色调进行调整，以与背景色调统一，“阴影”和“高光”的调整如图 3.136 所示。

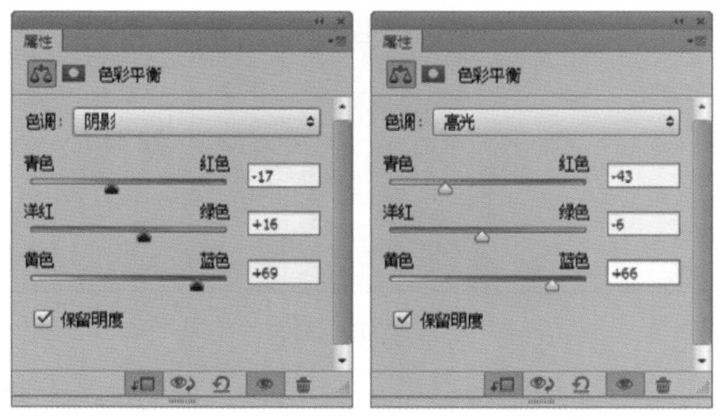

图 3.136　调整人物 M 的“阴影”和“高光”

步骤 8：选择人物 M 图层，选择“魔棒工具”，“容差”采用默认值，单击背景区域，得到背景区域选区，单击“图层”面板上的“添加图层蒙版”按钮，此时图像效果和“图层”面板如图 3.137 所示。

步骤 9：将前景色设为黑色，选中蒙版图层，使用“Alt+Delete”组合键填充前景色，将选区图像隐藏，此时图像效果和“图层”面板如图 3.138 所示。

步骤 10：按“Ctrl+D”组合键取消选区，选择“直排文字工具”，设置字体为“楷体”、字号为“48 点”、字体颜色为“白色”，输入直排文字“午夜的邂逅”。

图 3.137　图像效果和“图层”面板（步骤 8）

图 3.138　图像效果和“图层”面板（步骤 9）

步骤 11：在文字“午夜的邂逅”所在图层，选择“滤镜｜风格化｜风”，弹出如图 3.139 所示的对话框，单击“确定”按钮，弹出“风”滤镜对话框，参数设置如图 3.140 所示，单击“确定”按钮，图像效果如图 3.141 所示。

图 3.139　“栅格化”对话框

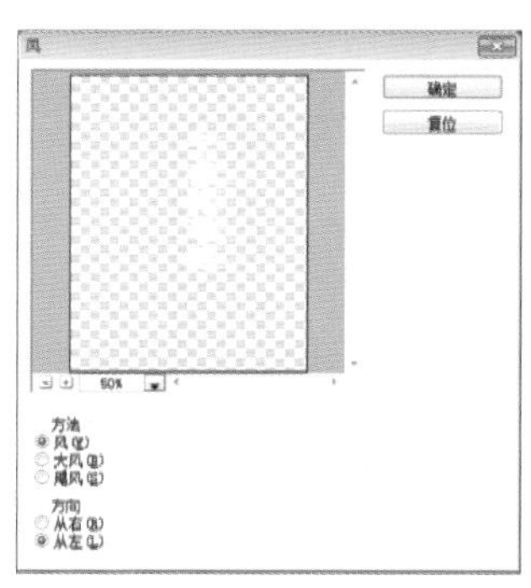

图 3.140　“风”滤镜对话框

图 3.141　图像效果

步骤 12：在“图层”面板上双击“午夜的邂逅”图层空白处，弹出“图层样式”对话框，选择“投影”，参数采用默认值，此时图像效果和“图层”面板如图 3.142 所示。

图 3.142　图像效果和“图层”面板（步骤 12）

步骤 13：选择“横排文字工具”，设置字体为“黑体”、字号为“16 点”、字体颜色为“白色”，在图像的右下角输入横排文字“东方影视传播公司监制”，为文字添加图层样式的“投影”效果，参数采用默认值，图像效果和“图层”面板如图 3.143 所示。

图 3.143　图像效果和“图层”面板（步骤 13）

步骤 14：选择“横排文字工具”，设置字体为“黑体”、字号为“16 点”、字体颜色为“白色”，在图像的左上角输入文字“畅想 无语作品”，图像上新输入的其他文字的字体为“黑体”、字号为“16 点”、字体颜色为“黑色”。

步骤 15：按“Ctrl＋Shift＋Alt＋E”组合键盖印可见图层，并将盖印后的图层混合模式设为“柔光”、不透明度设为“70％”，此时图像效果和“图层”面板如图 3.144 所示。至此电影海报制作完成。

图 3.144　图像效果和“图层”面板（步骤 15）

3.4.4　练习实践

合成 03/练习实践/婚纱 1.jpg、婚纱 2.jpg 和婚纱 3.jpg，如图 3.145 所示。练习使用“图层蒙版”功能和图层样式中的“投影”、“内发光”和“外发光”效果，再用“横排文字工具”、“直排文字工具”和“画笔工具”进行修饰，合成后的效果如图 3.146 所示。

图 3.145　素材图

图 3.146　效果图

项目 4　网页设计应用

教学目标

- 掌握网页标志的设计方法。
- 掌握网页导航的设计方法。
- 掌握网页模板的设计方法。
- 了解切片工具的使用。

课前导读

网页设计是平面设计人员的主要设计方向之一，网页是图像与文字、图像与图像的组合，这种组合具有有序、和谐和变化等特征。一个完整的网页由 LOGO（又名网页标志）、Banner（又名广告横幅）、导航、文字及图像等组成。本项目将以网页标志设计、网页导航设计、网页模板设计三个任务来介绍网页设计的一般过程及方法。

任务 1　网页标志设计

4.1.1　任务描述

网站标志，也称网站 LOGO，可代表一个网站或网站的一个板块，是网站中不可或缺的组成部分，也可作为其他网站与本网站链接的标志。本任务是运用“自定形状工具”、“矩形选框工具”、“多边形套索工具”、“横排文字工具”和“图层样式”等为一酒店网站制作标志，效果如图 4.1 所示。

4.1.2　任务实现

本任务的实现步骤如下：

步骤 1： 在 Photoshop 中新建大小为“200 像素×200 像素”、背景内容为“白色”、颜色模式为“RGB 颜色”、分辨率为“72 像素/英寸”的图像文件。

步骤 2： 设置前景色为“红色”，选择“圆角矩形工具”，设置选项栏上的绘图模式为“像素”，半径为“10 像素”，如图 4.2 所示。

GRAND LIBO HOTEL
------丽波大酒店------

图 4.1　酒店网站标志

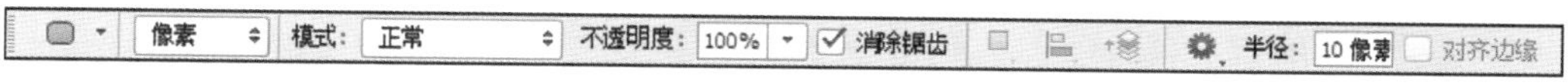

图 4.2 “圆角矩形工具”的选项栏

步骤 3：在“图层”面板上单击“创建新图层”按钮，在新建的图层上绘制红色圆角矩形，如图 4.3 所示。

步骤 4：选择“横排文字工具”，在选项栏上设置字体为“Franklin Gothic Demi”（也可选择某种粗壮些的英文字体）、字号为“100 点”，消除文字锯齿方式为“锐利”，在红色圆角矩形上输入字母“B”字样。

步骤 5：用“移动工具”将字母“B”移动到红色圆角矩形的中间位置，效果如图 4.4 所示。

图 4.3 绘制红色圆角矩形

图 4.4 输入字母“B”

步骤 6：在“图层”面板上，选择文字图层“B”，单击右键，在弹出的快捷菜单中单击“栅格化文字”命令，将文字图层转换为普通图层。

步骤 7：按住“Ctrl”键，在“图层”面板上，选择文字图层“B”，得到字母“B”字样的选区。

步骤 8：保持“B”形选区，选择“图层 1”，按“Delete”键删除“B”形选区中的红色像素。此时“图层”面板如图 4.5 所示。此操作的目的是使“B”形选区在圆角矩形上变为透明区域。

步骤 9：隐藏文字图层“B”，“图层”面板如图 4.6 所示。

图 4.5 “图层”面板

图 4.6 隐藏文字图层“B”

步骤 10：选择“矩形选框工具”，选中“图层 1”，绘制一矩形选区，选区的宽度和高度如图 4.7 所示。再按“Delete”键删除选区中的红色像素。

步骤 11：按“向下”键将矩形选区移动到字母“B”下方，如图 4.8 所示，再按“Delete”键删除选区中的红色像素。按“Ctrl+D”组合键取消矩形选区。

步骤 12：选择“多边形套索工具”在红色圆角矩形右侧边上的中间位置制作三角形选区，按“Delete”键删除三角形区域中的红色像素，按“Ctrl+D”组合键取消选区，如图 4.9 所示。

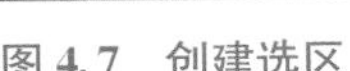

图 4.7　创建选区

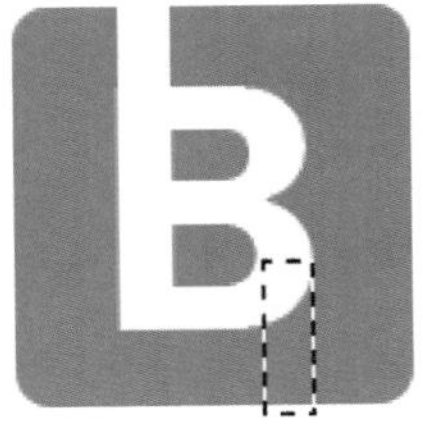

图 4.8　下移选区

图 4.9　删除区域

步骤 13：按“Ctrl＋T”组合键，将“图层 1”中的圆角矩形旋转“45”度，此时圆角矩形如图 4.10 所示。

步骤 14：在“图层”面板上，双击“图层 1”，弹出“图层样式”对话框，单击“图案叠加”选项，图案选择“岩石图案”中的“红岩”，将不透明度置为“30％”，混合模式置为“正片叠底”，如图 4.11 所示，设置完成后，圆角矩形效果如图 4.12 所示。

图 4.10　旋转圆角矩形

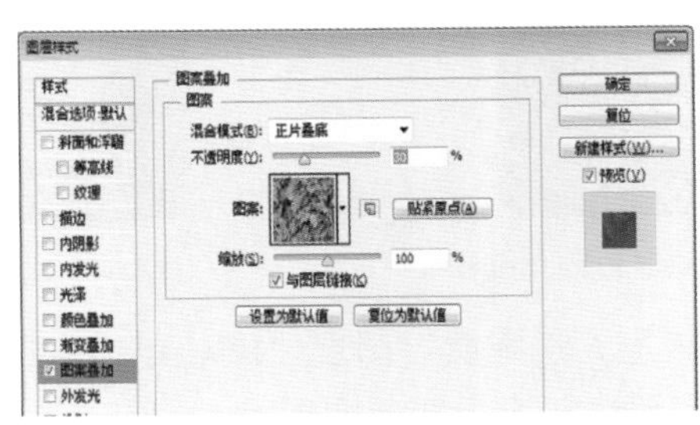

图 4.11　“图层样式”对话框

图4.12　添加“图层样式”后的效果

步骤 15：选择“横排文字工具”，设置字体为“Franklin Gothic Demi”、字号为“18 点”、颜色为“黑色”，输入文字“GRAND LIBO HOTEL”。设置字体为“黑体”、字号为“18 点”、颜色为“红色”，输入文字“————丽波大酒店————”，最终效果如图 4.1 所示。

4.1.3　练习实践

运用“椭圆选框工具”、“矩形选框工具”、“渐变工具”、“自定形状工具”和“横排文字工具”等制作优久网 LOGO，效果如图 4.13 所示。

运用工具箱中“多边形工具”制作三角形，用“多边形套索工具”制作类似“7”的形状，填充红色，再用“横排文字工具”添加文字，为 THRIVE 运动品牌网站制作 LOGO，效果如图 4.14 所示。

图 4.13　优久网 LOGO

图 4.14　THRIVE 运动品牌网站 LOGO

任务 2　网页导航设计

4.2.1　任务描述

网站导航的主要功能在于引导用户方便地访问网站内容，同时导航也是评价网站专业

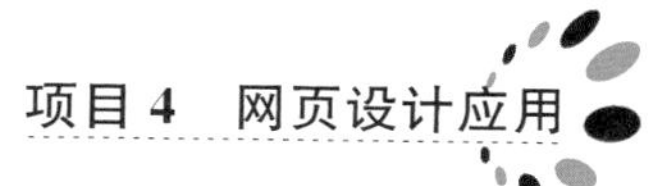

度、可用度的重要指标。本任务主要是用“渐变工具”、“横排文字工具”和“图层样式”等为某公司网站制作导航，效果如图 4.15 所示。

图 4.15　效果图

4.2.2　任务实现

步骤 1： 在 Photoshop 中创建大小为“550 像素×60”像素、背景内容为“白色”、颜色模式为“RGB 颜色”、分辨率为“72 像素/英寸”的图像文件。

步骤 2： 选择“圆角矩形工具”，设置绘图模式为“像素”，半径设置为“30 像素”。

步骤 3： 在“图层”面板上新建“图层 1”，在“图层 1”上创建任意色的圆角矩形，如图 4.16 所示。

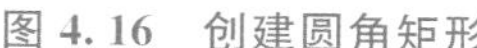

图 4.16　创建圆角矩形

步骤 4： 前景色设置为“#296119”，背景色设置为“#62a419”，按住“Ctrl”键并单击图层缩略图，生成对应的圆角矩形选区。

步骤 5： 选择工具箱上的“渐变工具”，再选择选项栏中的“线性渐变”，按“Shift”键由上向下拉竖直线填充渐变色，效果如图 4.17 所示。

图 4.17　填充渐变色

步骤 6： 在“图层”面板上双击圆角矩形，弹出“图层样式”对话框，为圆角矩形添加“投影”和“描边”图层样式，如图 4.18 所示。其中“投影”图层样式参数使用默认值，“描边”图层样式参数设置如图 4.19 所示。

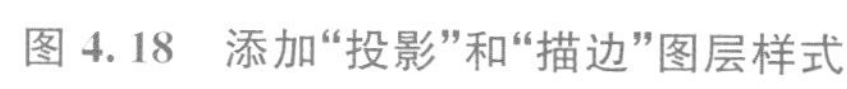

图 4.18　添加“投影”和“描边”图层样式

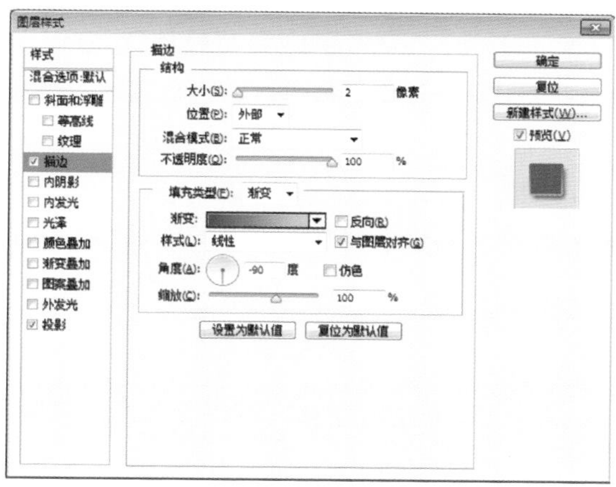

图 4.19　设置“描边”图层样式

步骤 7：在“图层”面板上单击“创建新图层”按钮，选择工具栏上的“圆角矩形工具”创建第二个圆角矩形，大小约为前一个圆角矩形的 1/2 左右。

步骤 8：前景色设置为“＃a5d514”，背景色设置为“＃33900e”，重复步骤 4 的方法为其填充渐变色，效果如图 4.20 所示。

图 4.20　为第二个圆角矩形填充渐变色

步骤 9：在“图层”面板上单击“创建新图层”按钮，设置前景色为“＃a5d514”，选择“直线工具”，设置选项栏上的绘图模式为“像素”、半径为“2 像素”，创建竖直线。

步骤 10：选择“橡皮擦工具”，在选项栏上添加“方头画笔”，并把大小设为“3 像素”，然后用“橡皮擦工具”在黄色直线上擦除几次，使直线变为虚线，效果如图 4.21 所示。

图 4.21　制作虚线分隔线

步骤 11：在“图层”面板上将黄色虚线所在图层复制四次，使用“移动工具”把最上边图层的黄色虚线移到导航的右边，效果如图 4.22 所示。

图 4.22　移动虚线

步骤 12：在“图层”面板上，按“Shift”键选择黄色虚线所在的五个图层，选择“图层｜分布｜水平居中”菜单，将五个虚线分隔线均匀分布，再选择“图层｜对齐｜底边”菜单，将虚线底边对齐，完成效果如图 4.23 所示。

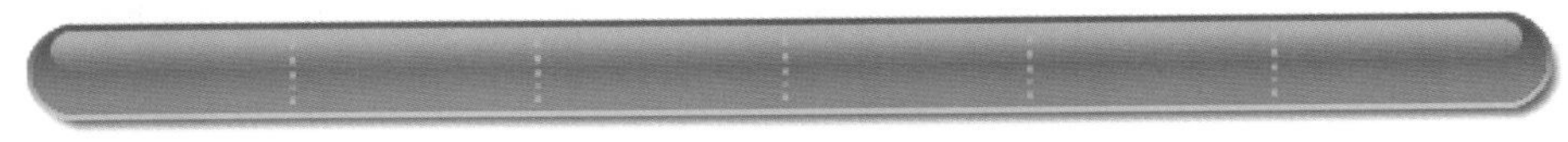

图 4.23　排列分隔线

步骤 13：选择“横排文字工具”，设置字体为“黑体”、字号为“12 点”、颜色为“白色”，输入导航文字，重复步骤 12 中的分布与对齐的方法，最终效果如图 4.15 所示。

4.2.3　练习实践

练习运用“矩形选框工具”、“渐变工具”和“横排文字工具”等制作网页导航。用绿色和深灰色线性渐变制作导航背景，再用不同色系的渐变制作导航按钮，输入相关文字，完成后的导航效果如图 4.24 所示。

图 4.24　效果图

任务3 网页模板设计

4.3.1 任务描述

本任务主要完成一整套网页模板的设计，这套模板包括一个主页和五个分页，共六个页面，任务首先完成主页的设计，然后在主页的基础上生成分页面的框架，进而再生成每个具体的分页，完成后的主页和分页效果如图 4.25 所示。

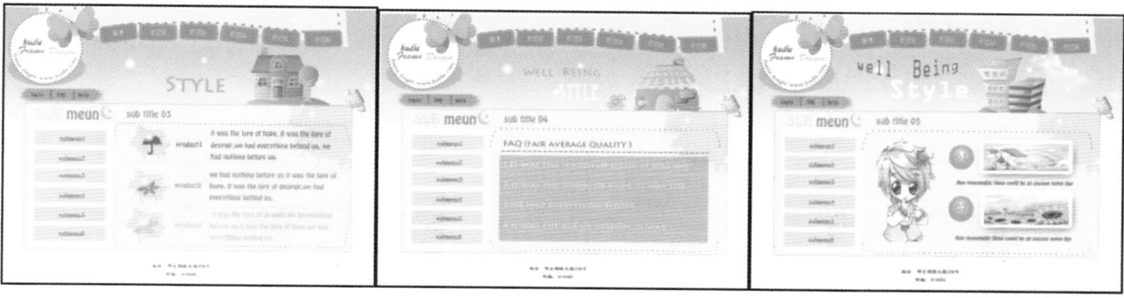

图 4.25 主页和分页效果

4.3.2 相关知识

在 Photoshop 中制作网页图像，除了要设置与屏幕分辨率相符的分辨率外，还需要通过切片工具将其裁切为小尺寸图像。这样才能组合为网页，生成网页文件，上传到网络中。

切片是将图像划分为若干较小的图像，这些图像可在 Web 页上重新组合，通过划分图像，可以指定不同的 URL 链接以创建页面导航，或使用其自身的优化设置对图像部分进行优化。

1. 创建切片

切片按照其内容类型以及创建方法进行分类。若文档中存在参考线可以使用基于参考线的切片；使用切片工具创建的切片称作用户切片；通过图层创建的切片称作基于图层的切片。当创建新的用户切片或基于图层的切片时，会生成附加自动切片占据图像的其余区域。

（1）基于参考线创建切片。

在文档中存在参考线的前提下，选择工具箱中的“切片工具”，单击工具栏中的“基于参考线的切片”按钮，即可根据文档中的参考线创建切片，如图 4.26 所示。

图 4.26 基于参考线创建切片

（2）使用切片工具创建切片。

在工具箱中选择“切片工具”后，在画布中单击并拖动即可创建切片，如图 4.27 所示，其中灰色为自动切片。

（3）基于图层创建切片。

基于图层创建切片是根据当前图层中的对象边缘创建切片。方法是选中某个图层后，选择“图层｜新建基于图层的切片”菜单，如图 4.28 所示。

图 4.27 使用切片工具创建切片

图 4.28 基于图层创建切片

2. 编辑切片

（1）查看切片。

创建切片后会发现，切片本身具有颜色、线条、编号与标记等属性，其中具有图像的切片、无图像切片、自动切片与基于图层的切片等的标记有所不同。

（2）选择切片。

编辑所有切片之前，首先要选择切片。在 Photoshop 中选择切片有其专属的工具，那就是“切片选择工具”。选择“切片选择工具”，在画布中单击，即可选中切片。

（3）切片选项。

Photoshop 中的每一个切片除了显示属性外，还有 Web 属性。使用“切片选择工具”选中一个切片后，单击工具栏上的“为当前切片设置选项”按钮，即可打开“切片选项”对话框，如图 4.29 所示。

对话框中的参数说明如下：

● 切片类型：用来设置切片数据在浏览器中的显示方式，分为图像、无图像与表。

● 名称：用来设置切片名称。

● URL：用来为切片指定完整的网址。

● 目标：用来设置链接的打开方式，分别为 _ blank、_ self、 _ parent、 _ top。

● 信息文本：为选定的一个或多个切片修改浏览器状态区域中的默认信息。

图 4.29　“切片选项”对话框

● Alt 标记：指定选定切片的标记文本。

● 尺寸：用来设置切片的尺寸和切片坐标。

● 切片背景类型：选择一种背景来填充透明区域。

3. 导出切片

当切片创建完成后，大尺寸的图像并没有变成小尺寸的图像，还需要一个命令将图像逐个保存，方法是选择“文件｜存储为 Web 和设备所用格式”菜单，打开“存储为 Web 和设备所用格式”对话框，如图 4.30 所示。

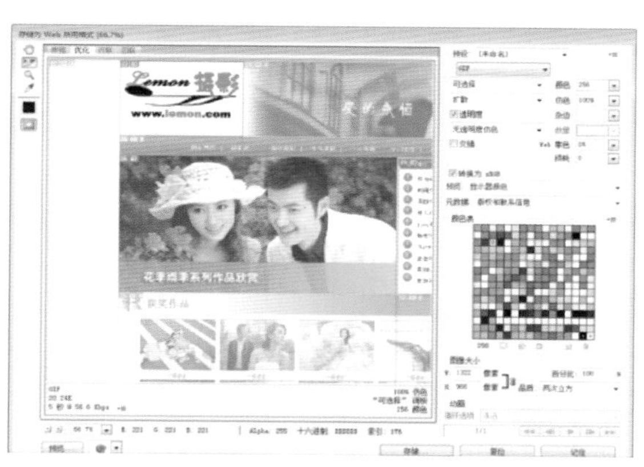

图 4.30　“存储为 Web 和设备所用格式”对话框

对话框中的参数说明如下：

● 查看切片：在对话框左侧区域中包括查看切片的不同工具，依次是“抓手工具”、“切片选择工具”、“缩放工具”、“吸管工具”与“切换切片可见性”。

● 图像预览：在图像预览窗口中包括原图、优化、双联与四联四种不同的显示方式。

● 优化选项：在该选项区域中，选择下拉列表中的不同文件格式选项，会显示相应的参数。

● 播放动画控件：如果是针对动画图像进行优化，那么在该区域中可以设置动画播放选项。

4.3.3　任务实现

1. 主页制作

步骤 1：在 Photoshop 中新建大小为“1024 像素×768 像素”、背景内容为“白色”、颜色模式为“RGB 颜色”、分辨率为“72 像素/英寸”的图像文件。

步骤 2：将前景色设为“＃7ef3e9”，背景色设为“白色”，选择工具箱中的“渐变工具”，用选项栏上的“线性渐变”在文档中由上向下拖动填充渐变色，效果如图 4.31 所示。

步骤 3：选择“画笔工具”，在工具栏上打开“画笔预设”选取器，单击“画笔预设”选取器右侧的下拉菜单，选择“自然画笔”，完成对“自然画笔”的追加。

图 4.31　填充主页背景

步骤 4：在“图层”面板上单击“创建新组”按钮，并为新组命名为“top”，然后单击“创建新图层”按钮，将前景色设为“＃35cbed7”。

步骤 5：选择“画笔工具”，将笔头大小设为“40 像素”，在“画笔预设”选取器选择“点刻密集”中的任意笔刷样式，按住“Shift”键用“画笔工具”在文档的右上角画横向的直线，效果如图 4.32 所示。

步骤 6：选择“直线工具”制作粗细为“2 像素”的黑色直线，再用“橡皮擦工具”擦除一下，将实线变为虚线，作为顶部的分隔线。

步骤 7：选择“横排文字工具”，设置字体为“楷体”、字号为“14 点”，输入文字“Login”、“FAQ”、“help”，效果如图 4.33 所示。

图 4.32　制作顶部文字背景

图 4.33　添加顶部文字

步骤 8：在“图层”面板上单击“创建新组”按钮，并为新组命名为“mainbg”，然后单击“创建新图层”按钮，前景色设置为“＃f3f7bb”。

步骤 9：选择“自定形状工具”，在工具栏上“形状”中选择“横幅 3”在新图层上创建该形状，效果如图 4.34 所示。

步骤 10：在横幅所在图层上，按“Ctrl＋T”组合键，右键单击菜单中的“变形”，进行适当调整，效果如图 4.35 所示。

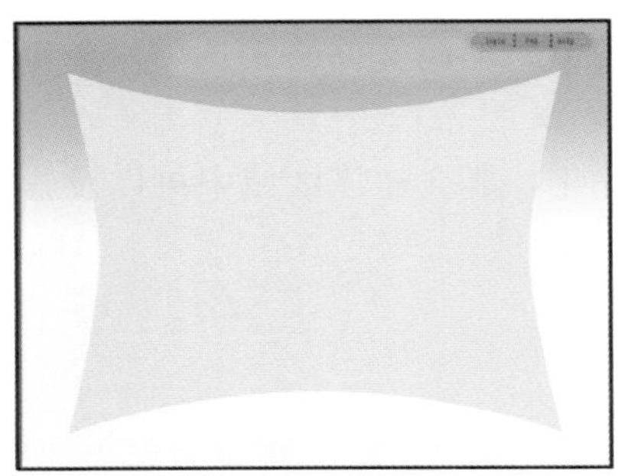

图 4.34　创建横幅形状

图 4.35　变形后的效果

步骤 11：按“Ctrl”键单击横幅所在图层，得到横幅选区，选择“选择｜修改｜收缩”菜单，弹出“收缩”对话框，将“收缩量”设为“20 像素”，单击“确认”按钮选区向内侧移动，如图 4.36 所示。

步骤 12：在“路径”面板上单击底部“从选区生成工作路径”按钮，将选区转换成路径，单击“画笔工具”，将笔头设为大小为“4 像素”的硬边圆点。

步骤 13：在“图层”面板上单击“创建新图层”按钮，选择“钢笔工具”，在路径上单击右键，选择“描边路径”，弹出“描边路径”对话框，将对话框中的“工具”设为“画笔”，单击“确定”按钮，完成实线描边，效果如图 4.37 所示。

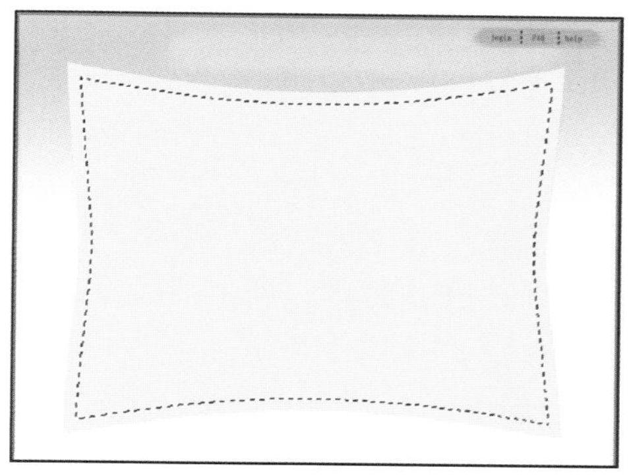

图 4.36　收缩选区

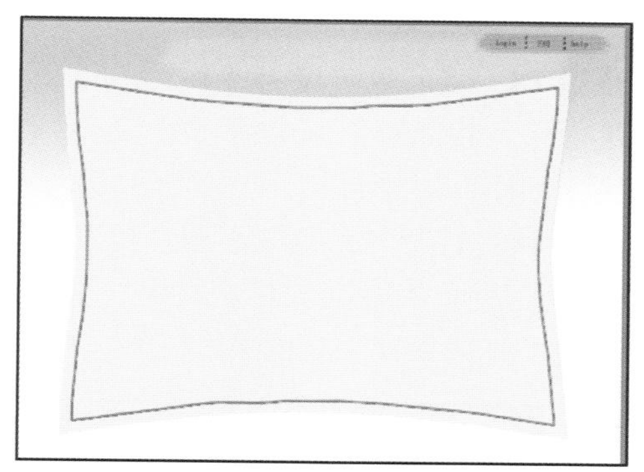

图 4.37　实线描边

步骤 14：选择“画笔工具”，将笔头设为大小为“15 像素”的硬边圆点，选择“窗口｜画笔”菜单，打开“画笔”面板，将间距设置为“156%”，在“图层”面板上单击“创建新图层”按钮，对路径面板中的路径再次描边，效果如图 4.38 所示。

步骤 15：按“Ctrl”键单击圆点描边图层，得到圆点描边的选区，在实线描边所在的图层上按“Delete”键删除，再将圆点描边所在图层隐藏起来，得到虚线描边效果，如图 4.39 所示。

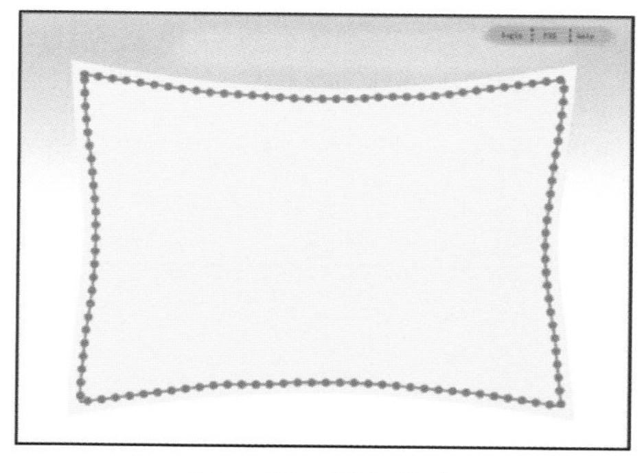

图 4.38　圆点描边

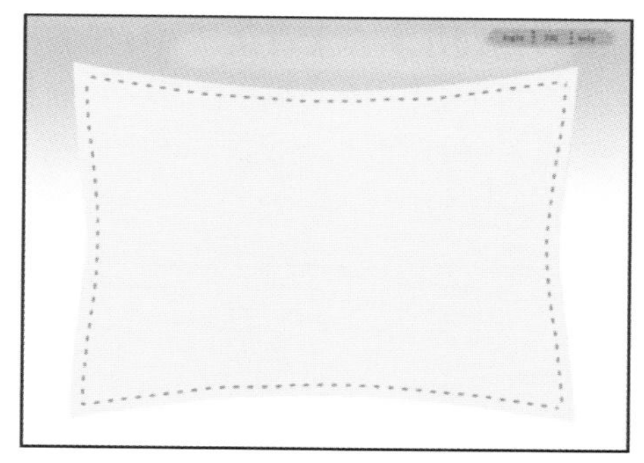

图 4.39　虚线描边

步骤 16：在“图层”面板上单击“创建新组”按钮，并为新组命名为“LOGO”，然后单击“创建新图层”按钮，选择“椭圆选框工具”，按“Shift”键创建白色正圆形。

步骤 17：为正圆形添加“投影”图层样式，选择菜单“图层｜图层样式｜创建图层”选项，将“投影”效果与正圆图层分离开。再按“Ctrl＋T”组合键，右键单击，在弹出的快捷菜单中选择“扭曲”选项，调整投影的圆形，此时图像效果和“图层”面板如图 4.40 所示。

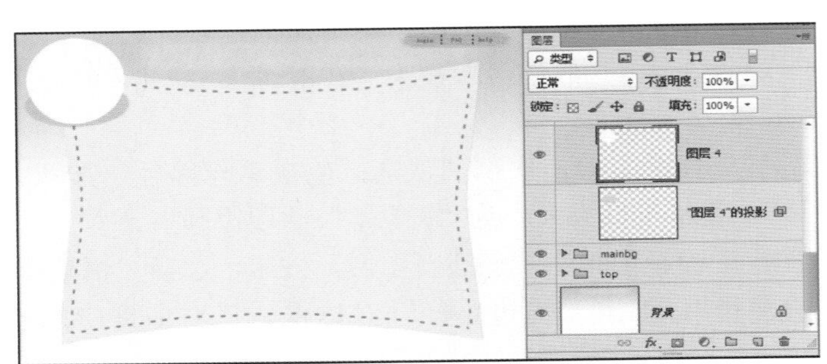

图 4.40　图像效果和“图层”面板

步骤 18：将前景色设为“＃50c8be”，将“画笔工具”的笔头大小调整为“7 像素”，打开画笔面板，将间距值调为“150％”，按住“Ctrl”键单击白色圆形所在的图层得到白色圆形选区，如图 4.41 所示。

步骤 19：打开“路径”面板，单击面板上的“从选区生成工作路径”按钮，将选区转换成路径，选择“钢笔工具”，在路径上单击右键，选择“描边路径”，弹出“描边路径”对话框，将工具选项置为“画笔”，单击“确定”按钮，效果如图 4.42 所示。

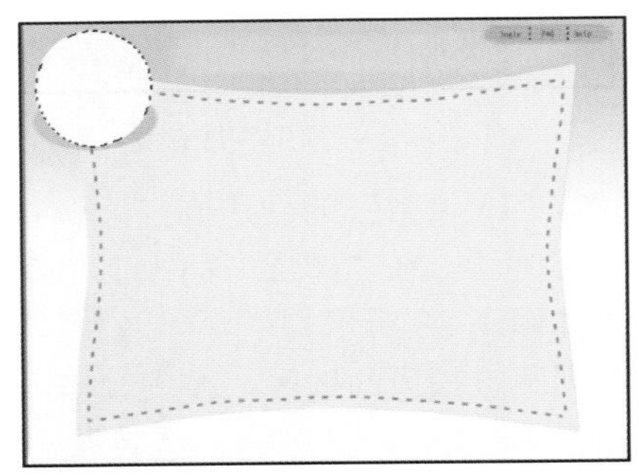

图 4.41　获得白色圆形选区

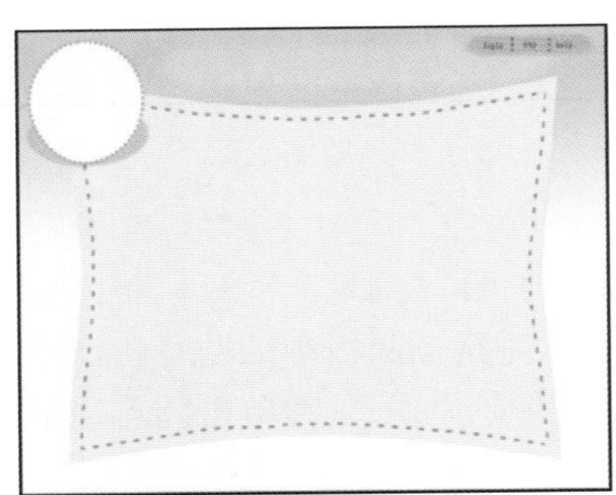

图 4.42　图像效果

步骤 20：打开配套素材文件 04/任务实现/蝴蝶 1.jpg，用“魔棒工具”将素材的白色背景删除，在主页文档中，单击“图层”面板上的“创建新图层”按钮。

步骤 21：选择“移动工具”将“蝴蝶”移动到新图层中，按“Ctrl＋T”组合键在工具栏上将大小调整为原来的“15％”，并适当旋转角度，效果如图 4.43 所示。

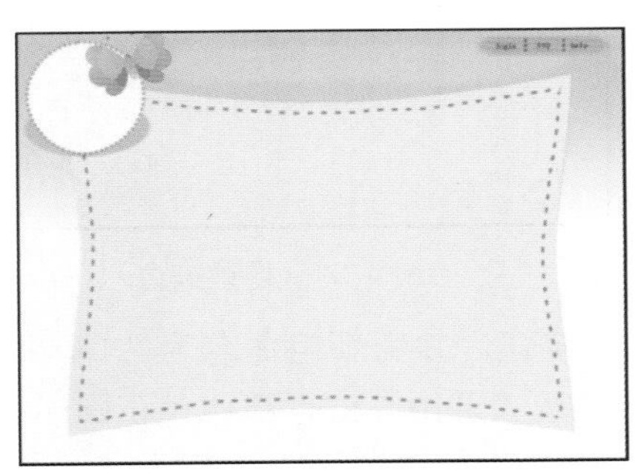

图 4.43　移入蝴蝶素材

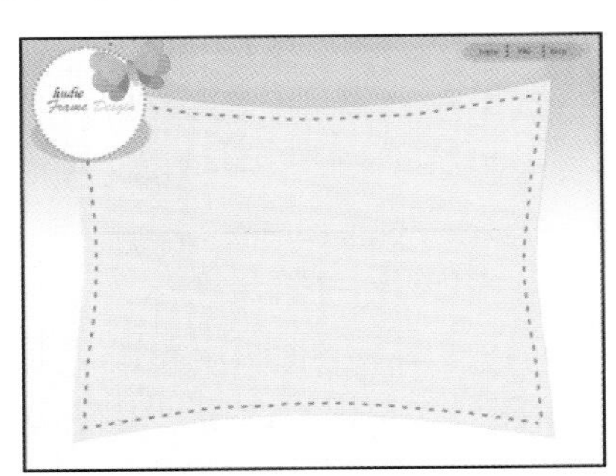

图 4.44　添加文字

步骤 22：选择“横排文字工具”，设置字体为“Monotype Corsiva”、字号为“28 点”、颜色为“＃111616”，输入文字“hudie”。

步骤 23：选择“横排文字工具”，字体为“Brush Script Std”、字号为“28 点”、颜色为“#ee3191”，输入文字“Frame”。

步骤 24：选择“横排文字工具”，字体为“Brush Script Std”、字号为“28 点”、颜色为“#7df3e9”，输入文字“Desgin”。文字位置如图 4.44 所示。

步骤 25：用“钢笔工具”在圆形下方制作半圆路径，效果如图 4.45 所示。

步骤 26：将“横排文字工具”放到半圆路径上制作路径文字，此时文字会沿着路径的方向显示，效果如图 4.46 所示。

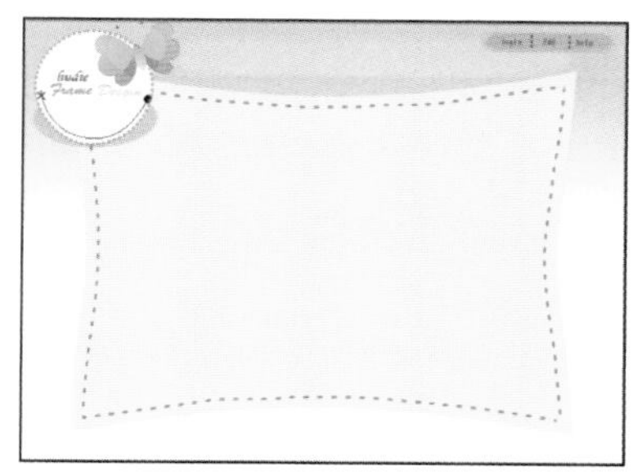

图 4.45　制作半圆路径

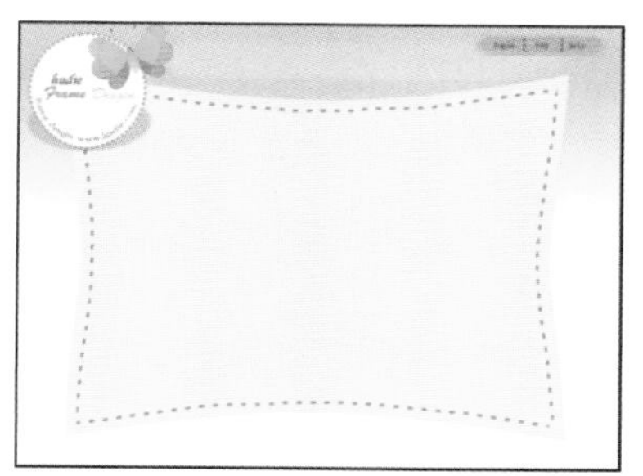

图 4.46　制作路径文字

步骤 27：在“图层”面板上单击“创建新组”按钮，并为新组命名为“menu”，然后单击“创建新图层”按钮，设置前景色为“#bd943d”。选择“圆角矩形工具”，设置选项栏上的绘图模式为“像素”，半径为“5 像素”，创建圆角矩形作为网页的导航按钮。

步骤 28：用同前面制作虚线同样的方法，为导航按钮制作虚线描边，完成后依次复制图层五次，并将最上层的按钮移动到右侧，图像效果和“图层”面板如图 4.47 所示。

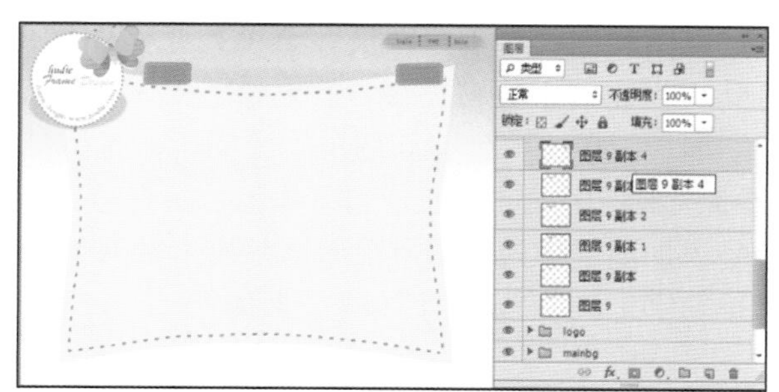

图 4.47　复制和移动导航按钮

步骤 29：按“Shift”键同时选中五个按钮所在图层，选择菜单“图层｜分布｜水平居中”选项，将按钮水平均分显示，此时图像效果和“图层”面板如图 4.48 所示。

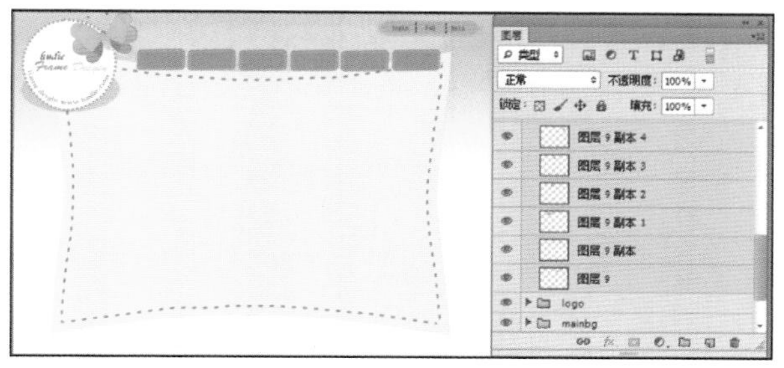

图 4.48　水平均分显示按钮

步骤 30：用“横排文字工具”添加导航文字，再按“Ctrl＋T”组合键，分别对每个导航按钮和文字进行旋转，效果如图 4.49 所示。

步骤 31：在“图层”面板上单击“创建新组”按钮，并为新组命名为“left”，然后单击“创建新图层”按钮。

步骤 32：选择“横排文字工具”，设置字体为“Franklin Gothic Medium”、字号为“72 点”、颜色为“＃bd943d”，输入文字“Nature is”。

步骤 33：选择“横排文字工具”，设置字体为“Palatino Linotype”、字号为“30 点”、颜色为“＃e4ab32”，输入文字“Nature is the Best physician”。文字位置如图 4.50 所示。

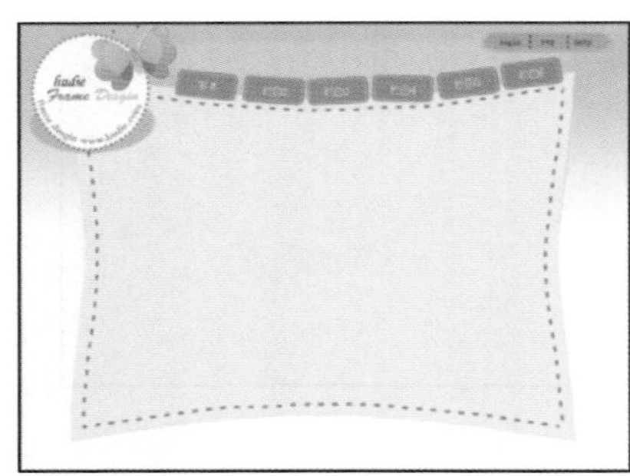

图 4.49　旋转导航按钮和文字

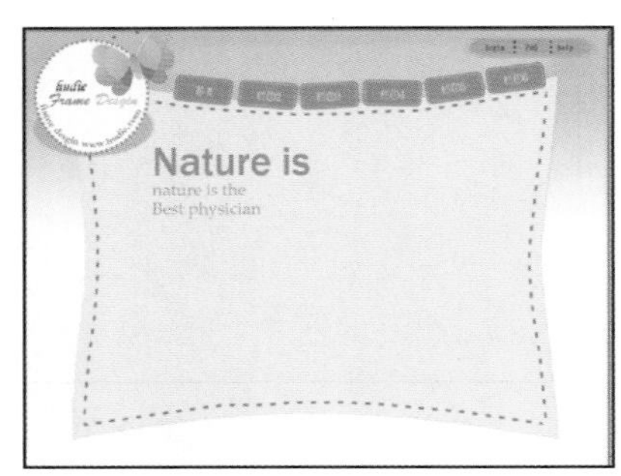

图 4.50　文字位置

步骤 34：在“图层”面板上单击“创建新图层”按钮，选择“圆角矩形工具”，在文字下方制作白色圆角矩形。

步骤 35：设置前景色为“＃fbe9bc”，选择“圆角矩形工具”制作比白色圆角矩形大的黄色圆角矩形，为黄色圆角矩形添加图层样式中的“投影”效果，参数采用默认值。

步骤 36：选择“图层｜图层样式｜创建图层”菜单，此操作将投影分离出来并单独存于一个图层中，用“Ctrl＋T”组合键旋转投影，效果如图 4.51 所示。

步骤 37：在“图层”面板上单击“创建新图层”按钮，设置前景色为“＃bd943d”，选择“自定形状工具”，选择选项栏中的“红心形卡”作为项目符号，依次绘制四次。

步骤 38：为项目符号添加图层样式中的“投影”效果，参数采用默认值。

步骤 39：选择“横排文字工具”，设置字体为“楷体”、字号为“14 点”，在白色圆角矩形内添加文字。

步骤 40：选择“横排文字工具”，设置字体为“Delikatessen”、字号为“30 点”，输入文字“Notice & News”，其中“Notice”颜色为“＃f0499e”，“& News”颜色为“＃bd943d”，效果如图 4.52 所示。

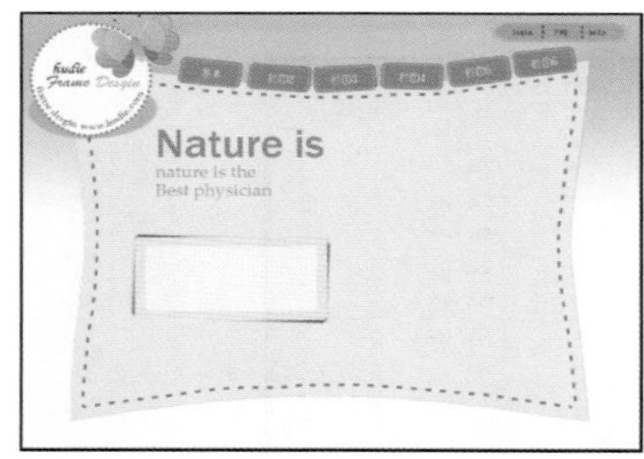

图 4.51　旋转投影

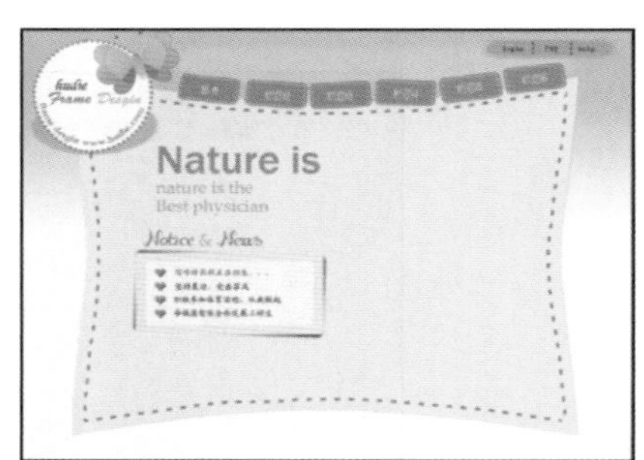

图 4.52　添加文字

步骤 41：在“图层”面板上单击“创建新组”按钮，并为新组命名为“right”，然后单击“创建新图层”按钮。

步骤 42：用“画笔工具”中的喷溅笔刷效果（此笔刷效果本书配套素材文件夹中可见或在网上下载）制作黄色喷溅图案，再用“橡皮擦工具”擦除，效果如图 4.53 所示。

步骤 43：打开配套素材文件 04/任务实现/花 1.jpg，将背景抠除，在主页文档中的“图层”面板上单击“创建新图层”按钮，选择“移动工具”移入文档，按“Ctrl+T”组合键调整大小，效果如图 4.54 所示。

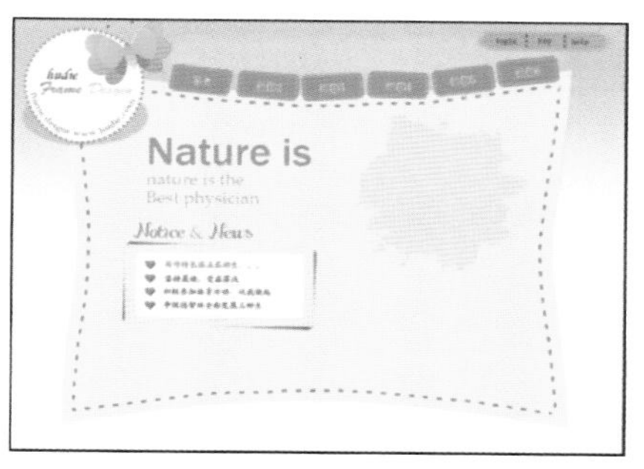

图 4.53　制作喷溅图案

图 4.54　移入花素材

步骤 44：在“图层”面板的花和喷溅图案所在图层中间按“Alt”键将花放入喷溅图案中，效果如图 4.55 所示。

步骤 45：打开配套素材文件 04/任务实现/蝴蝶 2.jpg，将背景抠除，在主页文档的“图层”面板上单击“创建新图层”按钮。

步骤 46：用“移动工具”将蝴蝶移到花上，再次新建图层，选择“画笔工具”，笔刷硬度为“0%”，在喷溅图案上制作白色软边圆形作为点缀，效果如图 4.56 所示。

图 4.55　花放入喷溅图案内

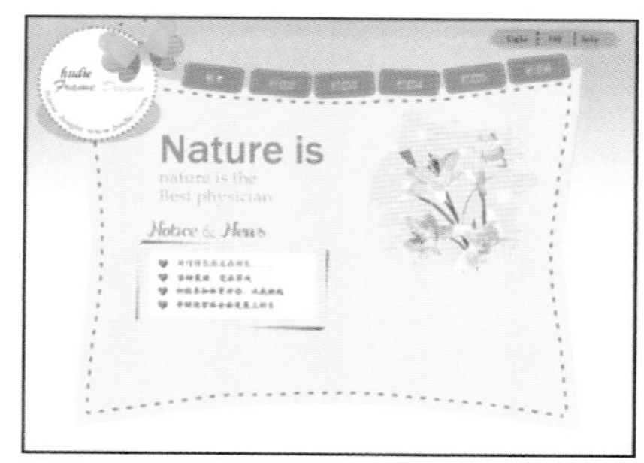

图 4.56　移入素材和制作圆点

步骤 47：在“图层”面板上单击“创建新组”按钮，并为新组命名为“down”，然后单击“创建新图层”按钮。

步骤 48：在“图层”面板上单击“创建新图层”按钮，选择“直线工具”，设置选项栏上的绘图模式为“像素”，半径为“1 像素”、颜色为“#bd943d”，按“Shift”键在主页面下部制作直线，复制直线图层三次，并用“移动工具”将直线均匀排列在页面下方，如图 4.57 所示。

步骤 49：打开配套素材文件 04/任务实现/蝴蝶 3.jpg、书.jpg 和手机.jpg，依次将背景抠除，使用“移动工具”将素材分别移动到三个独立的图层中，用“Ctrl+T”组合键调整至适当大小后分别放到直线前面，效果如图 4.58 所示。

图 4.57　制作直线并均匀排列

图 4.58　移入素材

步骤 50：选择"横排文字工具"，字体为"迷你简水滴"（本书配套素材文件夹中可见）、字号为"24 点"、颜色为"＃bd943d"，输入相关文字，效果如图 4.59 所示。

步骤 51：在"图层"面板上单击"创建新组"按钮，并为新组命名为"bottom"，选择"横排文字工具"，设置字体为"楷体"、字号为"30 点"、颜色为"黑色"，输入相关文字，完成后的主页效果和"图层"面板如图 4.60 所示。至此主页制作完成。

图 4.59　制作主页下部

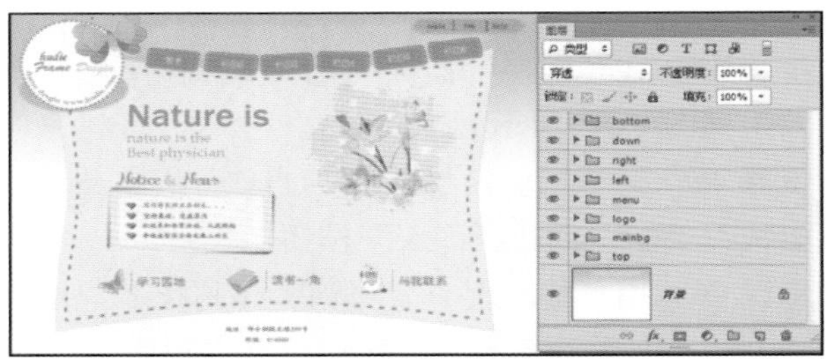

图 4.60　主页效果和"图层"面板

2. 分页架构制作

步骤 1：在主页文档打开的情况下，选择"图像｜复制"菜单，将主页文档复制一份，在此基础上制作分页架构。

步骤 2：在复制的主页文档中的"图层"面板上，单击（关闭）组名为"left"、"right"和"down"的"指示图层可见性"的眼睛，选择"移动工具"将组名为"mainbg"的组向上移动，组名为"top"的组向下移动，效果如图 4.61 所示。

步骤 3：按"Ctrl＋T"组合键旋转导航按钮和文字的方向，效果如图 4.62 所示。

图 4.61　移动图层组

图 4.62　旋转导航按钮和文字方向

步骤4：在“图层”面板上单击“创建新组”按钮，并为新组命名为“bg”，然后单击“创建新图层”按钮。

步骤5：选择“圆角矩形工具”，设置前景色为“#f5f7d1”，半径为“5像素”，制作圆角矩形，添加图层样式中的“描边”效果，大小为“1像素”，描边颜色为“#bd943d”，效果如图4.63所示。

步骤6：将组“right”中的喷溅图案图层和蝴蝶所在图层复制到“bg”组中，用“移动工具”将蝴蝶移动到矩形的右上角，将喷溅图案移动到右上角。

步骤7：在“图层”面板上的圆角矩形所在图层和喷溅图案所在图层中间按“Alt”键将喷溅图案放入矩形中，再用“画笔工具”在右上角制作白色软边圆点，效果如图4.64所示。

图4.63 制作圆角矩形

图4.64 加入素材并制作软边圆点

步骤8：在“图层”面板上单击“创建新组”按钮，并为新组命名为“leftmenu”，选择“横排文字工具”，设置字体为“Hobo Std”、字号为“36点”，输入文字“SUB menu”，其中“SUB”字体颜色为“#ffe29e”，“menu”字体颜色为“#bd943d”。

步骤9：在“图层”面板上单击“创建新图层”按钮，设置前景色为“#8ff5ec”，选择“自定形状工具”，创建“月牙”和“星星”图案。

步骤10：在“图层”面板上单击“创建新图层”按钮，选择“圆角矩形工具”，在文字下方制作白色圆角矩形，效果如图4.65所示。

步骤11：在“图层”面板上单击“创建新图层”按钮，前景色设置为“#ffe29e”，选择“圆角矩形工具”在白色圆角矩形上制作黄色圆角矩形。

步骤12：依次复制图层五次，将最上层的图层按钮移到下边，选择“图层|分布|垂直居中”菜单均匀分布，再选择“图层|分布|水平居中”菜单对齐黄色圆角矩形。

图4.65 制作圆角矩形

图4.66 添加文字

步骤 13：选择“横排文字工具”，设置字体为“宋体”、字号为“18 点”，在圆角矩形上添加文字，效果如图 4.66 所示，以作为左侧导航按钮。

步骤 14：在“图层”面板上单击“创建新组”按钮，并为新组命名为“rightbg”，然后单击“创建新图层”按钮。

步骤 15：选择“圆角矩形工具”，设置半径为“10 像素”的白色圆角矩形，如图 4.67 所示。

步骤 16：按“Ctrl”键在“图层”面板上单击圆角矩形所在图层得到圆角矩形选区，打开“路径”面板，单击面板下方的“选区生成工作路径”按钮将选区转换成路径，效果和“路径”面板如图 4.68 所示。

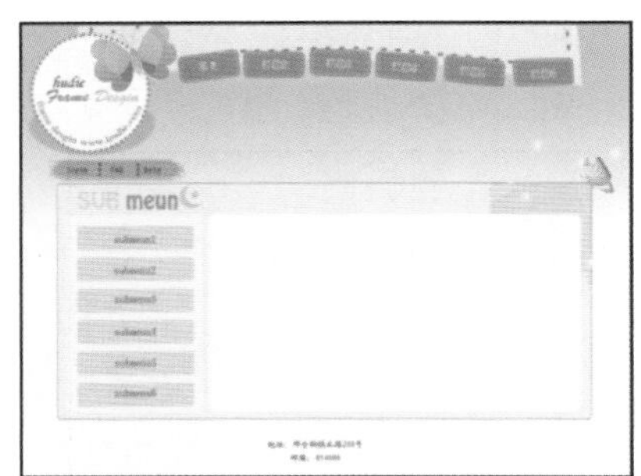

图 4.67　制作圆角矩形

图 4.68　选区转换成路径

步骤 17：设置前景色为“#ceb26a”，选择“画笔工具”，设置笔头大小为“3 像素”，选择“钢笔工具”，在路径上单击右键选择“描边路径”，效果如图 4.69 所示。

步骤 18：在“图层”面板上单击“创建新组”按钮，将前景色设置为“白色”，画笔大小为“7 像素”，打开“画笔”面板，间距设置为“200%”，选择“钢笔工具”，在路径上单击右键选择“描边路径”，在“路径”面板取消路径选择状态，效果如图 4.70 所示。

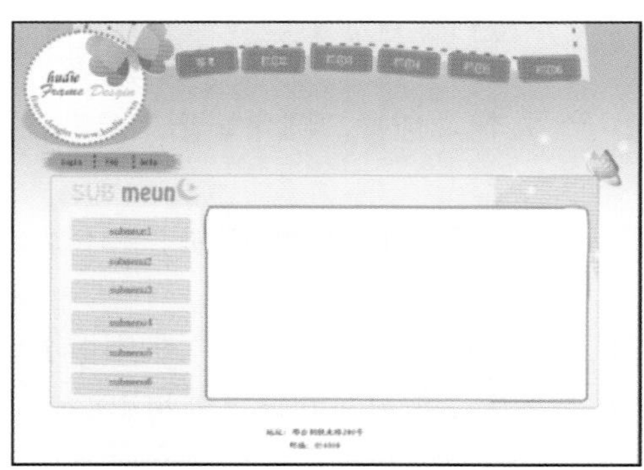

图 4.69　实线描边

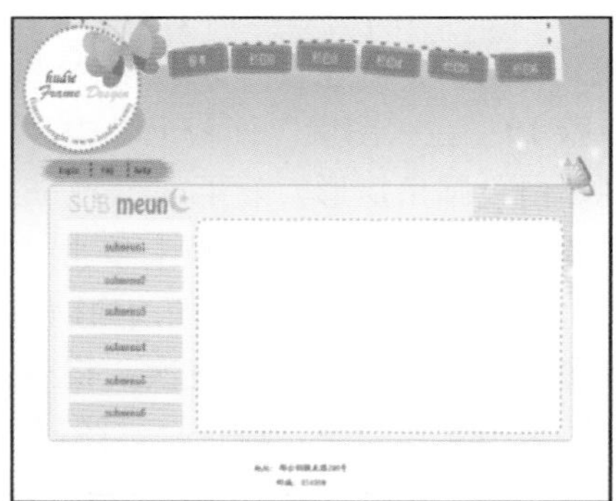

图 4.70　圆点描边

步骤 19：按“Ctrl”键在“图层”面板上单击白色圆点所在图层缩略图，得到白色圆点选区，在棕色实线描边的图层上用“Delete”键将圆点选区的像素删掉。

步骤 20：在“图层”面板上将白色圆点所在图层和白色矩形所在图层的“指示图层可见性”的“眼睛”关闭，得到棕色虚线效果，如图 4.71 所示。

步骤 21：用“矩形选框工具”在棕色虚线上创建矩形选区，如图 4.72 所示。

步骤 22：选择“选择｜修改｜羽化”菜单，弹出“羽化选区”对话框，羽化半径为“30 像素”，单击“确定”按钮，按“Delete”键将选区内的像素删除，效果如图 4.73 所示。

步骤 23：按“Ctrl＋T”组合键后单击右键选择“变形”选项，将虚线的左右两边向外拉动，效果如图 4.74 所示。至此分页架构制作完成。

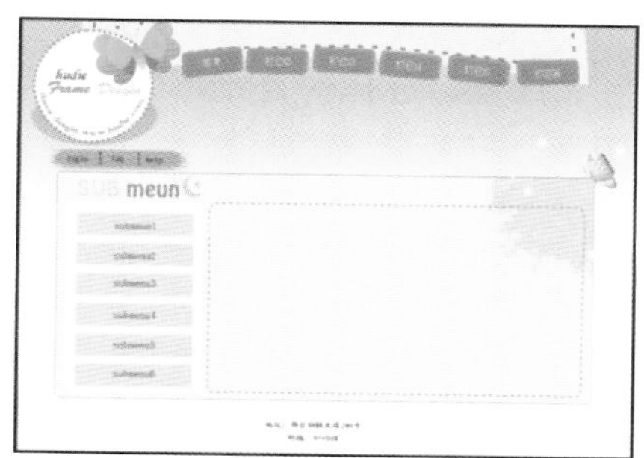

图 4.71　制作棕色虚线

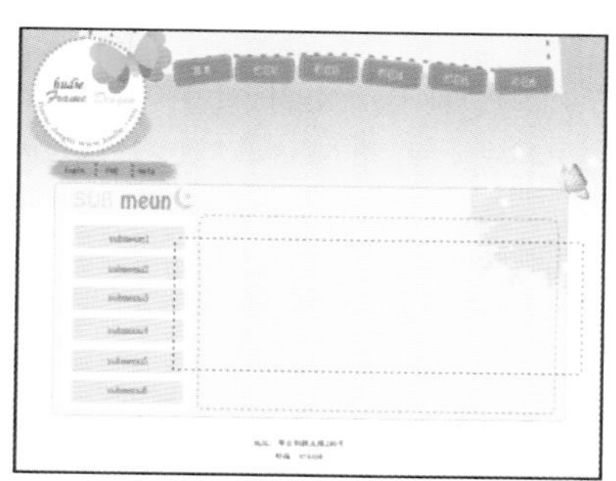

图 4.72　创建矩形选区

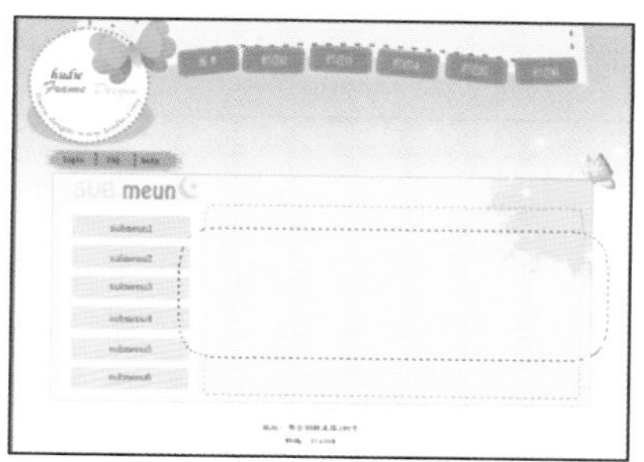

图 4.73　羽化选区并删除选区内的像素

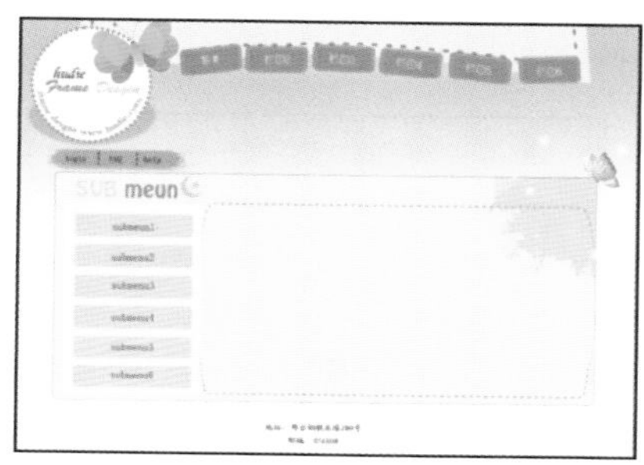

图 4.74　分框架构效果

3. 分页制作

步骤 1：在 Photoshop 中打开分页文档，选择“图像｜复制”菜单，并把文档名字命名为“分页 1”。

步骤 2：在“图层”面板上单击“创建新组”按钮，并为新组命名为“Banner”，选择“横排文字工具”，设置字体为“Hobo Std”、字号为“36 点”、颜色为“＃5cbed7”，在导航下方输入文字“well Being”。

步骤 3：选择“横排文字工具”，设置字体为“Hobo Std”、字号为“48 点”、颜色为“白色”，输入文字“Style”。效果如图 4.75 所示。

步骤 4：在“图层”面板上单击“创建新图层”按钮，选择“创建新画笔工具”，设置笔头分别为“33 像素”和“20 像素”，硬度为“0％”，制作白色软边圆点。

步骤 5：打开配套素材文件 04/任务实现/房子.jpg，选择“魔棒工具”将绿色房子的白色背景抠除后，用“移动工具”将其移入分页 1，效果如图 4.76 所示。

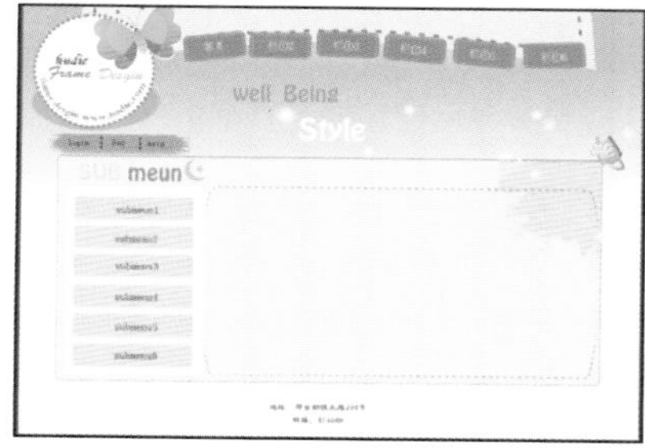

图 4.75　添加 Banner 文字

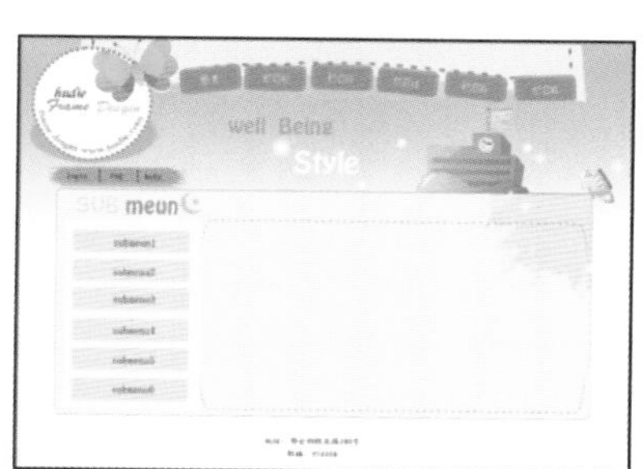

图 4.76　添加 Banner 图像

步骤 6：在“图层”面板上单击“创建新组”按钮，并为新组命名为“title01”，选择“横排文字工具”，设置字体为“Hobo Std”、字号为“24 点”、颜色为“＃bd943d”，输入文字“sub title 01”。

步骤 7：在“图层”面板上单击“创建新图层”按钮，选择“自定形状工具”，设置选项栏上的绘图模式为“像素”，形状为“封印”图案，打开配套素材文件 04/任务实现/花 2.jpg，选择“移动工具”将花移动到封印图案图层之上。

步骤 8：在“图层”面板的花和封印图案两个图层之间按“Alt”键将花放入封印图案中，效果如图 4.77 所示。

步骤 9：选择“横排文字工具”，设置字体为“Arial”、字号为“48 号”、颜色为“＃7a5810”，输入文字“Beautiful”作为标题。

步骤 10：选择“横排文字工具”，设置字体为“宋体”、字号为“18 号”、颜色为“＃7a5810”，输入相关文字作为内容，效果如图 4.78 所示。分页 1 制作完成。

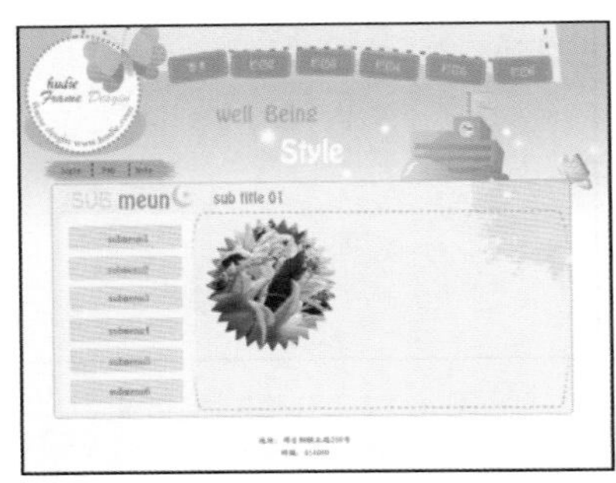

图 4.77 添加内容图像

图 4.78 分页 1 效果

步骤 11：在 Photoshop 中打开分页文档，选择“图像｜复制”菜单，并把文档名字命名为“分页 2”。

步骤 12：在“图层”面板上单击“创建新组”按钮，并为新组命名为“Banner”，然后单击“创建新图层”按钮。

步骤 13：选择“画笔工具”，设置硬度为“0%”，设置不同笔头大小的白色软边圆点，选择“横排文字工具”，设置字体为“Hobo Std”、字号为“36 点”、颜色为“白色”，在导航下方输入文字“well Being”。

步骤 14：选择“横排文字工具”，设置字体为“Hobo Std”、字号为“48 点”、颜色为“＃5cbed7”，输入文字“Style”，效果如图 4.79 所示。

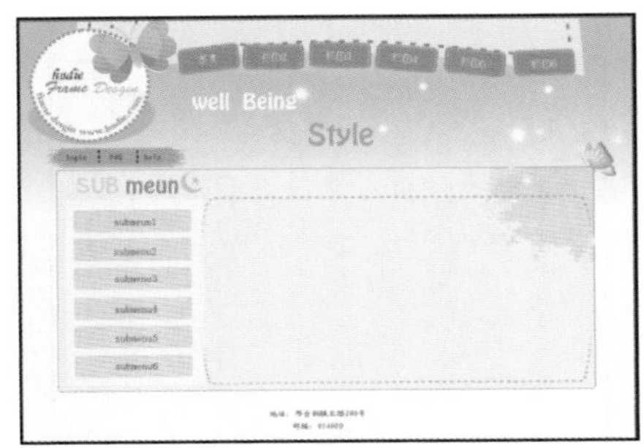

图 4.79 添加 Banner 文字

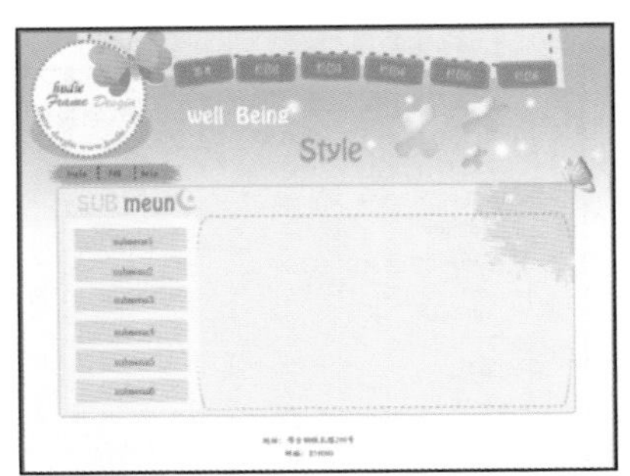

图 4.80 添加 Banner 图案

步骤15：在“图层”面板上单击“创建新图层”按钮，选择“自定形状工具”，设置选项栏上的绘图模式为“像素”，形状为“模糊点1”的图案，并为图案添加图层样式中的“斜面和浮雕”、“颜色叠加”和“渐变叠加”效果，如图4.80所示。其参数设置如图4.81所示。

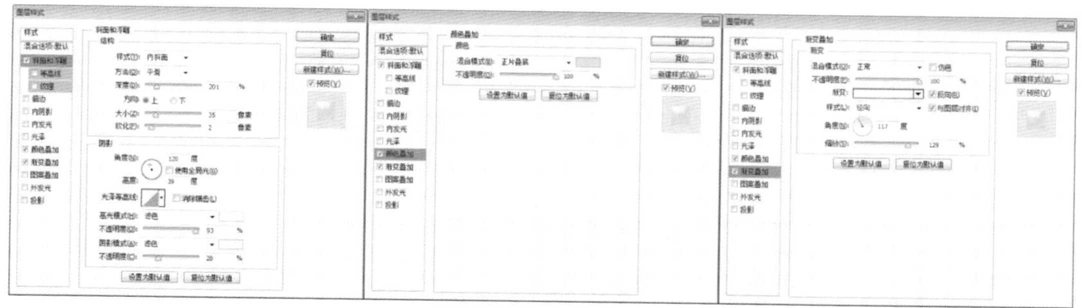

图4.81　设置图层样式

步骤16：在“图层”面板上单击“创建新组”按钮，并为新组命名为“title02”，选择“横排文字工具”，设置字体为“Hobo Std”、字号为“24点”、颜色为“#bd943d”，输入文字“sub title 02”。

步骤17：选择“横排文字工具”，设置字体为“Hobo Std”、字号为“30点”、颜色为“#5cbed7”，输入文字“Nature is”。

步骤18：选择“横排文字工具”，设置字体为“Hobo Std”、字号为“24点”、颜色为“#5cbed7”，输入文字“best physician”。效果如图4.82所示。

步骤19：在“图层”面板上单击“创建新图层”按钮，设置前景色为“#8ff5ec”，选择“圆角矩形工具”，设置选项栏上的绘图模式为“像素”，制作左侧和右侧圆角矩形。

步骤20：在“图层”面板上单击“创建新图层”按钮，设置前景色为“#5cbed7”，制作中间圆角矩形，效果如图4.83所示。

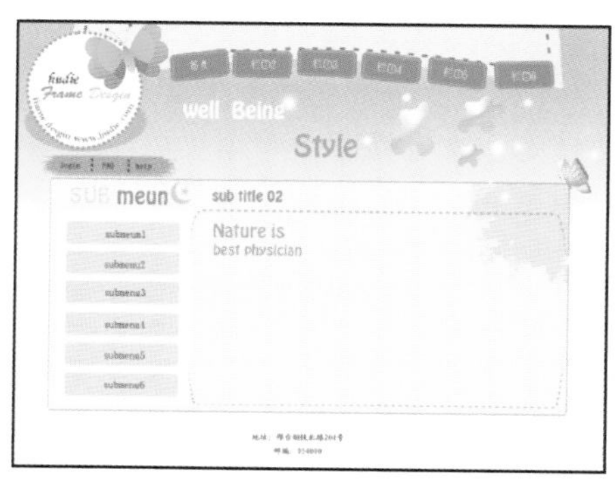

图4.82　添加文字

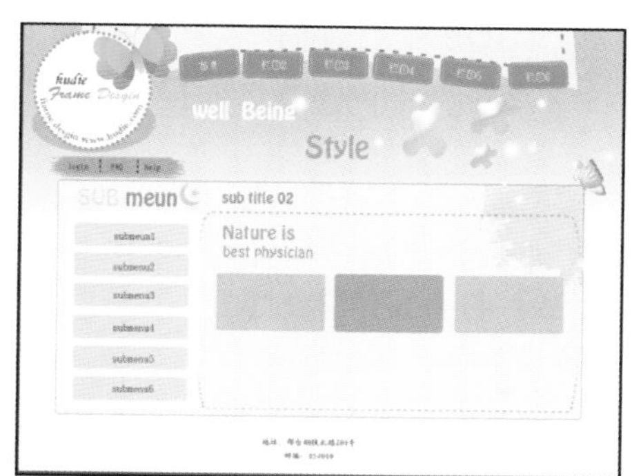

图4.83　制作圆角矩形

步骤21：在“图层”面板上单击“创建新图层”按钮，选择“自定形状工具”，设置绘图模式为“像素”，形状为“五角星”图案，在圆角矩形上制作大小不同的星星，在“图层”面板上按“Alt”键将星星图案放入圆角矩形中，效果和“图层”面板如图4.84所示。

步骤22：重复上一步两次，效果和“图层”面板如图4.85所示。

步骤23：选择“横排文字工具”，设置字体为“Hobo Std”、字号为“30点”、颜色为“#bd943d”，输入一段文字，效果如图4.86所示。至此分页2制作完成。

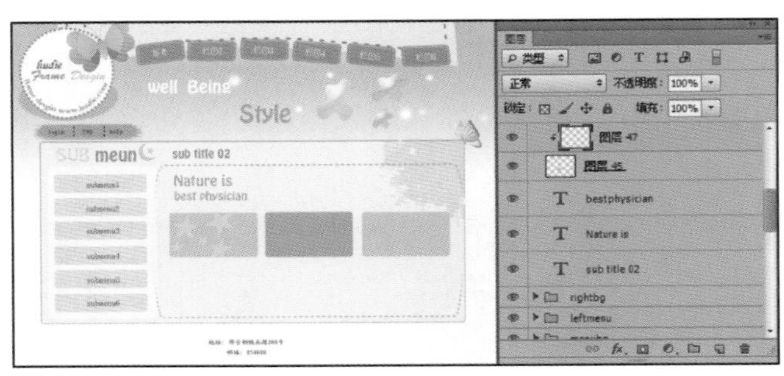

图 4.84　图案效果和“图层”面板

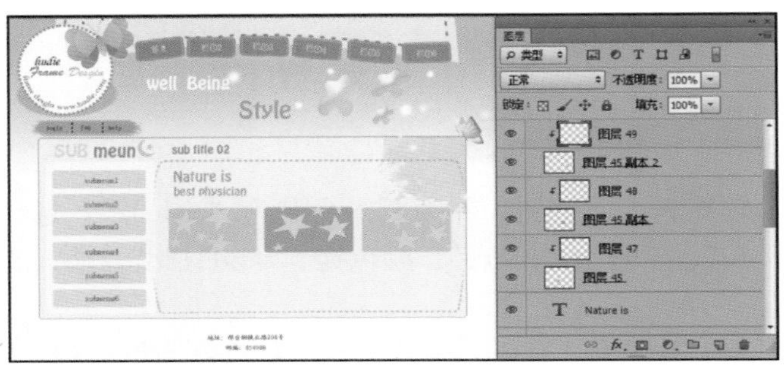

图 4.85　图案效果和“图层”面板（重复步骤 21）

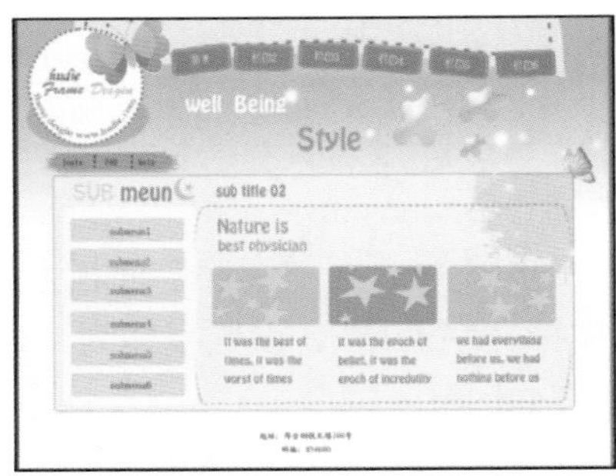

图 4.86　分页 2 效果

步骤 24：在 Photoshop 中打开分页文档，选择“图像｜复制”菜单，并把文档名字命名为“分页 3”。

步骤 25：在“图层”面板上单击“创建新组”按钮，并为新组命名为“Banner”，然后单击“创建新图层”按钮。

步骤 26：选择“画笔工具”，设置硬度为“0%”，制作不同大小的白色软边圆点。

步骤 27：选择“横排文字工具”，设置字体为“Lithos Pro”、字号“36 点”、颜色为“＃f5f72d”，在导航下方输入文字“well Being”，选择选项栏上的“创建文字变形”按钮，弹出“文字变形”对话框，设置样式为“旗帜”、弯曲为“50%”，水平扭曲和垂直扭曲为“0%”。

步骤 28：选择“横排文字工具”，设置字体为“Lithos Pro”、字号为“48 点”、颜色为“＃96f244”，输入文字“Style”。如图 4.87 所示。

步骤 29：打开配套素材文件 04/任务实现/房子.jpg，将绿色房子抠除白色背景后移入分页 3，效果如图 4.88 所示。

图 4.87　添加 Banner 文字

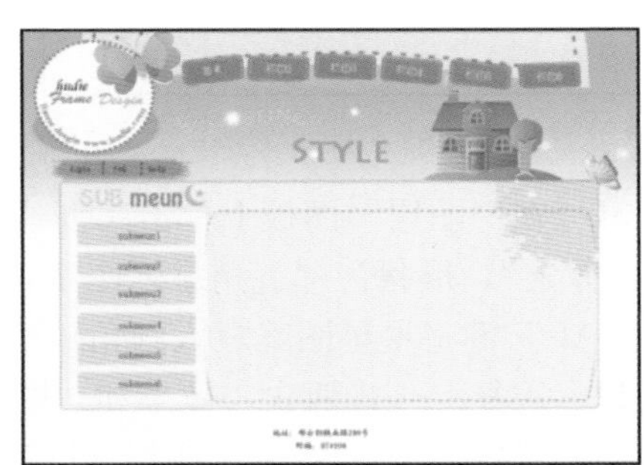

图 4.88　添加 Banner 图像

步骤 30：在“图层”面板上单击“创建新组”按钮，并为新组命名为“title03”，选择“横排文字工具”，设置字体为“Hobo Std”、字号为“24 点”、颜色为“＃bd943d”，输入文字“sub title 03”。

步骤 31：设置前景色为“＃eaddbb”，在“图层”面板上单击“创建新图层”按钮，按“Shift”键，选择“直线工具”，设置选项栏上的绘图模式为“像素”，半径为“2 像素”，创建直线，复制直线图层。

步骤 32：在“图层”面板上单击“创建新图层”按钮，设置前景色为“＃eaddbb”，选择“画笔工具”中的喷溅图案，重复两次，效果如图 4.89 所示。

步骤 33：在“图层”面板上单击“创建新图层”按钮，设置前景色为“＃eaddbb”，选择“自定形状工具”，设置选项栏上的绘图模式为“像素”，形状为“雨伞”，创建图案，效果如图 4.90 所示。

步骤 34：添加图层样式中的“斜面和浮雕”、“颜色叠加”和“渐变叠加”效果，参数设置如图 4.91 所示。

图 4.89　添加喷溅图案

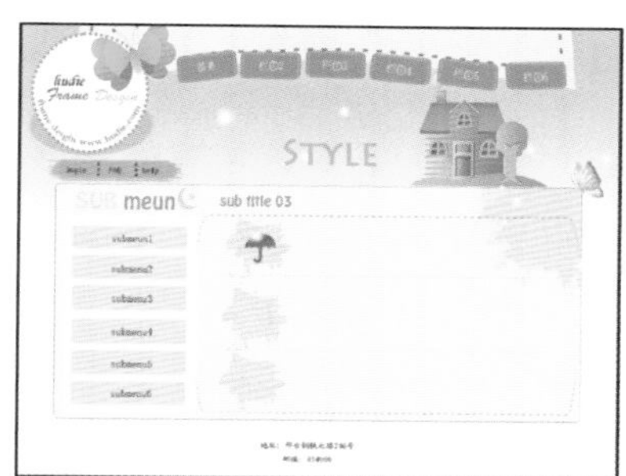

图 4.90　添加雨伞图案

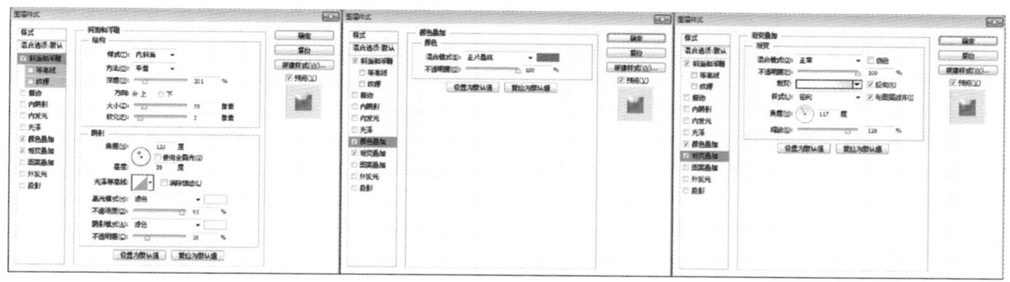

图 4.91　设置图层样式

步骤 35：在“图层”面板上单击“创建新图层”按钮，选择“自定形状工具”，设置选项栏上的绘图模式为“像素”，形状为“花 1”，创建图案。

步骤 36：添加图层样式中的“斜面和浮雕”、“颜色叠加”和“渐变叠加”效果，其中“颜色叠加”图层样式中的颜色值为“＃40da16”，其他参数设置如图 4.91 所示。

步骤 37：在“图层”面板上单击“创建新图层”按钮，选择“自定形状工具”，设置选项栏上的绘图模式为“像素”，形状为“模糊点 1”，创建图案。

步骤 38：添加图层样式中的“斜面和浮雕”、“颜色叠加”和“渐变叠加”效果，其中“颜色叠加”图层样式中的颜色值为“＃e9f112”，其他参数设置如图 4.91 所示，效果如图 4.92 所示。

步骤 39：选择“横排文字工具”，设置字体为“Hobo Std”、字号为“18 点”，颜色与前面的图案颜色相同，输入文字内容，效果如图 4.93 所示。至此分页 3 制作完成。

图 4.92　图像效果

图 4.93　分页 3 效果

步骤 40：在 Photoshop 中打开分页文档，选择“图像｜复制”菜单，并把文档名字命名为“分页 4”。

步骤 41：在“图层”面板上单击“创建新组”按钮，并为新组命名为“Banner”，选择“画笔工具”，设置硬度为“0%”，制作不同大小的白色软边圆点。

步骤 42：选择“横排文字工具”，设置字体为“Lithos Pro”、字号为“36 点”、颜色为“#edb10f”，在导航下方输入文字“well Being”。

步骤 43：选择“横排文字工具”，设置字体为“EccentricStd”、字号为“60 点”、颜色为“白色”，输入文字“Style”，效果如图 4.94 所示。

步骤 44：打开配套素材文件 04/任务实现/房子 .jpg，将红色房子抠除白色背景后移入分页 4，在“图层”面板上单击“创建新组”按钮，再用“画笔工具”制作花朵笔刷效果（花朵笔刷在本书配套素材文件夹中可见），效果如图 4.95 所示。

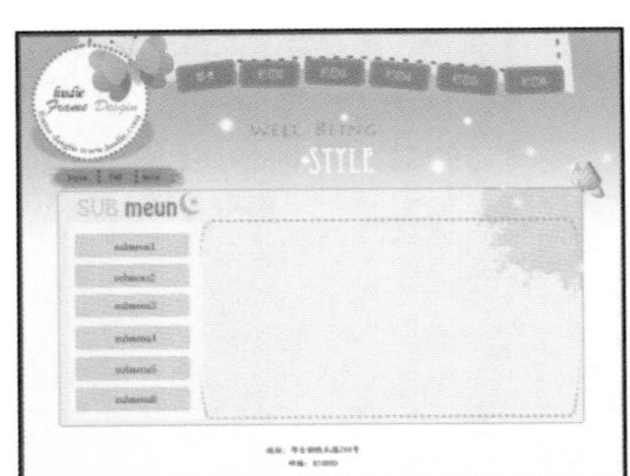

图 4.94　添加 Banner 文字

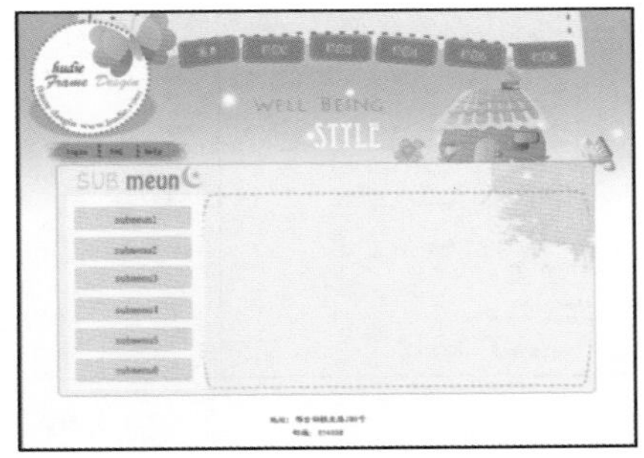

图 4.95　添加 Banner 图像

步骤 45：在“图层”面板上单击“创建新组”按钮，并为新组命名为“title04”，选择“横排文字工具”，设置字体为“Hobo Std”、字号为“24 点”、颜色为“#bd943d”，输入文字“sub title 04”。

步骤 46：在“图层”面板上单击“创建新图层”按钮，前景色设置为“#984415”，选择“直线工具”，设置选项栏上的绘图模式为“像素”，半径为“2 像素”，按住“Shift”键制作直线，再用“橡皮擦工具”将直线擦除成虚线，如图 4.96 所示。

步骤 47：在“图层”面板上单击“创建新图层”按钮，前景色设置为“#aa4d19”，用“矩形选框工具”创建矩形选区，如图 4.97 所示。按“Alt+Delete”组合键填充前景色，在“图层”面板上将不透明度设为“30%”，作为文字的背景。

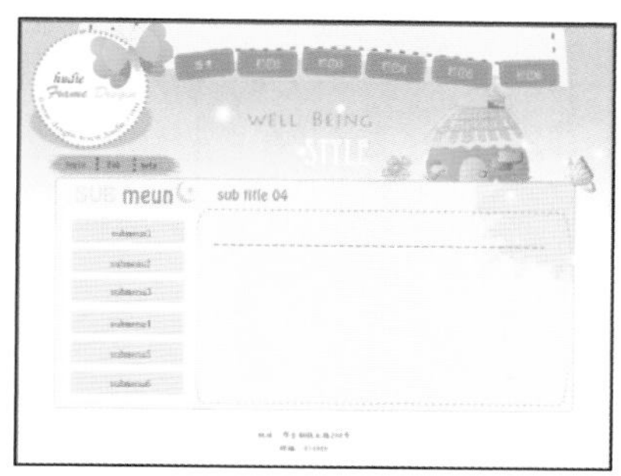

图 4.96　制作虚线

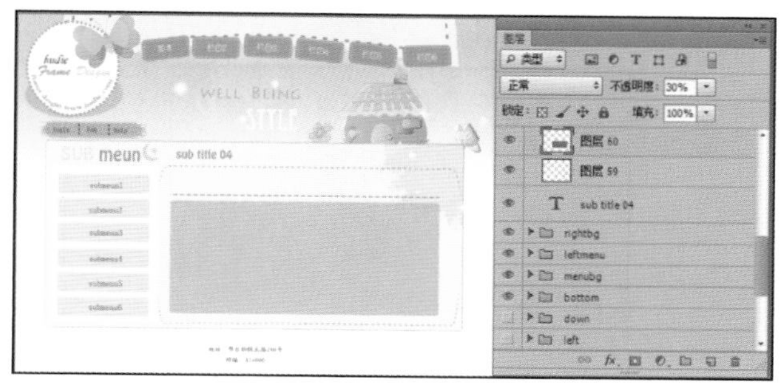

图 4.97　创建矩形选区

步骤 48：在“图层”面板上单击“创建新图层”按钮，前景色设置为“#ffe29e”，选择“直线工具”，按“Shift”键创建直线，并将直线图层复制三次，效果如图 4.98 所示。

步骤 49：选择“横排文字工具”，设置字体为“Lithos Pro”、字号为“24 点”、颜色为“#ffe29e”，输入文字，效果如图 4.99 所示。至此分页 4 制作完成。

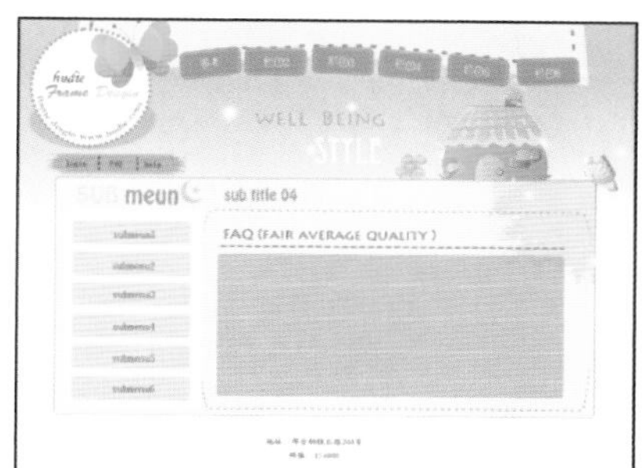

图 4.98　制作直线

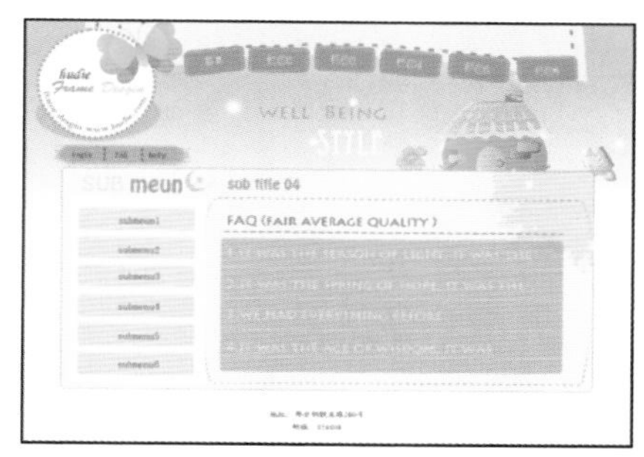

图 4.99　分页 4 效果

步骤 50：在 Photoshop 中打开分页文档，选择菜单“图像 | 复制”选项，并把文档名字命名为“分页 5”。

步骤 51：在“图层”面板上单击“创建新组”按钮，并为新组命名为“Banner”，选择“画笔工具”，设置硬度为“0%”，绘制软边圆点，再制作云朵图案。

步骤 52：选择“横排文字工具”，设置字体为“OCR A Std”、字号为“36 点”、颜色为“#ffe29e”，输入文字“well Being”，选择选项栏上的“创建文字变形”按钮，弹出“文字变形”对话框，设置样式为“下弧”、弯曲为“31%”，水平扭曲和垂直扭曲为“0%”。

步骤 53：选择“横排文字工具”，设置字体为“OCR A Std”、字号为“60 点”、颜色为“白色”，输入文字“Style”，效果如图 4.100 所示。

步骤 54：打开配套素材文件 04/任务实现/房子.jpg，将黄蓝楼房抠除白色背景后移入分页 5，效果如图 4.101 所示。

步骤 55：在“图层”面板上单击“创建新组”按钮，并为新组命名为“title05”，选择“横排文字工具”，设置字体为“Hobo Std”、字号为“24 点”、颜色为“#bd943d”，输入文字“sub title 05”。

步骤 56：打开配套素材文件 04/任务实现/女孩.jpg，抠除白色背景后，用“移动工具”将“女孩”移入分页 5，效果如图 4.102 所示。

步骤 57：在“图层”面板上单击“创建新图层”按钮，选择“椭圆选框工具”，设置绘图模式为“像素”，按住“Shift”键制作正圆形选区。

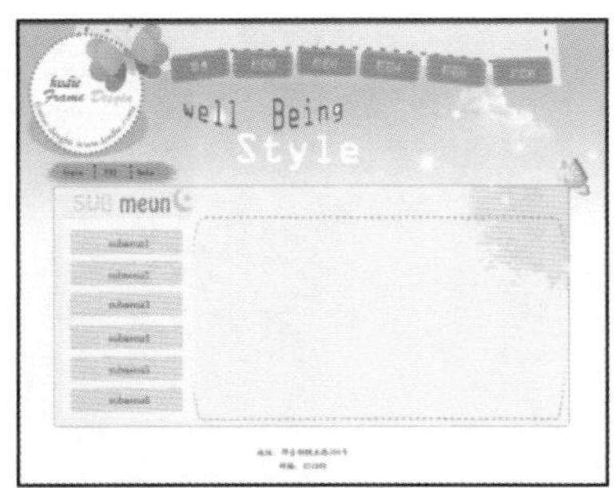

图 4.100　添加 Banner 文字

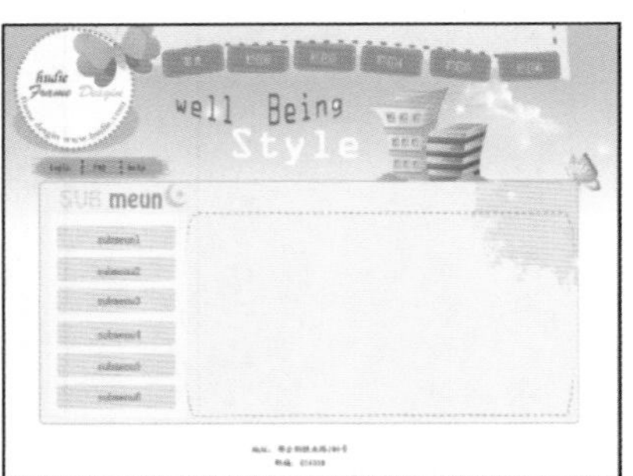

图 4.101　添加 Banner 图像

步骤 58：在“图层”面板上按“Ctrl”键单击正圆形选区所在图层，选择“渐变工具”，设置为径向渐变，为圆形选区添加由白色到绿色的渐变效果用以制作圆形按钮。

步骤 59：选择“横排文字工具”，设置字体为“Hobo Std”、字号为“28 点”、颜色为“＃f2a809”，输入文字“01”，效果如图 4.103 所示。

图 4.102　移入图像

图 4.103　添加文字

步骤 60：打开配套素材文件 04/任务实现/风景 1.jpg，用“移动工具”将素材移入分页 5 中，为素材添加图层样式中的“描边”和“投影”效果，参数设置如图 4.104 所示。

步骤 61：选择“横排文字工具”，设置字体为“Hobo Std”、字号为“14 点”、颜色为“＃5c5d50”，输入文本，效果如图 4.105 所示。

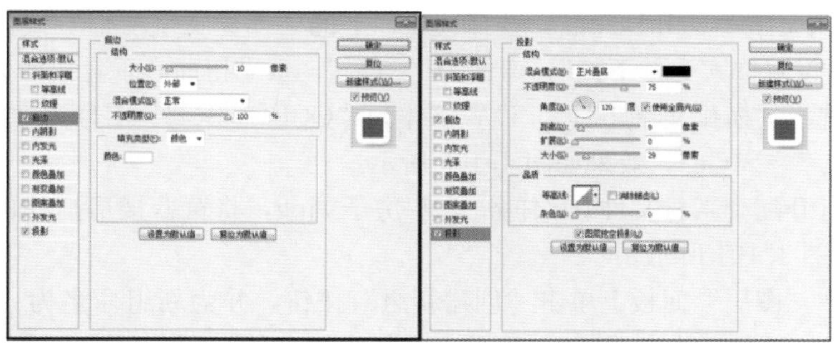

图 4.104　设置图层样式

步骤 62：复制圆形图层和文字图层“01”，将文字“01”改为“02”，其他参数不变。

步骤 63：打开配套素材文件 04/任务实现/风景 2.jpg，在“图层”面板上选择“风景1"所在图层单击右键选择"拷贝图层样式"选项，复制步骤61中完成的文字图层，如图4.106所示。至此分页5制作完成。

图4.105　添加文字

图4.106　分页5效果

4. 导出网页文件

以分页5为例，使用"切片工具"将图像生成网页文件，步骤如下：

步骤1：打开配套素材文件"分页5.jpg"，选择"切片工具"分割页面，效果如图4.107所示。

图4.107　分割页面

步骤2：选择"文件｜存储为Web所用格式"菜单，弹出"存储为Web所用格式"对话框，如图4.108所示。

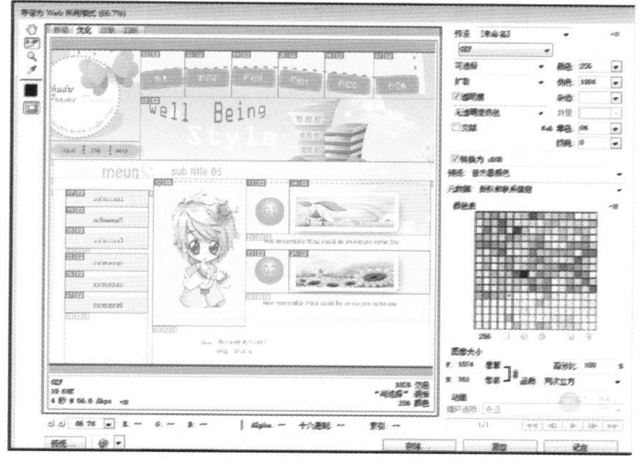

图4.108　"存储为Web所用格式"对话框

步骤 3：单击“存储”按钮，弹出“将优化结果存储为”对话框，如图 4.109 所示。单击“保存”按钮，网页文件导出完成。

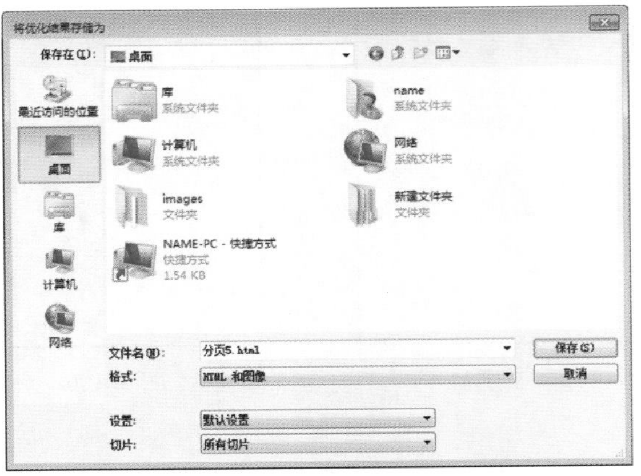

图 4.109 “将优化结果存储为”对话框

4.3.4 练习实践

运用配套素材文件 04/练习实践/动物 1.jpg、动物 2.jpg、动物 3.jpg 和条纹 .jpg 图像文件，如图 4.110 所示，使用“矩形选框工具”、“圆角矩形工具”、“变形工具”、“横排文字工具”、“图层样式”和“羽化”功能等，完成宠物网站模板设计。效果如图 4.111 所示。

图 4.110 素材图

图 4.111 效果图

项目 5　特效应用

教学目标

- 熟悉各种滤镜的功能。
- 掌握各种滤镜的使用方法。
- 掌握各种滤镜所产生的效果。

课前导读

为了强化图像的视觉表现力，往往需要给图像添加特殊的效果。滤镜是 Photoshop 中功能最丰富、效果最奇特的工具，它不仅为设计人员提供了无限的创意空间，同时也为设计人员展现了丰富的图像效果。本项目将结合几个特效设计任务帮助读者掌握一些常见滤镜的使用方法。

任务 1　添加图案

5.1.1　任务描述

本任务中主要通过运用“消失点”滤镜，给茶几的玻璃面板添加艺术图案，使茶几具有更抢眼的外观。原图像与调整后的图像效果如图 5.1 和 5.2 所示。

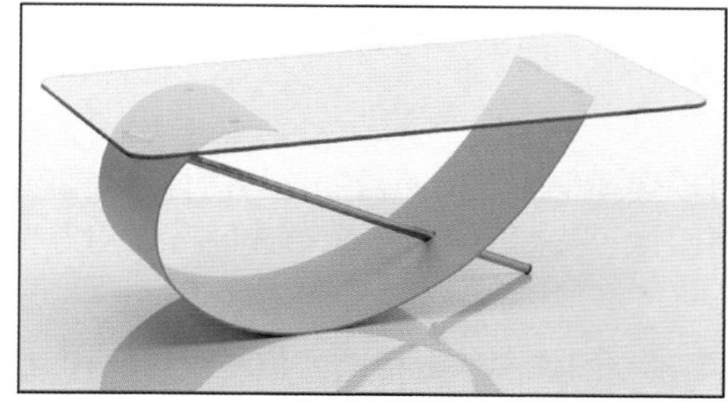

图 5.1　原图像

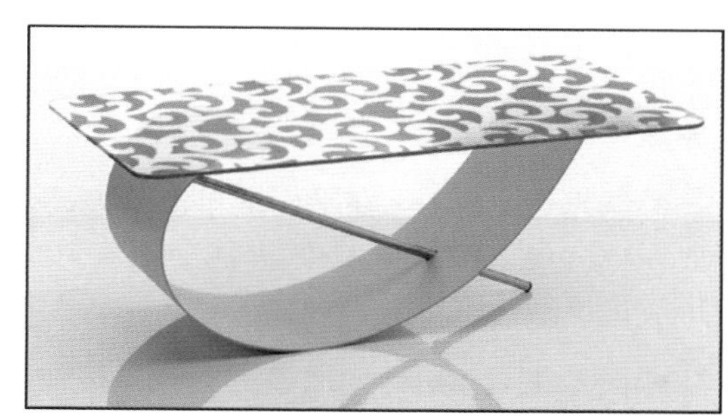

图 5.2　添加花纹后的效果

5.1.2　相关知识

“消失点”滤镜可以在包含透视平面的图像中进行透视校正。在进行绘画、仿制、拷贝或粘贴以及变换等操作时，可以确定这些操作的方向，并将它们缩放到透视平面，使结果更加逼真。

下面以一个实例来介绍“消失点”滤镜的功能及其所实现的效果。

步骤 1： 打开配套素材文件 05/相关知识/文字 .jpg，如图 5.3 所示，按“Ctrl＋A”组合键，再按“Ctrl＋C”组合键，将文字图层拷贝下来。

中科生物科技

图 5.3　素材图 1

步骤 2： 打开配套素材文件 05/相关知识/公司 .jpg，如图 5.4 所示，选择“滤镜｜消失点”菜单，打开“消失点”滤镜对话框，如图 5.5 所示。

图 5.4　素材图 2

图 5.5　“消失点”滤镜对话框

“消失点”滤镜对话框的部分选项说明如下：

- 编辑平面工具：用来选择、编辑、移动平面的节点以及调整平面的大小。
- 创建平面工具：用来定义透视平面的四个角节点。创建四个角节点后，可以移动、缩放平面或重新确定其形状；按住“Ctrl”键拖动平面的边节点可以拉出一个垂直平面。在定义透视平面的节点时，如果节点的位置不正确，可以按下“Backspace”键将该节点删除。
- 选框工具：在平面上单击并拖动鼠标可以选择平面上的图像。选择图像后，将光标放在选区内，按住“Alt”键拖动选区可以复制图像；按“Ctrl”键拖动选区可以用源图像填充该区域。
- 图章工具：使用该工具时，按住“Alt”键在图像中单击可以为仿制设置取样点，在其他区域拖动鼠标可复制图像，在某一点单击，然后按住“Shift”键在另一点单击，可在透视中绘制出一条直线。此外，在对话框顶部的选项中可以选择一种“修复”模式。如果要绘画而不与周围像素的颜色、光照和阴影混合，可选择“关”；如果要绘画并将描边与周围像素的光照混合，同时保留样本像素的颜色，可选择“明亮度”；如果要绘画并保留样本

图像的纹理，同时与周围像素的颜色、光照和阴影混合，可选择“开”。

● 画笔工具：可在图像上绘制选定的颜色。

● 变换工具：使用该工具时，可以通过移动定界框的控制点来缩放、旋转和移动浮动选区，类似于在矩形选区上使用“自由变换”命令。

● 吸管工具：可以拾取图像中的颜色作为画笔工具的绘画颜色。

步骤 3： 利用“创建平面工具”在公司左侧楼顶处创建一个透视平面，如图 5.6 所示。

图 5.6　创建透视平面

步骤 4： 按“Ctrl+V”组合建，将“文字”图层复制进来，再将其拖动至创建的透视平面内，接下来对文字进行放大以及位置上的调整，将其放置在一个合适的位置，如图 5.7 所示。

图 5.7　放置文字

步骤 5：单击“确定”按钮，图像的最终效果如图 5.8 所示。

图 5.8　效果图

5.1.3　任务实现

步骤 1：打开配套素材文件 05/任务实现/花纹 .jpg，如图 5.9 所示，按“Ctrl＋A”组合键，再按“Ctrl＋C”组合建，将花纹图案图层拷贝下来。

图 5.9　素材图

步骤 2：打开配套素材文件 05/任务实现/茶几 .jpg，如图 5.1 所示，复制“背景”图层，利用工具箱中的“磁性套索工具”，将茶几的玻璃桌面部分选中，如图 5.10 所示。

步骤 3：在“图层”面板上新建图层，按“Ctrl＋V”组合建，将选区复制到新图层中，单击“图层”面板“图层 1”前面的“小眼睛”，关闭“图层 1”，如图 5.11 所示。

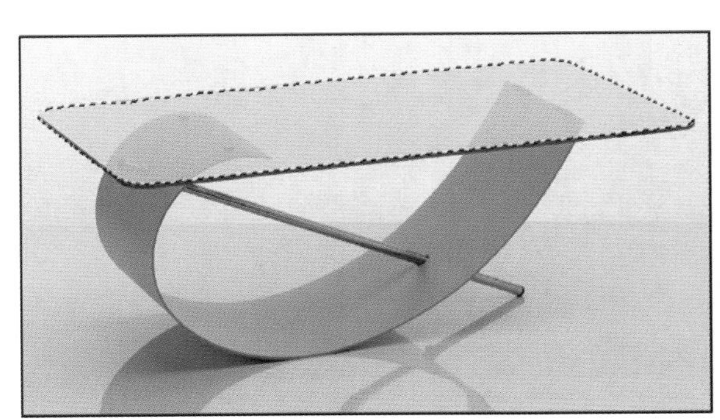

图 5.10　创建选区

图 5.11　关闭“图层1”

步骤 4：重新选择“背景副本”图层，选择“滤镜｜消失点”菜单，打开“消失点”对话框，利用“创建平面工具”，创建茶几玻璃面的透视平面，如图 5.12 所示。

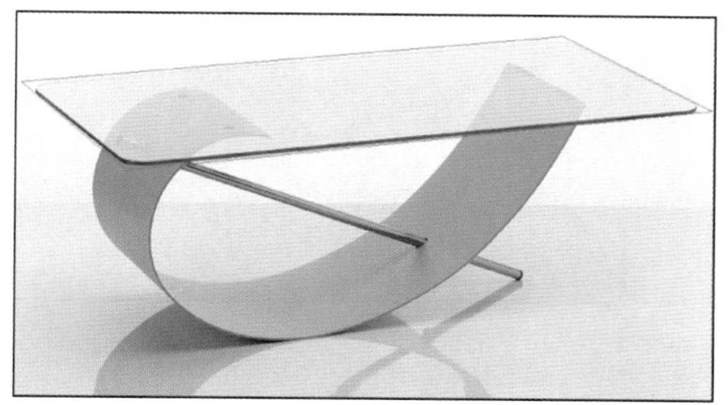

图 5.12　创建透视平面

步骤 5：按“Ctrl＋V”组合键，将“花纹”图层复制进来，设置“矩形选框工具”的各选项，其中将“不透明度”设置为“50”，“修复”设置为“开”，使花纹的颜色与茶几颜色相似，如图 5.13 所示。

图 5.13　设置复制图层

步骤 6：将花纹拖至创建的透视平面内，利用“变换工具”调整图像大小并将其拖放到一个合适的位置，如图 5.14 所示。

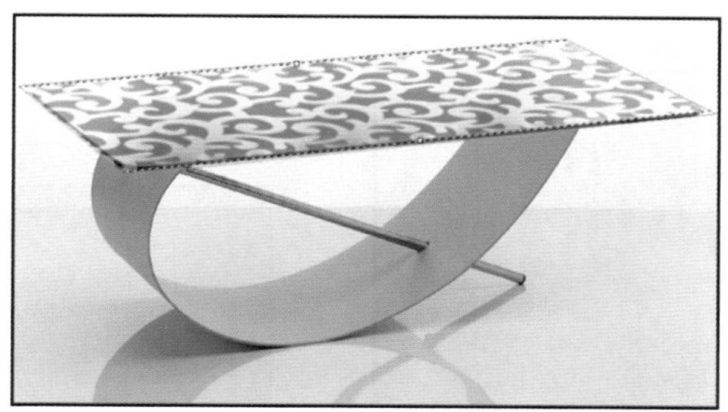

图 5.14　调整位置

步骤 7：单击“确定”按钮，图像效果如图 5.15 所示。由图 5.15 可以看出，花纹已经超出了茶几的平面，所以要加以调整。

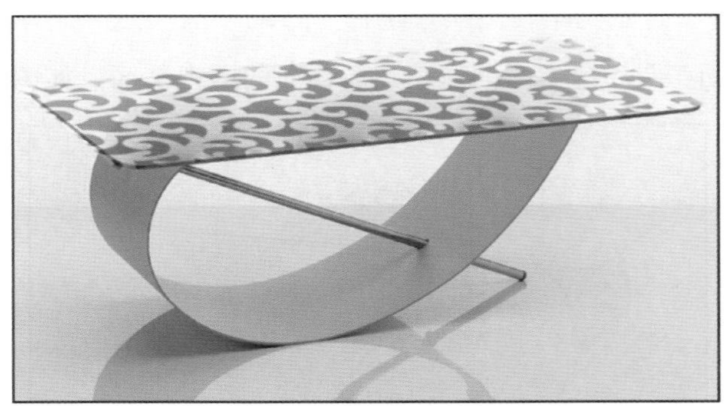

图 5.15　图像效果

步骤 8：选择“图层 1”，按“Ctrl”键，单击“图层 1”缩略图，调出选区，按“Ctrl+Shift+I”组合键进行反选，如图 5.16 所示。

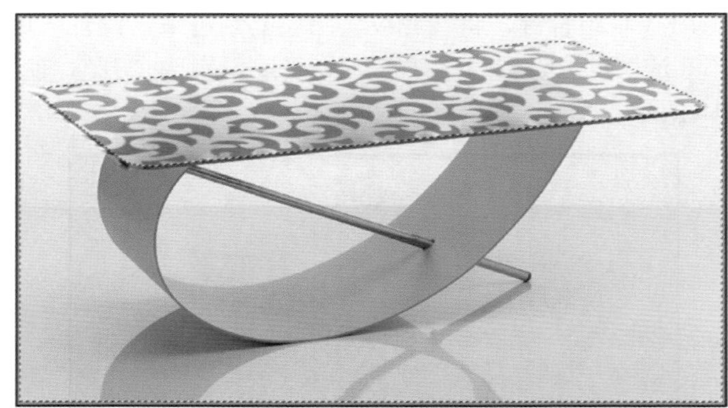

图 5.16　反选

步骤 9：选择“背景副本”图层，按“Delete”键，删除多余的图像部分，得到图像的最终效果如图 5.2 所示。

5.1.4　练习实践

打开配套素材文件 05/练习实践/卧室 .jpg 和花布 .jpg，如图 5.17 和 5.18 所示。利用“消失点”滤镜，为床单添加花纹，最终效果如图 5.19 所示。

图 5.17　素材图 1

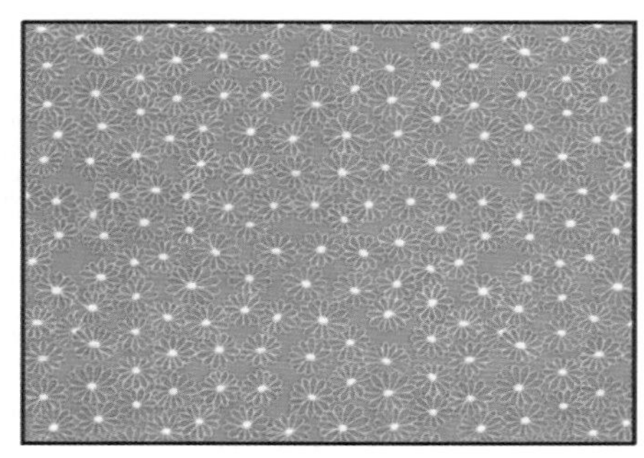

图 5.18　素材图 2

图 5.19　效果图

任务 2　美女大变脸

5.2.1　任务描述

本任务主要完成两大步骤，一是要利用“液化”滤镜对人物进行瘦脸和眼睛变大处理；二是要利用“高斯模糊”滤镜对人物的皮肤进行磨皮处理，使人物的皮肤更加白皙、细嫩。原图像与调整后的图像效果如图 5.20 和 5.21 所示。

图 5.20　原图像

图 5.21　效果图

5.2.2　相关知识

1. 液化滤镜

“液化”滤镜可以对图像进行推、拉、旋转、反射、折叠和膨胀等操作，从而达到图像变形的效果。“液化”滤镜创建的扭曲变形可以是细微的，也可以是剧烈的。

下面以一个实例来介绍“液化”滤镜的功能及其所实现的效果。

步骤 1： 打开配套素材文件 05/相关知识/瘦身 .jpg，如图 5.22 所示，选择“滤镜｜液化”菜单，打开“液化”对话框，勾选“高级模式”，如图 5.23 所示。

图 5.22　素材图

图 5.23　“液化”滤镜对话框

“液化”滤镜对话框的部分选项说明如下：

- 向前变形工具：可向前推动像素。
- 重建工具：用来恢复图像，在变形区域单击或拖动涂抹，可以将其恢复原状。
- 顺时针旋转扭曲工具：在图像中单击或拖动鼠标可顺时针旋转像素，按住“Alt”键操作则逆时针旋转像素。
- 褶皱工具：可以使像素向画笔区域的中心移动，使图像产生收缩效果。
- 膨胀工具：可以使像素向画笔区域中心以外的方向移动，使图像产生膨胀效果。
- 左推工具：垂直向上拖动鼠标，像素向左移动，向下拖动，像素向右移动。按

住“Alt”键垂直向上拖动时，像素向右移动，按住“Alt”键向下拖动时，像素向左移动。

- 勾选“液化”对话框中的“高级模式”按钮，对话框将全部展开。
- 冻结蒙版工具：如果要对局部图像进行处理，而又不希望影响其他区域，可以使用该工具在图像上绘制出冻结区域，此后使用工具处理图像时，冻结区域会受到保护。
- 解冻蒙版工具：用该工具涂抹冻结区域可以解除冻结。

“液化”对话框中的“工具选项”选项组用来设置当前选择的工具的各种属性，具体说明如下：

- 画笔大小：用来设置扭曲的画笔的宽度。
- 画笔密度：用来设置画笔边缘的羽化范围，它可以使画笔中心的效果最强，边缘处的效果最轻。
- 画笔压力：用来设置画笔在图像上产生的扭曲速度。较低的压力可以减慢扭曲速度，易于对变形效果进行控制。
- 画笔速率：用来设置旋转扭曲等工具在预览图像中保持静止时扭曲所应用的速度。该值越高，扭曲速度越快。
- 光笔压力：当计算机配置有数位板和压感笔时，勾选该项可通过压感笔的压力控制工具。

如果图像中包含选区或蒙版，可通过“液化”对话框中的“蒙版选项”选项组设置蒙版的保留方式。具体说明如下：

- 替换选区：显示原图像中的选区、蒙版或透明度。
- 添加到选区：显示原图像中的蒙版，此时可以使用冻结工具添加到选区。
- 从选区中减去：从冻结区域中减去通道中的像素。
- 与选区交叉：只使用处于冻结状态的选定像素。
- 反相选区：使当前的冻结区域反相。
- 无：单击该按钮可解冻所有区域。
- 全部蒙住：单击该按钮可以使图像全部冻结。
- 全部反相：单击该按钮可以使冻结和解冻区域反相。

“液化”对话框中的“视图选项”组用来设置图像、网格和背景的显示与隐藏。具体说明如下：

- 显示图像：在预览区中显示图像。
- 显示网格：勾选该项可在预览区中显示网格，通过网格可以更好地查看和跟踪扭曲。
- 显示蒙版：使用蒙版颜色覆盖冻结区域，在“蒙版颜色”选项中可以设置蒙版颜色。
- 显示背景：如果当前图像中包含多个图层，可通过该选项使其他图层作为背景来显示，以便更好地观察扭曲的图像与其他图层的合成效果。在“使用”下拉列表中可以选择作为背景的图层，在“模式”下拉列表中可以选择将背景放在当前图层的前面或后面，以便跟踪对图像所做出的修改；“不透明度”选项用来设置背景图层的不透明度。

步骤 2：利用“冻结蒙版工具”，在图像中左侧站立的人物部分创建冻结区域，如图 2.24 所示，这样做的目的是在调整另外一个人物图像的时候该区域可以不受影响。

图 5.24　创建冻结区域

步骤 3：利用“褶皱工具” 对右侧人物的腹部进行收缩处理，使其变瘦，效果如图 5.25 所示。

图 5.25　瘦腹效果

步骤 4：利用“褶皱工具” 在右侧人物的大腿处进行收缩处理，使腿变细，效果如图 5.26 所示。

图 5.26　瘦腿效果

步骤 5：利用“冻结蒙版工具” ，在如图 5.27 所示处创建冻结区域。

图 5.27　创建冻结区域

步骤 6：利用“向前变形工具” 在右侧人物的臂膀处向左推，使臂膀变细，单击“确定”按钮，人物瘦身完毕，最终效果如图 5.28 所示。

图 5.28　效果图

2. 高斯模糊滤镜

“高斯模糊”滤镜可以添加低频细节，使图像产生一种朦胧的效果。使用高斯曲线来分布像素信息可使图像增加模糊感，它的模糊程度比较强烈，很大程度上对图像进行高斯模糊处理，可使图像产生难以辨认的模糊效果。“高斯模糊”滤镜通过模糊半径的设置来快速对图像进行模糊处理。

打开配套素材文件 05/相关知识/小熊 .jpg，如图 5.29 所示，选择“滤镜｜模糊｜高斯模糊”菜单，打开“高斯模糊”滤镜对话框，设置半径为“3.0 像素”，如图 5.30 所示。单击“确定”按钮，此时图像的效果如图 5.31 所示。

图 5.29　素材图

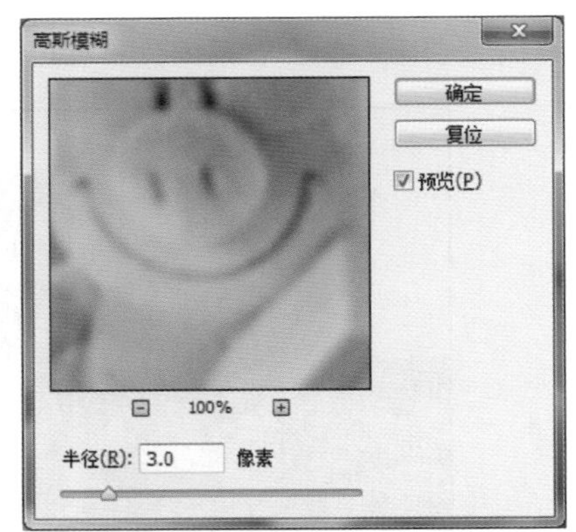

图 5.30　“高斯模糊”滤镜对话框

图 5.31　“高斯模糊”滤镜效果

5.2.3　任务实现

步骤 1：打开配套素材文件 05/任务实现/人物 .jpg，如图 5.20 所示，复制“背景”图层。

步骤 2：在“背景副本”图层上，选择“滤镜｜液化”菜单，打开“液化”滤镜对话框，利用“向前变形工具”，对人面的脸形和嘴部进行微调，效果如图 5.32 所示。

步骤 3：利用“膨胀工具”，对准人物的瞳孔单击，可使人物眼睛变大，效果如图 5.33 所示。单击“确定”按钮。至此人物脸形调整结束。

图 5.32　微调脸形和嘴部

图 5.33　眼睛变大

步骤 4：接下来对人物的皮肤进行磨皮处理。新建图层，按“Ctrl＋Shift＋Alt＋E”组合键，盖印图层。选择“滤镜｜模糊｜高斯模糊”菜单，打开“高斯模糊”滤镜对话框，设置半径为“4.0 像素”，如图 5.34 所示。单击“确定”按钮，此时图像效果如图 5.35 所示。

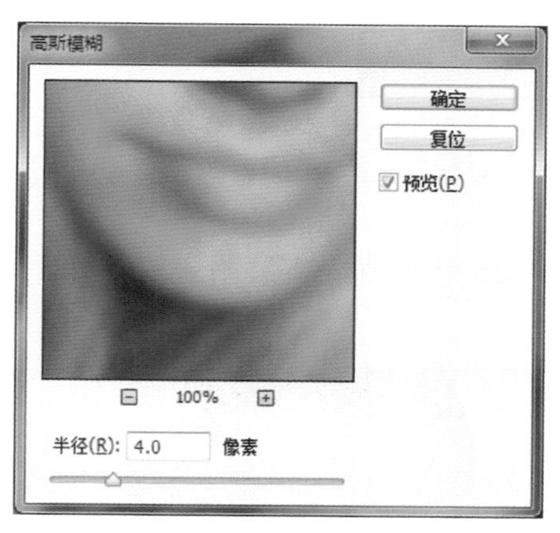

图 5.34　设置“高斯模糊”滤镜半径

图 5.35　“高斯模糊”滤镜效果

步骤 5：给新图层添加图层蒙版，设置前景色为“白色”，背景色为“黑色”，按“Ctrl＋Delete”组合键，为图层蒙版填充“黑色”，如图 5.36 所示。

步骤 6：利用工具箱中的“画笔工具”，选择不同的画笔大小，在人物的面部进行涂抹（除眼睛、眉毛、嘴部外）。此时“图层”面板如图 5.37 所示，图像效果如图 5.38 所示。

步骤 7：按照步骤 6 的方法，在人物的手和肩膀处进行处理。最终得到的图像效果如图 5.21 所示。

图 5.36　添加图层蒙版

图 5.37　“图层”面板

图 5.38　效果图

5.2.4　练习实践

1. 打开配套素材文件 05/练习实践/瘦脸.jpg，如图 5.39 所示。利用“液化”滤镜，为人物进行瘦脸处理，最终效果如图 5.40 所示。

图 5.39　原图像

图 5.40　瘦脸效果

2. 打开配套素材文件 05/练习实践/磨皮 .jpg，如图 5.41 所示。图像中人物的面部有很多色斑，运用本任务所使用的方法，对人物的皮肤进行磨皮处理，最终效果如图 5.42 所示。

图 5.41 原图像

图 5.42 磨皮效果

任务 3 炫彩海报

5.3.1 任务描述

本任务主要通过运用“波浪”和“点状化”滤镜，为人物打造彩色幻影效果，使海报给人以炫彩、虚幻、动感、时尚的感觉。原图像与调整后的图像效果如图 5.43 和 5.44 所示。

图 5.43 原图像

图 5.44 炫彩效果图

5.3.2 相关知识

1. 波浪滤镜

“波浪”滤镜具有产生波浪变形的生成器数、波长、波幅、比例和类型等属性，可以在图像上创建波状起伏的图案，生成波浪效果。

打开配套素材文件 05/相关知识/酒杯 .jpg，如图 5.45 所示，选择“滤镜｜扭曲｜波浪”菜单，打开“波浪”滤镜对话框，如图 5.46 所示。单击“确定”按钮，图像效果如图 5.47 所示。

图 5.45　素材图

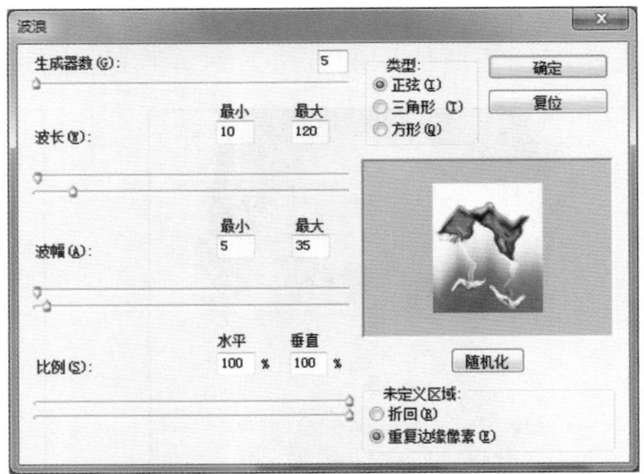

图 5.46　“波浪”滤镜对话框

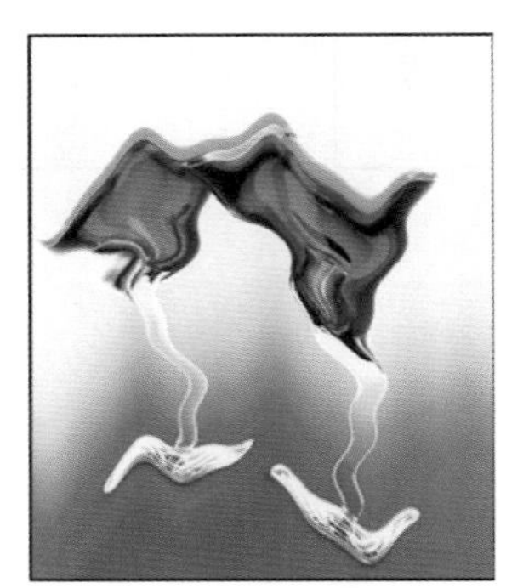

图 5.47　“波浪”滤镜效果

“波浪”滤镜对话框的部分选项说明如下：

● 生成器数：设置产生波浪的数量。

● 波长：设置波的大小，在“最小”文本框中设置最短的波长，在“最大”文本框中设置最长的波长。

● 波幅：设置最大和最小的波幅。

● 比例：设置波形垂直于水平缩放的百分比。

● 类型：用来设置波浪的形态，包括“正弦”、“三角形”和“方形”。

● 随机化：单击该按钮可以随机改变在前面已设定的波浪效果。如果对当前产生的效果不满意，可以再次单击该按钮，重新生成新的波浪效果。

● 未定义区域：用来处理图像中出现的空白区域，选择“折回”可在空白区域填入溢出的内容，选择“重复边缘像素”可填入扭曲边缘的像素颜色。

2. 点状化滤镜

“点状化”滤镜可以将图像中的颜色分解为随机分布的网点，从而产生点状绘画的效果，背景色将作为网点之间的画布区域。使用该滤镜时，可以通过“单元格大小”来控制网点的大小。

打开配套素材文件 05/相关知识/橙子.jpg，如图 5.48 所示。选择“滤镜｜扭曲｜点状化”菜单，打开“点状化”滤镜对话框，如图 5.49 所示。单击“确定”按钮，图像效果如图 5.50 所示。

图 5.48　素材图

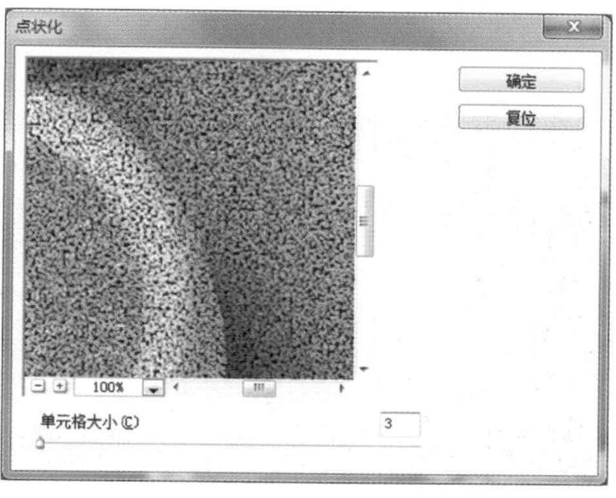

图 5.49　“点状化”滤镜对话框

图 5.50　“点状化”滤镜效果

5.3.3　任务实现

步骤 1：打开配套素材文件 05/任务实现/炫彩.psd，如图 5.43 所示。

步骤 2：按住“Ctrl”键，单击“人物”图层缩略图，载入人物选区，如图 5.51 所示。

步骤 3：设置前景色为“#0e2daa”，新建“图层 1”，按“Alt+Delete”组合键，在人物选区中填充前景色，“图层”面板如图 5.52 所示，图像效果如图 5.53 所示。

步骤 4：按两次“Ctrl+J”组合键，复制图层，将“图层 2 副本”移至“人物”图层下方，如图 5.54 所示。

图 5.51　载入人物选区

图 5.52　“图层”面板

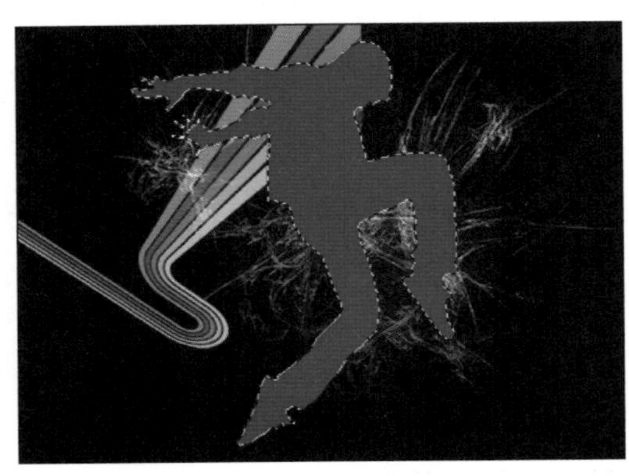

图 5.53　填充选区

图 5.54　复制并移动图层

步骤 5：隐藏“图层 2”和“图层 2 副本”两个图层，选择“图层 1”，如图 5.55 所示，选择“滤镜｜扭曲｜波浪”菜单，打开“波浪”滤镜对话框，按照图 5.56 所示进行设置，可以按“随机化”按钮，选择合适的波浪效果，单击“确定”按钮。

步骤 6：将“图层 1”的图层混合模式设置为“颜色减淡”，如图 5.57 所示，此时图像效果如图 5.58 所示。

图 5.55　图层状态

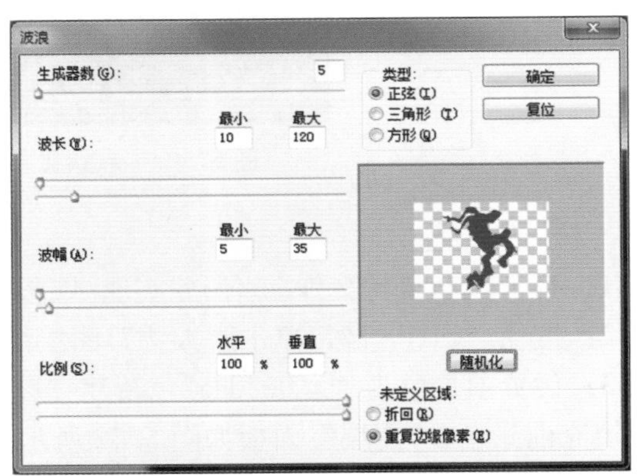

图 5.56　“波浪”滤镜对话框

图 5.57　设置图层混合模式（图层 1）

图 5.58　“颜色减淡”效果（图层 1）

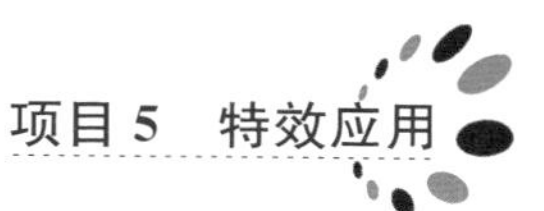

步骤 7：显示并选择“图层 2”，设置图层的混合模式为“颜色减淡”，如图 5.59 所示，图像效果如图 5.60 所示。

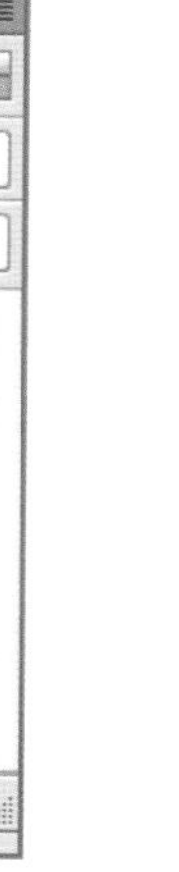

图 5.59　设置图层混合模式（图层 2）

图 5.60　“颜色减淡”效果（图层 2）

步骤 8：设置前景色为“白色”，背景色为“黑色”，选择“滤镜｜像素化｜点状化”菜单，打开“点状化”滤镜对话框，按照图 5.61 所示进行设置，单击“确定”按钮，此时图像效果如图 5.62 所示。

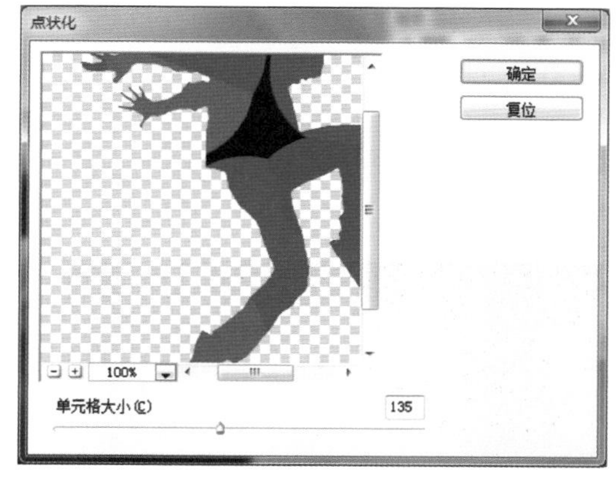

图 5.61　“点状化”滤镜对话框

图 5.62　“点状化”滤镜效果

步骤 9：显示并选择“图层 2 副本”，选择“滤镜｜扭曲｜波浪”菜单，打开“波浪”滤镜对话框，仍然可以按照图 5.56 所示进行设置，单击“确定”按钮。此时图像效果如图 5.63 所示。

步骤 10：在“图层 2 副本”图层上选择“滤镜｜模糊｜高斯模糊”菜单，打开“高斯模糊”滤镜对话框，按照图 5.64 所示进行设置，单击“确定”按钮，此时图像效果如图 5.65 所示。

步骤 11：单击“图层”面板下面的按钮，选择“色相/饱和度”菜单，按照图 5.66 所示进行设置，至此图像调整完毕，图像最终效果如图 5.44 所示。

图 5.63 “波浪”滤镜效果

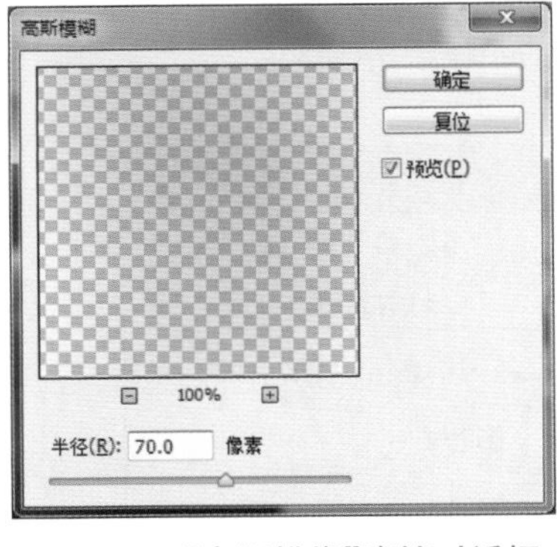

图 5.64 “高斯模糊”滤镜对话框

图 5.65 “高斯模糊”滤镜效果

图 5.66 调整“色相/饱和度”

5.3.4 练习实践

打开配套素材文件 05/练习实践/炫彩世界 .psd，如图 5.67 所示。综合运用“波浪”滤镜、“点状化”滤镜及“动感模糊”滤镜打造炫酷的氛围，图像的最终效果如图 5.68 所示。

图 5.67 原图像

图 5.68 效果图

任务 4 雪花飞舞

5.4.1 任务描述

本任务营造的是雪花漫天飞舞的场景。主要利用“添加杂色”滤镜来制作一些小的白色斑点，然后通过“进一步模糊”、“晶格化”滤镜及“色阶”命令把斑点调明显，然后再适当利用“动感模糊”滤镜进行处理。原图像与调整后的图像效果如图 5.69 和 5.70 所示。

图 5.69 原图像

图 5.70 效果图

5.4.2 相关知识

1. 添加杂色滤镜

“添加杂色”滤镜可以将随机的像素应用于图像，模拟在高速胶片上拍照的效果。

打开配套素材文件 05/相关知识/女孩.jpg，如图 5.71 所示，选择“滤镜｜杂色｜添加杂色”菜单，打开“添加杂色”滤镜对话框，按照图 5.72 所示进行设置，单击“确定”按钮，图像效果如图 5.73 所示。

图 5.71 素材图

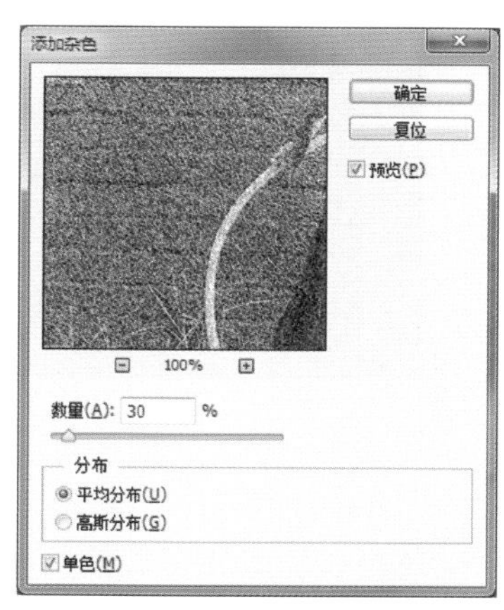

图 5.72 “添加杂色”滤镜对话框

图 5.73 “添加杂色”滤镜效果

“添加杂色”对话框的选项说明如下：

● 数量：设置杂色的数量。

● 分布：设置杂色的分布方式，选择“平均分布”会随机地在图像中加入杂点，效果比较柔和；若选择“高斯分布”则会沿一条钟形曲线添加杂点，杂点比较强烈。

● 单色：勾选该项，杂点只会影响原有像素的亮度，而不会改变像素的颜色。

2. 进一步模糊滤镜

“进一步模糊”滤镜是对图像进行轻微模糊处理的滤镜，它可以在图像中有显著颜色变化的区域消除杂色。“进一步模糊”与“模糊”滤镜的功能相似，其中，“模糊”滤镜对于边缘过于清晰，对比度过于强烈的区域进行光滑处理，生成极轻微的效果；“进一步模糊”滤镜所产生的效果是“模糊”滤镜的 3～4 倍。对图 5.71 应用“进一步模糊”滤镜，效果如图 5.74 所示。

图 5.74 “进一步模糊”滤镜效果

3. 动感模糊滤镜

“动感模糊”滤镜可以模仿拍摄运动物体的手法，通过使像素进行某一方向上的线性位移来产生运动模糊效果，产生的效果类似于以固定的曝光时间给一个移动的对象拍照。在表现对象的速度感时会经常用到该滤镜。

下面以一实例来说明“动感模糊”滤镜的作用。

步骤 1：打开配套素材文件 05/相关知识/骏马 .jpg，利用“钢笔工具”将马的主体选中，按“Ctrl+Enter”组合键载入选区，如图 5.75 所示。

步骤 2：按“Ctrl+J”组合键复制一个图层。回到背景层，选择“滤镜｜模糊｜动感模糊”菜单，“角度”设置为“45 度”，“距离”设置为“25 像素”，如图 5.76 所示，单击“确定”按钮，此时图像效果如图 5.77 所示。

“动感模糊”滤镜对话框的选项说明如下：

● 角度：用于控制运动模糊的方向，可以通过改变文本框中的数字或直接拖动指针来调整。

● 距离：用于控制像素移动的距离，即模糊的强度。

图 5.75　载入选区

图 5.76　“动感模糊”滤镜对话框

图 5.77　“动感模糊”滤镜效果

4. 晶格化滤镜

“晶格化” 滤镜可以使图像中相近的像素集中到多边形色块中，产生类似结晶的颗粒效果。使用该滤镜时，可通过 “单元格大小” 来控制多边形色块的大小。

打开配套素材文件 05/相关知识/骏马 .jpg，如图 5.75 所示。选择 “滤镜｜像素化｜晶格化” 菜单，按照图 5.78 所示进行设置，单击 “确定” 按钮，图像效果如图 5.79 所示。

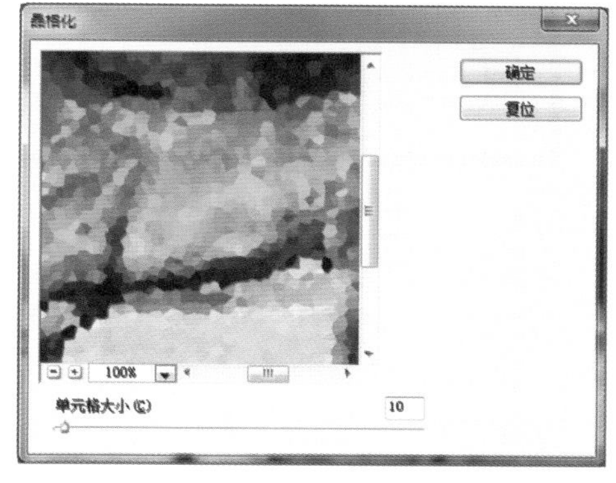

图 5.78　“晶格化”滤镜对话框

图 5.79　“晶格化”滤镜效果

5.4.3 任务实现

步骤 1：打开配套素材文件 05/任务实现/雪景 .jpg，如图 5.69 所示。

步骤 2：新建图层，设置背景色为“黑色”，按“Ctrl＋Delete”组合键，给“图层 1”填充“黑色”。

步骤 3：选择“图层 1”，选择“滤镜｜杂色｜添加杂色”菜单，打开“添加杂色”滤镜对话框，按照图 5.80 所示进行设置，单击“确定”按钮，图像效果如图 5.81 所示。

步骤 4：选择“滤镜｜模糊｜进一步模糊”菜单，图像效果如图 5.82 所示。

步骤 5：选择“图像｜调整｜色阶”菜单，打开“色阶”对话框，按照图 5.83 所示进行设置，单击“确定”按钮，此时图像效果如图 5.84 所示。

图 5.80 “添加杂色”滤镜对话框

图 5.81 “添加杂色”滤镜效果

图 5.82 “进一步模糊”滤镜效果

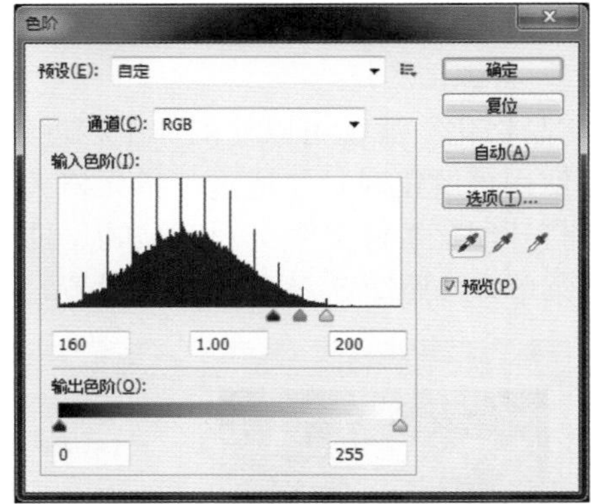

图 5.83 “色阶”对话框

步骤 6：设置图层混合模式为“滤色”，如图 5.85 所示。图像效果如图 5.86 所示。

步骤 7：选择“滤镜｜模糊｜动感模糊”菜单，“角度”设置为“－65 度”，“距离”设置为“3 像素”，如图 5.87 所示，单击“确定”按钮，此时图像效果如图 5.88 所示。

步骤 8：复制“图层 1”，得到“图层 1 副本”。选择“编辑｜变换｜旋转 180 度”菜单，图像效果如图 5.89 所示。

图 5.84　调整“色阶”后的效果

图 5.85　设置图层混合模式

图 5.86　“滤色”效果

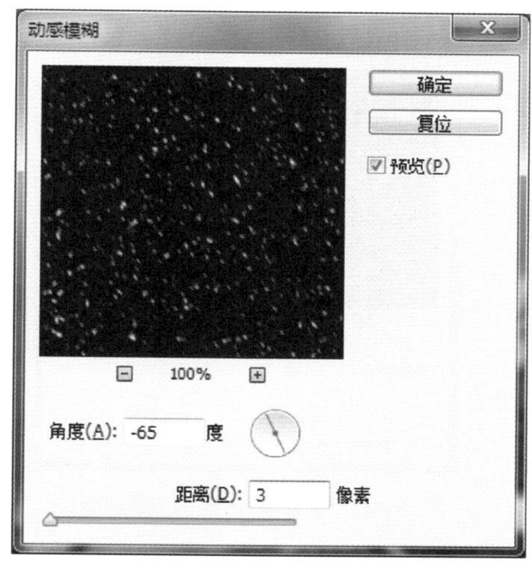

图 5.87　“动感模糊”滤镜对话框

图 5.88　“动感模糊”滤镜效果

图 5.89　“图层1”旋转 180 度

步骤 9： 选择“滤镜 | 像素化 | 晶格化”菜单，“单元格大小”设置为“4”，如图 5.90 所示，单击“确定”按钮，图像效果如图 5.91 所示。

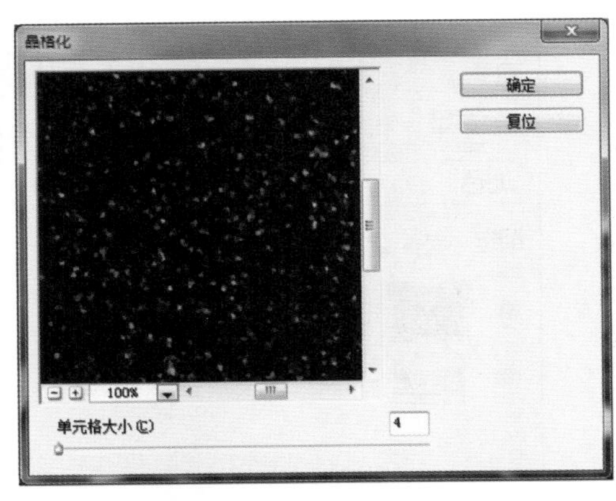

图 5.90 “晶格化”滤镜对话框

图 5.91 “晶格化”滤镜效果

步骤 10：选择“滤镜 | 模糊 | 动感模糊”菜单，“角度”设置为“−65 度”，“距离”设置为“7 像素”，如图 5.92 所示，单击“确定”按钮，此时图像效果如图 5.93 所示。

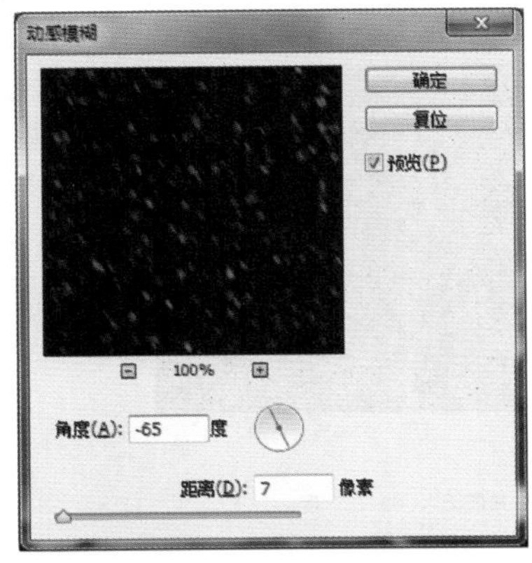

图 5.92 “动感模糊”滤镜对话框

图 5.93 “动感模糊”滤镜效果

步骤 11：同时选中“图层 1”和“图层 1 副本”图层，单击右键，在打开的快捷菜单中选择“合并图层”菜单，得到一个新的“图层 1 副本”图层，设置图层混合模式为“滤色”，如图 5.94 所示。

步骤 12：复制“图层 1 副本”图层，在新图层中设置“不透明度”为“50%”，如图 5.95 所示。图像最终效果如图 5.70 所示。

图 5.94 设置图层混合模式

图 5.95 设置“不透明度”

5.4.4 练习实践

打开配套素材文件05/练习实践/山水.jpg，如图5.96所示。按照本任务介绍的方法，打造阴雨天效果。图像最终效果如图5.97所示。

图5.96 原图像

图5.97 效果图

任务5 木板雕刻

5.5.1 任务描述

本任务实现在木板上雕刻花纹的效果。先运用"云彩"、"添加杂色"、"动感模糊"及"旋转扭曲"滤镜制作出木板雕刻效果，再运用"查找边缘"及"纹理化"滤镜把花纹纹理雕刻在木板上。最终效果如图5.98所示。

图5.98 木板雕刻效果

5.5.2 相关知识

1. 云彩滤镜

"云彩"滤镜进行图像处理时，根据预先在工具箱中设置的前景色和背景色，并使用随机像素方式将图像转换成柔和的云彩效果。

2. 旋转扭曲滤镜

"旋转扭曲"滤镜的功能是以选区为中心来旋转扭曲图像，使处理的图像呈现出漩涡状。"旋转扭曲"滤镜主要通过"角度"的设置来体现扭曲的程度。

打开配套素材文件中的05/相关知识/扩散.jpg，如图5.99所示，选择"滤镜|扭曲|

旋转扭曲”菜单，打开“旋转扭曲”滤镜对话框，设置“角度”为“688 度”，如图 5.100 所示，单击“确定”按钮，图像效果如图 5.101 所示。

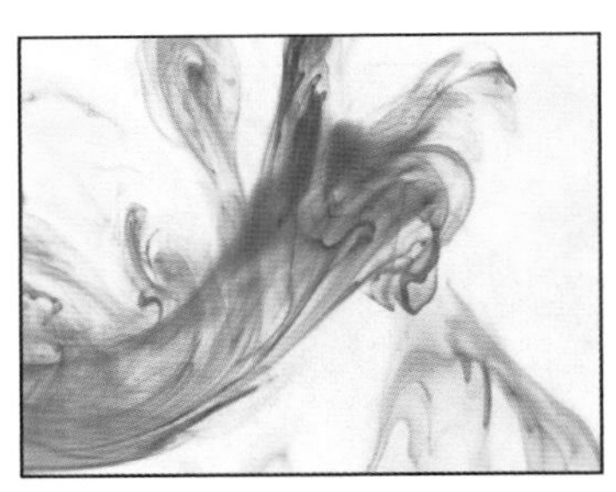

图 5.99　原图像

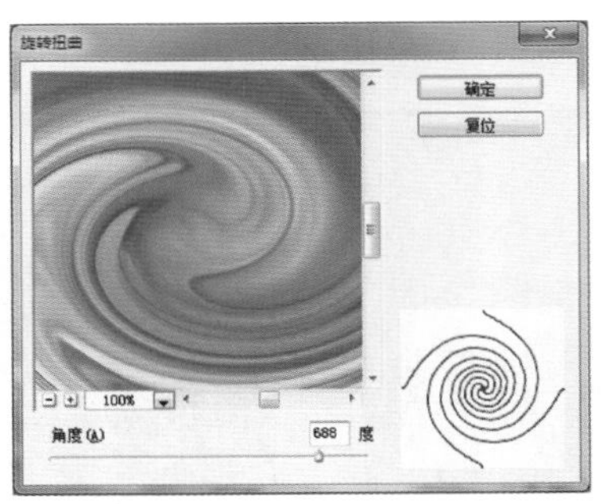

图 5.100　“旋转扭曲”滤镜对话框

图 5.101　“旋转扭曲”滤镜效果

3. 查找边缘滤镜

“查找边缘”滤镜主要用于查找图像中颜色过渡明显的区域，然后以突出的颜色进行显示，以便加以强调，使图像看起来像是用铅笔勾勒出轮廓一样。注意该滤镜没有任何参数设置。

打开配套素材文件 05/相关知识/雪山 .jpg，如图 5.102 所示，选择“滤镜｜风格化｜查找边缘”菜单。图像效果如图 5.103 所示。

图 5.102　原图像

图5.103　“查找边缘”滤镜效果

4. 纹理化滤镜

“纹理化”滤镜处于“纹理”滤镜组中，该滤镜可以在图像中产生系统预设的纹理效果或根据另一个文件的亮度值向图像中添加纹理效果。

打开配套素材文件 05/相关知识/花艺术 .jpg 图片，如图 5.104 所示。选择“滤镜｜滤镜库｜纹理｜纹理化”菜单，打开“纹理化”滤镜对话框，按照图 5.105 所示进行设置，单击“确定”按钮，图像效果如图 5.106 所示。

“纹理化”对话框中的各个选项作用如下：

- 纹理：提供了“砖形”、“粗麻布”、“画布”和“砂岩”4 种纹理类型。
- 缩放：用于调整纹理的尺寸大小。
- 凸现：用于调整纹理产生的厚度。
- 光照：提供了 8 个方向的光照效果。

图 5.104　原图像

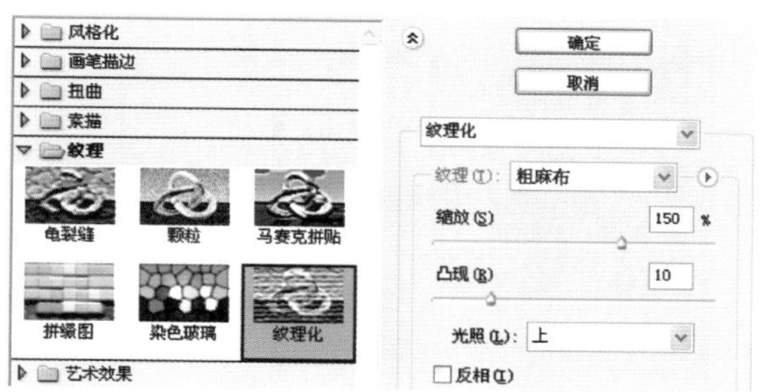

图 5.105　“纹理化”滤镜对话框

图 5.106　“粗麻布”纹理效果

5.5.3　任务实现

步骤 1：新建文件，大小为“500 像素×300 像素”。

步骤 2：在工具箱中设置前景色为“＃f0b14d”，背景色为“＃976c29”。

步骤 3：选择“滤镜｜渲染｜云彩”菜单，图像效果如图 5.107 所示。

图 5.107　“云彩”滤镜效果

步骤 4：选择“滤镜｜杂色｜添加杂色”菜单，按照图 5.108 所示进行设置，单击“确定”按钮，图像效果如图 5.109 所示。

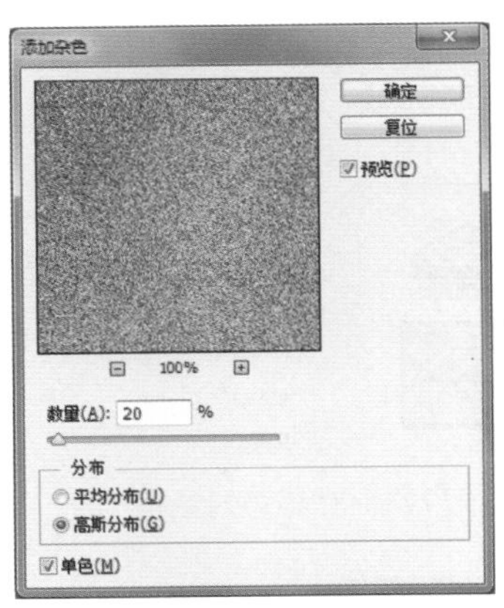

图 5.108 “添加杂色”滤镜对话框

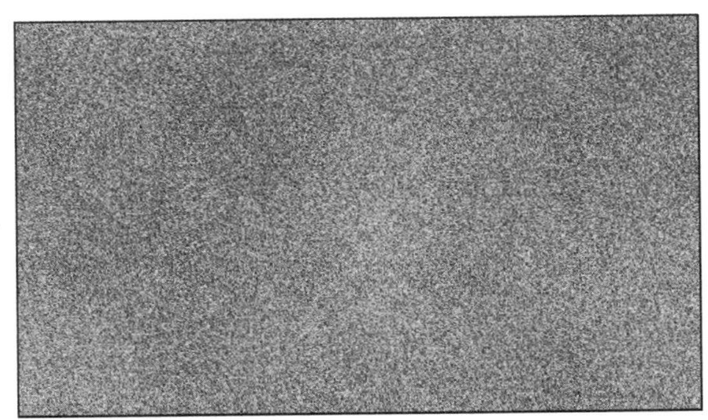

图 5.109 “添加杂色”滤镜效果

步骤 5： 选择“滤镜｜模糊｜动感模糊”菜单，按照图 5.110 所示进行设置，单击“确定”按钮，图像效果如图 5.111 所示。

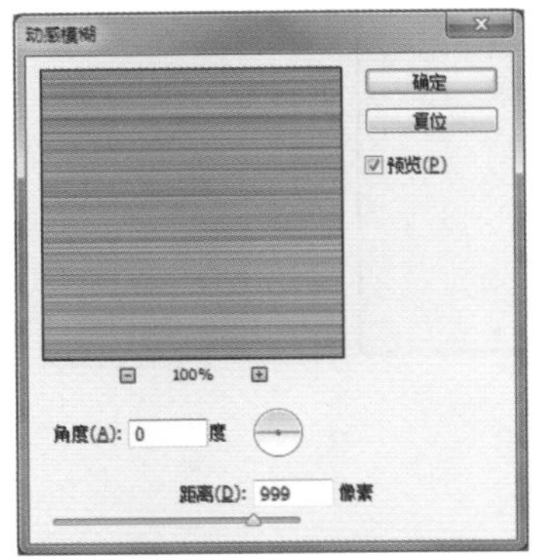

图 5.110 “动感模糊”滤镜对话框

图 5.111 “动感模糊”滤镜效果

步骤 6： 使用“矩形选框工具”，在如图 5.112 所示的位置上创建一个长方形的选区。选择“滤镜｜扭曲｜旋转扭曲”菜单，打开“旋转扭曲”滤镜对话框，按照图 5.113 所示进行设置，单击“确定”按钮，取消选取，此时图像效果如图 5.114 所示。

图 5.112 创建选区

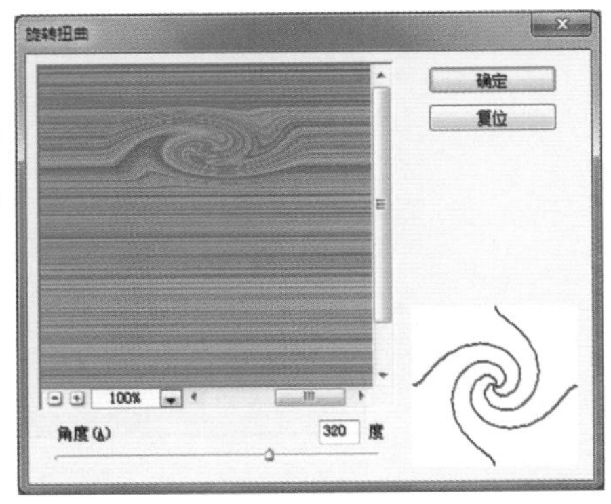

图 5.113 “旋转扭曲”滤镜对话框

图5.114 “旋转扭曲”滤镜效果

步骤 7： 选择“图像｜调整｜亮度/对比度”菜单，打开“亮度/对比度”对话框，按照图 5.115 所示进行设置，单击“确定”按钮，按“Ctrl+D”组合键取消选择。此时图像效果如图 5.116 所示。至此木制纹理制作完成。

亮度/对比度
亮度：85
对比度：-11
确定
复位
自动(A)
使用旧版(L)
预览(P)

图 5.115 “亮度/对比度”对话框

图 5.116 调整“亮度/对比度”后的效果

步骤 8： 打开配套素材文件 05/任务实现/纹理.jpg，如图 5.117 所示。

步骤 9： 选择“滤镜｜风格化｜查找边缘”菜单，图像效果如图 5.118 所示。

图 5.117 素材图

图 5.118 “查找边缘”滤镜效果

步骤 10： 选择“图像｜模式｜灰度”菜单，单击“扔掉”按钮，图像效果如图 5.119 所示。选择“文件｜存储为”菜单，保存该文件，注意格式必须为“.psd”，文件名为“纹理.psd”。

步骤 11： 重新回到刚才创建好的木制纹理文件中，选择“滤镜｜滤镜库｜纹理｜纹理化”菜单，打开“纹理化”滤镜对话框，单击≡按钮，载入纹理，如图 5.120 所示。载入文件“纹理 . psd”，单击“确定”按钮，图像制作完毕，最终效果如图 5. 98 所示。

图 5. 119 “灰度”效果

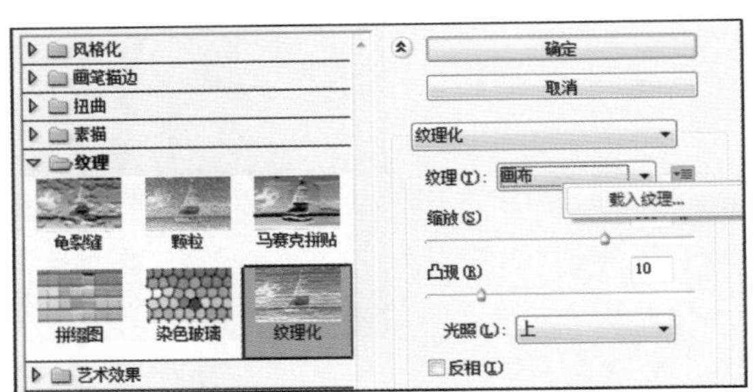

图 5. 120 载入纹理

5. 5. 4 练习实践

1. 打开配套素材文件 05/练习实践/砖墙画 . jpg，如图 5. 121 所示。主要运用“纹理化”滤镜打造出在砖墙上绘画的效果。图像的最终效果如图 5. 122 所示。

图 5. 121 原图像

图 5. 122 效果图

2. 综合运用“云彩”、“旋转扭曲”及“高斯模糊”滤镜打造出一种紫色漩涡的特殊效果，图像最终效果如图 5. 123 所示。

图 5. 123 紫色漩涡效果

任务 6　绳子缠绕效果

5.6.1　任务描述

本任务将综合运用“半调图案”、“添加杂色”以及“极坐标”滤镜，并配合使用“阴影”以及“斜面和浮雕”图层样式制作出绳子缠绕的效果，最终通过复制几个绳子图层，形成依次排列缠绕的效果，最终效果如图 5.124 所示。

图 5.124　绳子缠绕效果

5.6.2　相关知识

1. 半调图案滤镜

“半调图案”滤镜位于“素描”滤镜组中，该滤镜可以模拟半调网屏的效果，并保持色调的连续范围，同时还可以使用前景色和背景色在当前图像中产生网格图案的效果。选择“滤镜｜滤镜库｜素描｜半调图案”菜单，打开“半调图案”滤镜对话框，如图 5.125 所示。

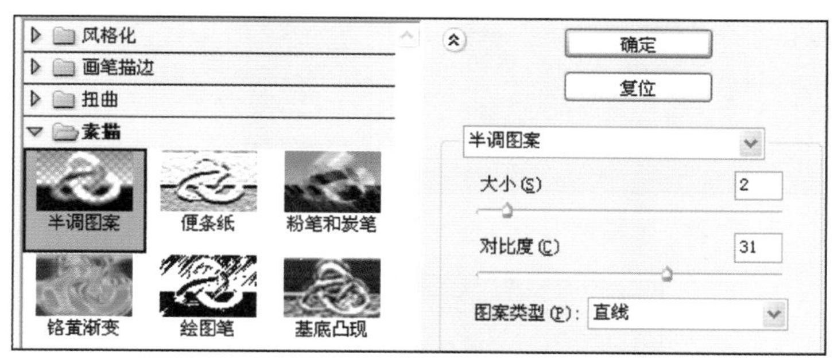

图 5.125　“半调图案”滤镜对话框

“半调图案”滤镜对话框中的各个选项作用如下：

- 大小：用于调整当前文件图像纹理的大小。
- 对比度：用于调整图像以及纹理色彩的对比度。
- 图案类型：系统提供了“圆形”、“网点”和“直线”3 种类型，其中，“圆形”表示由圆圈做纹理，以图像的中间为中心；“网点”表示由网点做纹理；“直线”表示由一条一条的直线做纹理。

打开配套素材文件 05/相关知识/花饰 .jpg，如图 5.126 所示。选择“滤镜｜滤镜库｜素描｜半调图案”菜单，“大小”设置为“4”，“对比度”设置为“0”，“图案类型”设置为“网点”，图像效果如图 5.127 所示。

图 5.126　原图像

图 5.127　“半调图案”滤镜效果

2. 极坐标滤镜

“极坐标”滤镜属于“扭曲”滤镜组，该滤镜的功能是使图像按照一定的坐标算法产生强烈的变形。该对话框中有两个主要选项：“平面坐标到极坐标”是将平面坐标系转换成极坐标系；“极坐标到平面坐标”是将极坐标系转换成平面坐标系。

打开配套素材文件 05/相关知识/水珠 .jpg，如图 5.128 所示。选择“滤镜｜扭曲｜极坐标”菜单，选择“平面坐标到极坐标”选项，如图 5.129 所示，单击“确定”按钮，此时图像效果如图 5.130 所示。

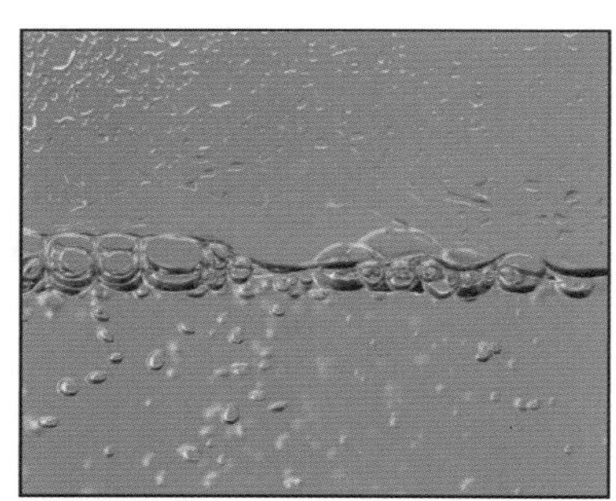
图 5.128　原图像

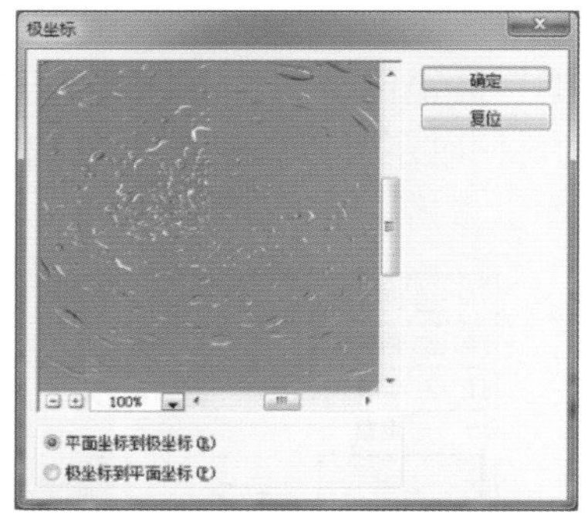

图 5.129　“极坐标”滤镜对话框

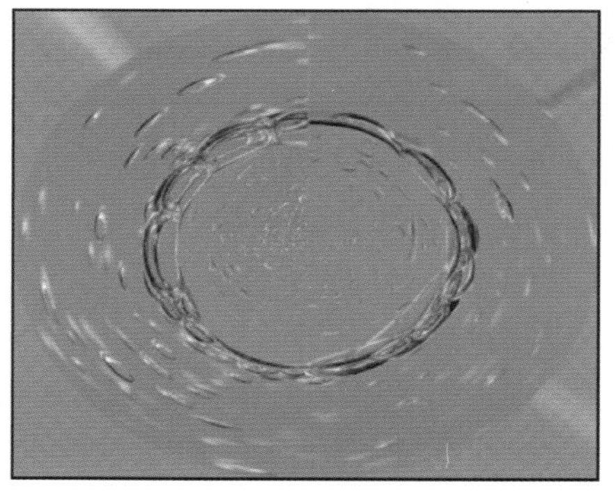
图 5.130　“平面坐标到极坐标”效果

5.6.3 任务实现

步骤 1：新建文件，大小为“400 像素×400 像素”，背景填充为“白色”。

步骤 2：新建“图层 1”，填充白色。选择“滤镜｜滤镜库｜素描｜半调图案”菜单，弹出“半调图案”滤镜对话框，将“大小”设置为“2”，“对比度”设置为“31”，“图案类型”设置为“直线”，如图 5.131 所示。单击“确定”按钮，此时图像效果如图 5.132 所示。

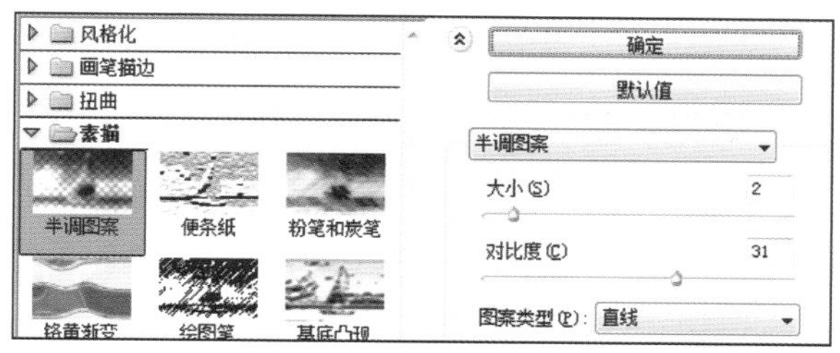

图 5.131 “半调图案”滤镜对话框

步骤 3：选择“编辑｜变换｜旋转”菜单，在工具栏中设置旋转度数为“45”度，效果如图 5.133 所示。

图 5.132 “半调图案”滤镜效果

图 5.133 图层旋转 45 度

步骤 4：选择“滤镜｜杂色｜添加杂色”菜单，“数量”设置为“28%”，分布为“平均分布”，勾选“单色”选项，如图 5.134 所示，此时图像效果如图 5.135 所示。

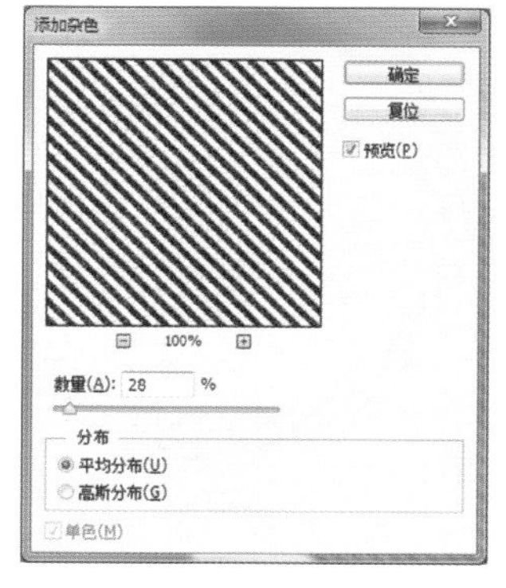

图 5.134 “添加杂色”滤镜对话框

图 5.135 “添加杂色”滤镜效果

步骤 5：使用“矩形选框工具”在图像中间位置绘制一个与图像同宽的矩形，如图 5.136 所示。按“Ctrl+J”组合键复制图层，如图 5.137 所示。

图 5.136　创建矩形

图 5.137　“图层”面板

步骤 6： 选择“滤镜｜扭曲｜极坐标”菜单，选择“平面坐标到极坐标”选项，如图 5.138 所示。单击“确定”按钮，图像效果如图 5.139 所示。

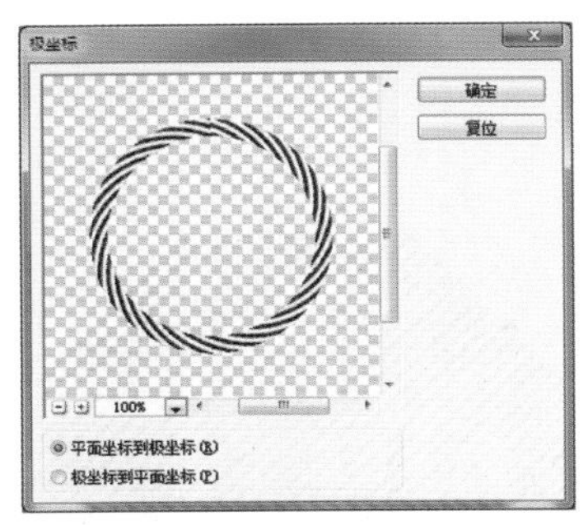

图 5.138　“极坐标”滤镜对话框

图 5.139　“平面坐标到极坐标”效果

步骤 7： 隐藏“图层 1”，选择“图层 2”，单击“图层”面板下方的“添加图层样式”按钮，打开“图层样式”对话框，选择“投影”图层样式，参数设置如图 5.140 所示。此时，图像效果如图 5.141 所示。

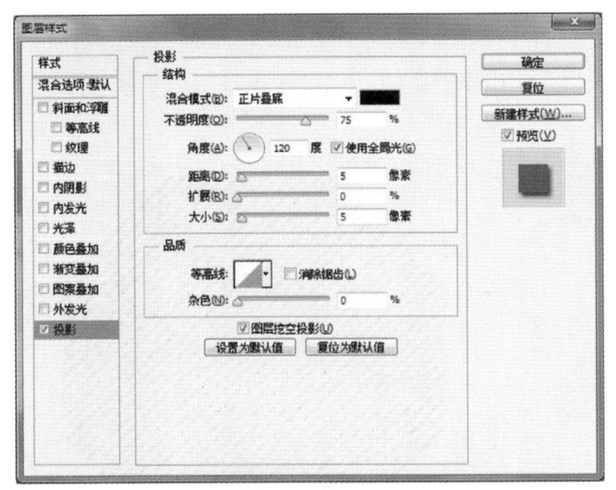

图 5.140　设置“投影”图层样式

图 5.141　“投影”效果

步骤 8： 打开“图层样式”对话框，选择“斜面和浮雕”图层样式，参数设置如图 5.142 所示。此时，图像效果如图 5.143 所示。

步骤 9： 至此绳子效果已经呈现出来了，复制 4 次绳子图层，形成依次排列缠绕的效果。图像最终效果如图 5.124 所示。

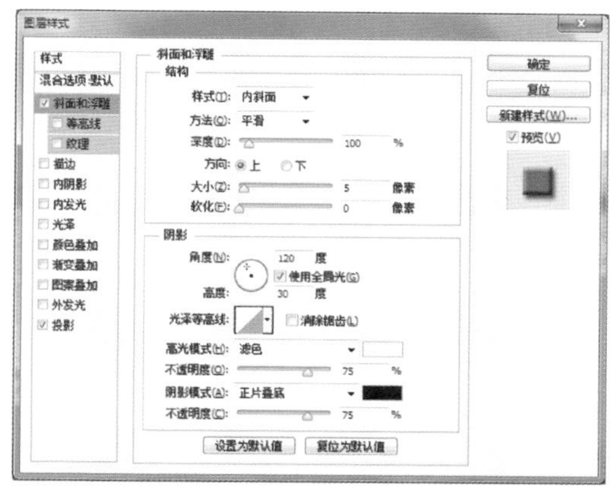

图 5.142　设置“斜面和浮雕”图层样式

图 5.143　“斜面和浮雕”效果

5.6.4　练习实践

利用“横排文字工具”输入文字“万丈光芒”，综合运用“高斯模糊”、“极坐标”滤镜，画布的“旋转”命令，制作出光芒四射的文字效果，如图 5.144 所示。

图 5.144　光芒字效果

项目 6　抠图应用

教学目标

- 掌握选区工具在抠图中的用法。
- 理解蒙版的原理。
- 掌握蒙版在抠图中的用法。
- 理解通道的原理。
- 掌握通道在抠图中的用法。
- 掌握抽出滤镜的用法。

课前导读

抠图是指从一幅图片中将某部分截取出来，以方便与其他图像进行合成，它是 Photoshop 图像处理领域中常见的一类应用。

抠图的方法有很多种，建议在抠图过程中根据图片的特点选择合适的抠图工具，这样才能提高抠图效率。本项目通过几个典型的任务设计帮助读者掌握常见的抠图方法。

任务 1　边缘清晰的图像

6.1.1　任务描述

本任务介绍的抠图方法仅针对“背景色单一、主体轮廓分明”的图像。适用的抠图工具主要有“魔棒工具”、“快速选择工具”、“磁性套索工具”、“钢笔工具”等，本任务主要介绍运用“钢笔工具”进行抠图的方法。抠除背景前后的效果如图 6.1 所示。

图 6.1　抠除背景前后的效果

6.1.2　任务实现

本任务的实现步骤如下：

步骤 1： 打开配套素材文件 06/任务实现/荷花 .jpg，如图 6.1 左图所示。

步骤 2： 选择工具箱中的“钢笔工具”，并在“钢笔工具”选项栏中选择“路径”按钮，移动鼠标到编辑窗口，沿荷花边缘创建路径，如图 6.2 所示。

步骤 3： 继续沿荷花边缘创建路径，并对路径进行编辑，使其包围整个荷花，如图 6.3 所示。

步骤 4： 选择“窗口｜路径”菜单，打开“路径”面板，在其中可以看到新创建的路径，如图 6.4 所示。

图 6.2　创建路径

图 6.3　创建并编辑路径

步骤 5： 在“路径”面板中选中新建的路径，单击“路径”面板底部“将路径作为选区载入”按钮，建立如图 6.5 所示的选区。

步骤 6： 按下组合键“Ctrl＋Shift＋I”反选，再按下“Delete”键，删除图像的背景部分，最终效果如图 6.1 右图所示。

图 6.4　生成的工作路径

图 6.5　由路径生成选区

6.1.3　练习实践

打开配套素材文件 06/练习实践/球 .jpg，运用“钢笔工具”抠取图中的小孩和球，并为其添加新背景。更换背景前后的效果如图 6.6 所示。

图 6.6　更换背景前后的效果

任务 2　色彩相近的图像

6.2.1　任务描述

“色彩范围”命令的功能是选取指定范围的颜色信息。本任务中图像的天空的颜色比较接近，可通过“色彩范围”命令实现去除图像背景的效果。抠除背景前后的效果如图 6.7 所示。

图 6.7　抠除背景前后的效果

6.2.2 相关知识

Photoshop 中提供了一个专门选取颜色范围的“色彩范围”命令，它可以根据颜色创建复杂的选区。

打开配套素材文件 06/相关知识/野菊花 .jpg，选择“选择 | 色彩范围”菜单，弹出“色彩范围”对话框，如图 6.8 所示。

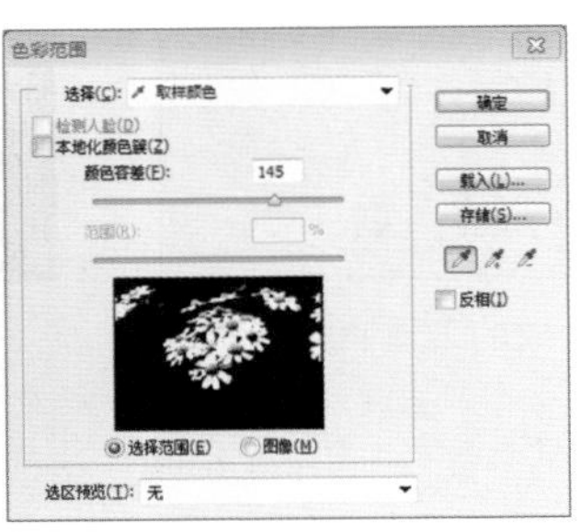

图 6.8　图像及“色彩范围”对话框

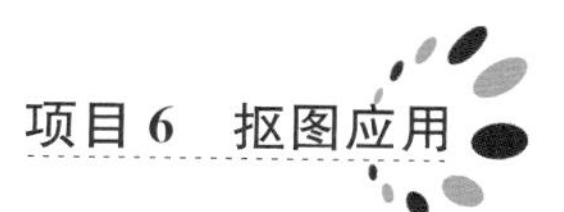

该对话框中各选项的作用如下：

- 选择：用于设置取样方式。选择“取样颜色”选项时，将使用“吸管工具”在图像编辑区中吸取颜色。
- 检测人脸：选取“肤色”以选择与普通肤色类似的颜色，选择该项可进行更准确的肤色选择。
- 本地化颜色簇：如果正在图像中选择多个颜色范围，选择该项可以构建更加精确的选区。
- 颜色容差：可以通过拖动滑块或在文本框中输入数值来设置选取范围，取值范围为0～200，数值越大，选择的颜色范围越大。
- 范围：如果已选定“本地化颜色簇”，则使用“范围”滑块以控制要包含在选区中的颜色与取样点的最大和最小距离。
- 添加到取样：用于添加颜色。可以在图像编辑区中单击来添加颜色。
- 从取样中减去：用于减少颜色。可以在图像编辑区中单击来减少颜色。
- 选择范围：选中该单选按钮后，在预览窗口中以灰度图显示选区效果。
- 图像：选中该单选按钮后，在预览窗口中显示原图像状态。
- 选区预览：用于在图像编辑区中预览选区。其中：
  - 无：不在图像编辑区中显示选区。
  - 灰度：在图像编辑区中以灰度方式显示未被选择的区域。
  - 黑色杂边：在图像编辑区中用黑色来显示未被选择的区域。
  - 白色杂边：在图像编辑区中用白色来显示未被选择的区域。
  - 快速蒙版：使用当前的快速蒙版设置来显示选区。
- 载入(L)...：单击该按钮将使用存储在计算机中的设置。
- 存储(S)...：单击该按钮将当前设置以.AXT 格式存储在计算机中。
- 反相：可在选取范围与非选取范围之间互相切换。

使用“色彩范围”命令创建选区的具体操作方法如下：

步骤 1：选择“选择｜色彩范围”菜单，打开“色彩范围”对话框。

步骤 2：在“选择”下拉列表框中选择“取样颜色”选项，然后使用“吸管工具”单击图像编辑区中的某一部分。

步骤 3：在“选区预览”下拉列表框中选择“灰度”选项。

步骤 4：若预览效果满意，单击“确定”按钮，即可完成对选区的创建，如图 6.9 所示。

图 6.9 用“色彩范围”命令创建选区

6.2.3 任务实现

本任务的实现步骤如下：

步骤 1：打开配套素材文件 06/任务实现/枝头鸟.jpg，如图 6.7 左图所示。

步骤 2：复制“背景”图层，得到“背景副本”层。单击“背景”图层前面的图标，隐藏“背景”层。此时“图层”面板如图 6.10 所示。

步骤 3：选择“选择｜色彩范围”菜单，打开“色彩范围”对话框，选择“吸管工具”，在图像的背景部分单击，此时在“色彩范围”对话框中被选择的部分变成了白色，移动“颜色容差”滑块进行调节，具体参数设置如图 6.11 所示。

图 6.10　“图层”面板

图 6.11　“色彩范围”对话框

步骤 4：单击“确定”按钮，得到选区，如图 6.12 所示。

步骤 5：按下“Delete”键，删除选中的内容，按“Ctrl＋D”组合键取消选区，如图 6.13 所示。

图 6.12　用“色彩范围”命令创建选区

图 6.13　删除选中内容

步骤 6：打开配套素材文件 06/任务实现/羊群 .jpg，复制背景图层到“枝头鸟 .jpg”中，生成“羊群”图层，如图 6.14 所示。将“羊群”图层移动到“背景副本”图层底部，最终效果如图 6.15 所示。

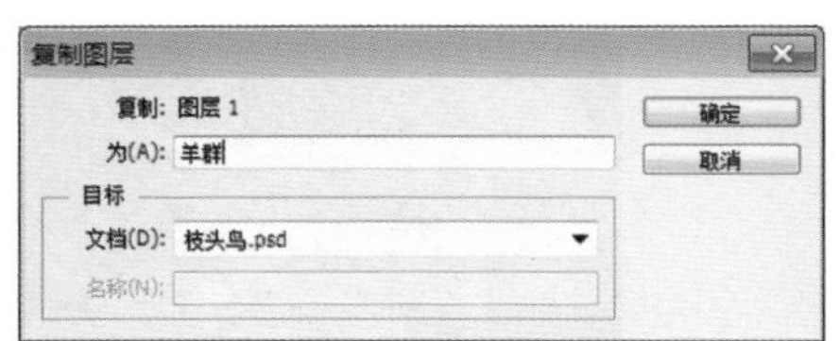

图 6.14　“复制图层”对话框

图 6.15　效果图

6.2.4　练习实践

打开配套素材文件 06/练习实践/树叶 .jpg，根据前面介绍的“色彩范围”命令的使用方法，为其更换背景，更换背景前后的效果如图 6.16 所示。

图 6.16　更换背景前后的效果

任务 3　背景复杂的图像

6.3.1 任务描述

“图层蒙版”适合抠取背景色比较复杂的图像，而且抠取效果也比较理想。本任务主要通过运用“图层蒙版”实现提取图像主体的效果。抠除背景前后的效果如图 6.17 所示。

图 6.17　抠除背景前后的效果

6.3.2　相关知识

1. 图层蒙版

关于“图层蒙版”的详细内容请参见“项目 3 图像合成应用”，此处不再赘述。

2. 快速蒙版

快速蒙版是 Photoshop 中的一个特殊模式，它是专门用来定义选区的。当处于快速蒙版模式时，所有的操作都与定义选区有关。其原理与使用通道制作选区基本相同，但由于其制作选区的原理与选择工具不同，而操作方式与绘画方式相同，因此是一种高效、易用的制作选区的方法。

快速蒙版是建立选区的一种直观方法，运用它可以制作一些特别精确且富有创意的艺术效果选区，而这些选区用一般选择工具是无法创建的。

创建快速蒙版的方法如下：

在工具箱中单击“以快速蒙版模式编辑”按钮可直接进入快速蒙版编辑模式，也可双击该按钮，打开“快速蒙版选项”对话框，如图 6.18 所示。

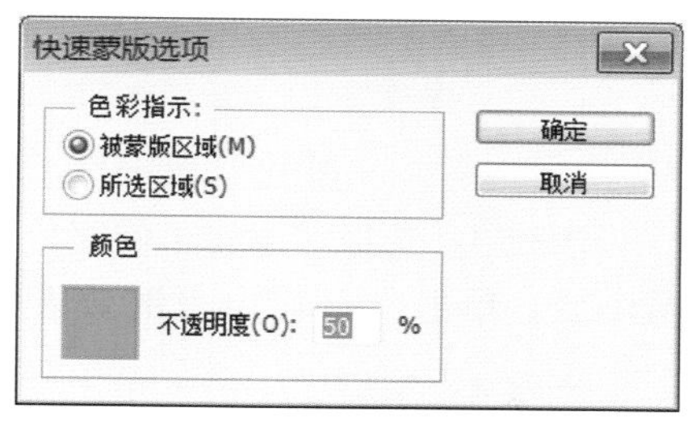

图 6.18　“快速蒙版选项”对话框

“快速蒙版选项”对话框中各参数的具体说明如下：

● 被蒙版区域：表示在快速蒙版编辑模式中，颜色指示的区域对应的是选区，以图像原貌出现的区域没有对应选区。

● 所选区域：表示在快速蒙版编辑模式中，颜色指示的区域没有对应选区，以图像原貌出现的区域对应的是选区。

● 颜色：设定在快速蒙版编辑模式中出现的指示颜色。

● 不透明度：设定在快速蒙版编辑模式中指示颜色的不透明度，范围为 0%～100%。

下面以一个实例来讲解快速蒙版的使用方法。

步骤 1：打开配套素材文件 06/相关知识/小兔 .jpg，如图 6.19 所示。选择工具箱中的“椭圆选框工具”，在图像中创建如图 6.20 所示的选区。

图 6.19　素材图

图 6.20　创建选区

步骤 2：单击工具栏底部的“以快速蒙版模式编辑”按钮，进入快速蒙版编辑模式，此时在“通道”面板底部就会自动生成一个名为“快速蒙版”通道用来保存快速蒙版的状态，如图 6.21 所示。图像的选区框暂时消失，图像的未选择区域变为红色，选中的区域没有发生变化，如图 6.22 所示。

图 6.21　“通道”面板

图 6.22　蒙版编辑状态

步骤 3：选择“滤镜｜像素化｜彩色半调”菜单，设置最大半径为“15 像素”，其他参数不变，单击“确定”，此时效果如图 6.23 所示。

步骤 4：编辑完毕后，单击“标准模式编辑”按钮切换为标准模式，此时就可以得到如图 6.24 所示的选区。

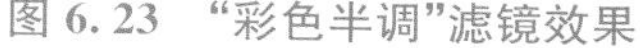

图 6.23　“彩色半调”滤镜效果

图 6.24　特殊选区

步骤 5：选择“选择｜反向”菜单，设置前景色为绿色，选择“油漆桶工具”并填充，最终效果如图 6.25 所示。

图 6.25　效果图

6.3.3　任务实现

本任务的实现步骤如下：

步骤 1：打开配套素材文件 06/任务实现/小鸟 .jpg，如图 6.17 左图所示。

步骤 2：复制“背景”图层。选择“背景副本”图层，单击“图层”面板底部的“添加图层蒙版”按钮，为该图层添加一个空白蒙版。效果如图 6.26 所示。

图 6.26　添加图层蒙版

步骤 3：隐藏背景图层。单击工具箱中的“画笔工具”，设置画笔直径大小为“10px”；硬度为“10%”。

步骤 4：单击“背景副本”图层的“图层蒙版缩览图”，将前景色调整为“黑色”。沿小鸟的边缘仔细勾画，勾画时可将图片放大，效果如图 6.27 所示。

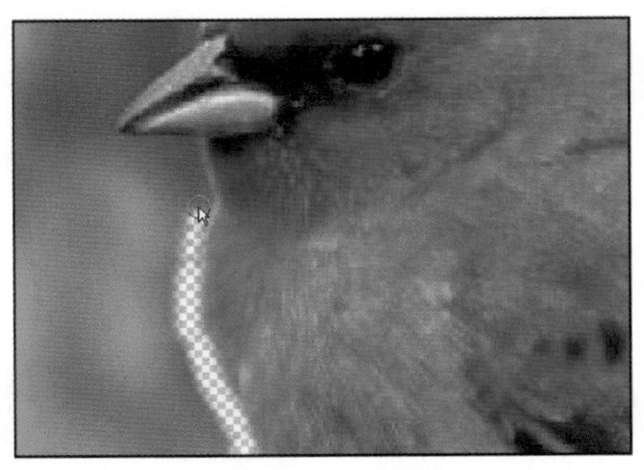

图 6.27　勾画小鸟的轮廓边缘

步骤 5：继续用“画笔工具”涂抹小鸟的边缘，勾画出小鸟的轮廓，效果如图 6.28 所示。

图 6.28　进一步勾画小鸟轮廓

步骤 6：调整画笔硬度为“100%”，并适当增大画笔直径大小，在小鸟以外的背景上涂抹，将不需要的部分隐藏起来，效果如图 6.29 所示。

图 6.29　涂抹不需要的部分

步骤 7：涂抹背景时难免会发生误差，此时，可将前景色调整为白色，然后使用“画笔工具”在图像上需要显示的地方进行恢复。蒙版编辑完成后的图像效果如图 6.17 右图所示。

步骤 8：打开一幅背景图片，拖入“背景”和“背景副本”层之间。最终效果和“图层”面板如图 6.30 所示。

图 6.30　最终效果及“图层”面板

说明：

（1）用蒙版抠图的过程一定要精细，并不断调整笔刷的直径大小和软硬参数。

（2）勾画人物轮廓边缘时，可将图像放大若干倍，且笔刷的硬度需设置小一些，这样可使勾画出的边缘柔和精细。

（3）蒙版是可以修改的，并且不会破坏原图像，若操作有误可随时修改。

6.3.4　练习实践

打开配套素材文件 06/练习实践/小鸟 .jpg，运用本任务学习的蒙版的相关知识为该图像更换背景，更换背景前后的效果如图 6.31 所示。

图 6.31　更换背景前后的效果

任务 4　背景色单一的图像

6.4.1　任务描述

本任务的思路是将图像的背景色调整为“白色”，运用“图层混合模式”中的“正片叠底”得到人物细微的发丝，再运用蒙版将人物主体以外的部分隐藏，达到为图像更换背景的效果，更换背景前后的效果如图 6.32 所示。

图 6.32　更换背景前后的效果

6.4.2 任务实现

步骤 1： 打开配套素材文件 06/任务实现/人物 .jpg，如图 6.32 左图所示。

步骤 2： 打开图片后，连续按“Ctrl＋J”组合键两次，分别得到“图层 1”和“图层 1 副本”。

步骤 3： 打开一幅素材图片，拖入当前图像中，放在“图层 1”底部，用以检查效果并作为新的背景层。关闭“图层 1 副本”前的👁图标，隐藏该图层。此时“图层”面板效果如图 6.33 所示。

步骤 4： 单击“图层 1”，选择“图像｜调整｜亮度/对比度”菜单，打开“亮度/对比度”对话框，设置“亮度”为“40”，“对比度”为“50”，如图 6.34 所示。

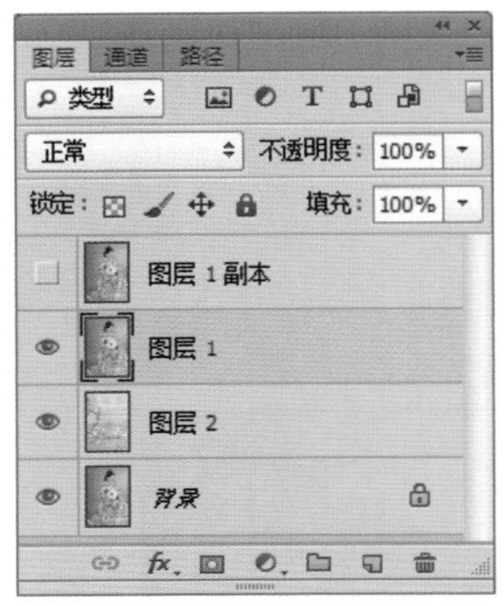

图 6.33 “图层”面板

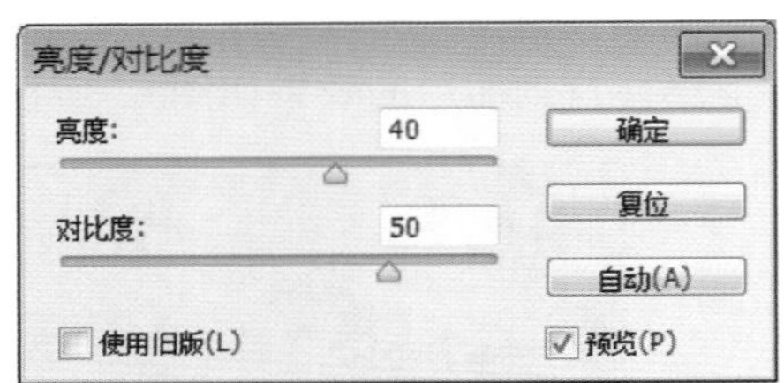

图 6.34 “亮度/对比度”对话框

步骤 5： 单击“确定”按钮，此时图像效果如图 6.35 所示。

步骤 6： 选择“图像｜调整｜色阶”菜单，打开“色阶”对话框，如图 6.36 所示。单击“在图像中取样以设置白场”按钮，在图像的绿色背景上取样，设置白场。单击“确定”按钮后的图像效果如图 6.37 所示。

步骤 7： 将“图层 1”的混合模式更改为“正片叠底”，得到人物的发丝，效果如图 6.38 所示。

图 6.35 调整“亮度/对比度”后的效果

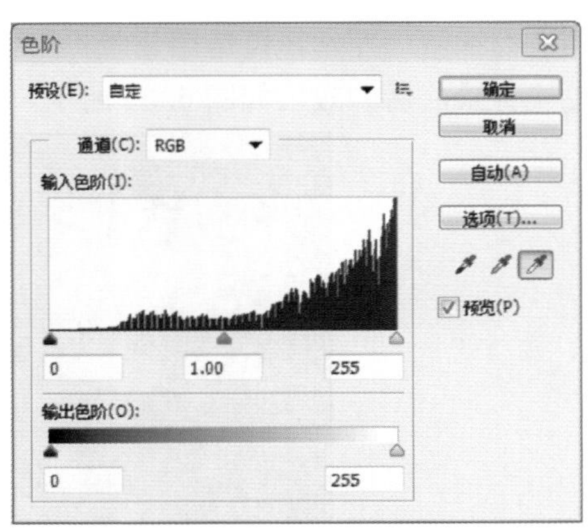

图 6.36 “色阶”对话框

图 6.37　设置白场

图 6.38　“正片叠底”效果

步骤 8：单击“图层 1 副本”前的图标，显示该图层。使用工具箱中的“磁性套索工具”在图像中创建如图 6.39 所示的选区。

图 6.39　创建选区

步骤 9：单击“图层”面板底部的“添加图层蒙版”按钮，为该图层添加蒙版，将选区以外的部分隐藏，最终效果如图 6.32 右图所示。

6.4.3　练习实践

打开配套素材文件 06/练习实践/小女孩 .jpg，根据本任务介绍的“混合模式”在抠图过程中的应用为下图更换背景，更换背景前后的效果如图 6.40 所示。

图 6.40　更换背景前后的效果

任务 5　边缘复杂的图像

6.5.1　任务描述

运用通道将图像与背景分离的方法比较适合处理“形状复杂的物体”，比如毛发一类的精细物体，常见的有人物的头发、动物的毛发等。本任务就是通过运用通道实现抽取小猫毛发的效果。抠除背景前后的效果如图 6.41 所示。

图 6.41　抠除背景前后的效果

6.5.2　相关知识

通道的概念是由分色印刷的印版概念演变而来的，Photoshop 中的通道是存储不同类型信息的灰度图像，其应用非常广泛，它是 Photoshop 不可缺少的图像处理利器，可用来保存图像的颜色信息，就如同图层用来保存图像一样。另外，通道还可以用来建立、编辑和保存选区。一个图像最多可以有 56 个通道，包括各种类型的通道。通道所需的文件大小由通道中的像素信息决定。某些文件格式（包括 TIFF 和 Photoshop 格式）可通过压缩通道信息节约空间。以下将对通道的相关知识及运用方法进行详细介绍。

1. 通道的分类

Photoshop 中的通道通常可以分为三种：颜色信息通道、Alpha 通道、专色通道。

（1）颜色信息通道。

颜色信息通道包括单颜色通道和复合通道，是在打开图像时自动创建的，其数目由图像模式决定。

当打开任意一幅图像时，Photoshop 会根据图像颜色模式自动建立相应数目的单颜色通道，在这些单颜色通道中，分别存储了该图像不同的颜色分量信息。另外，对于某些模式的图像还会生成一个复合通道，但复合通道并不包含任何信息，它只是所有单颜色通道整体效果的体现，通过单击该复合通道可以返回通道的默认状态。

对于一个 RGB 模式的图像而言，每一个像素点的颜色都是由红、绿、蓝三个颜色分量构成的，因此，RGB 模式的图像打开之后就会有一个复合通道（RGB）和三个单颜色通道（红、绿、蓝），如图 6.42 所示。

CMYK 模式的图像有一个复合通道（CMYK）和四个单颜色通道（青色、洋红、黄色、黑色），如图 6.43 所示。

图 6.42　RGB 模式图像的通道

图 6.43　CMYK 模式图像的通道

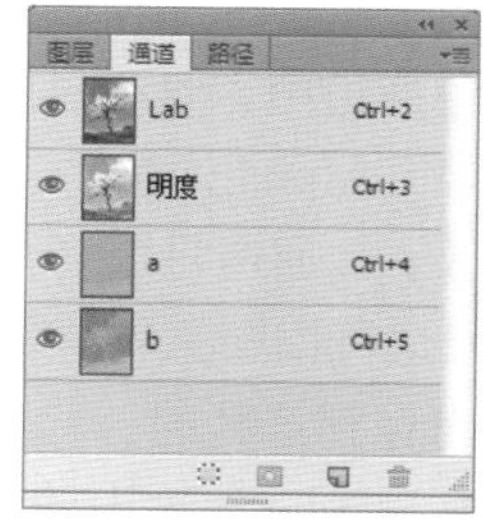

图 6.44　Lab 模式图像的通道

Lab 模式的图像有 Lab、明度、a、b 四个通道，其中 Lab 为复合通道，如图 6.44 所示。灰度模式只有一个灰色通道；位图模式只有一个位图通道；索引模式只有一个索引通道；多通道模式只有一个黑色通道；双色调模式也只有一个通道。

下面以 RGB 模式为例来了解一下单颜色通道是如何存储颜色分量信息的。如图 6.45 所示，图中只有黑色，黑色在 RGB 模式中的表示方式为 RGB（0，0，0），红、绿、蓝分量值分别为 0、0、0，对应的单颜色通道红、绿、蓝中均为黑色，这说明单颜色通道中的黑色代表的颜色分量值为 0。

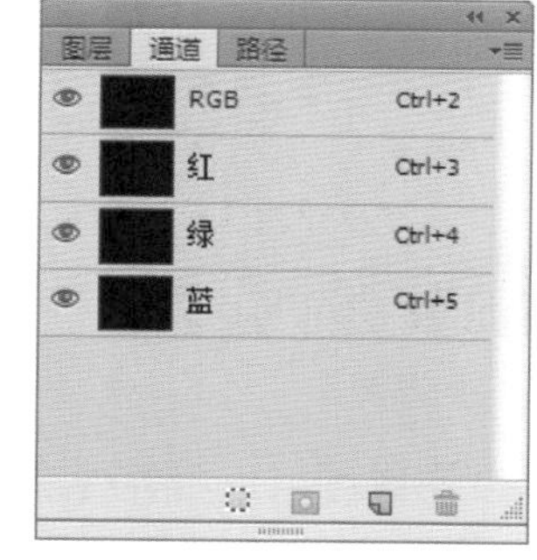

图 6.45　黑色对应的通道状态

分别在图 6.45 的红、绿、蓝通道中填充一个白色的圆形区域，如图 6.46 所示。

在图 6.46 中，红色区域对应的红、绿、蓝通道状态为白色、黑色、黑色，而红色在 RGB 模式中对应的红、绿、蓝分量值分别为 255、0、0，也就是说通道中的白色区域对应的颜色分量值为 255、黑色区域对应的分量值为 0。另外，在通道中还允许出现灰色，不同级别的灰色也分别对应不同的分量值。

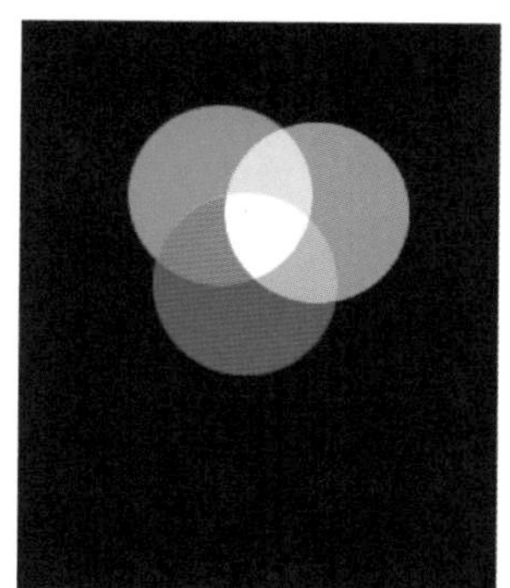
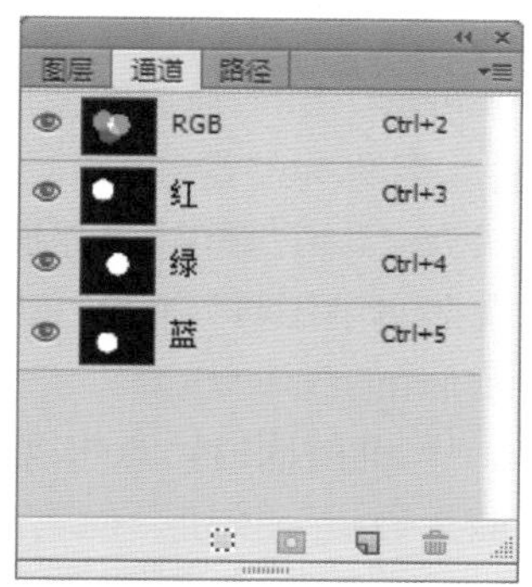

图 6.46　在通道中填充白色区域

对于其他图像模式，虽然颜色构成方式不同，但是颜色的构成信息同样分别保存在不同的颜色通道中，只不过颜色通道的数目和通道存储的信息不同而已。

（2）Alpha 通道。

Alpha 通道将选区存储为灰度图像，可通过对灰度图像的编辑实现对选区的编辑。Alpha 通道可以随意增减，与图层的操作类似，但注意 Alpha 通道并不是用来保存图像的，而是用来保存选区的。

在 Alpha 通道中的不同的灰度图像对应的是不同选中程度的选区，其中白色代表完全选中的选区、灰色代表不完全选中的选区、黑色代表没有选中的区域。

如图 6.47 所示，在名为“Alpha1”的 Alpha 通道中填充的是从中心到边界、从白色到黑色的径向渐变，该灰度图像对应一个选中程度渐变的选区，该选区从中心向外选中的程度由高到低，直至没有选中，它所选中的图像的不透明度从中心到边界越来越低，呈现渐变透明效果，如图 6.48 所示。

图 6.47　径向渐变图

图 6.48　渐变透明效果

Alpha 通道中的灰度图像可以运用各种绘图工具、滤镜、色彩调节等进行编辑，以构造出不同的选区。运用绘图工具，如画笔、铅笔、图章、橡皮擦、渐变、油漆桶、模糊、锐化、涂抹、加深、减淡和海绵等，可以直接在通道中绘制灰度图像；运用滤镜可以构造特殊的效果和控制边界；还可以运用曲线、色阶等工具对通道中的灰度图像做进一步的加工。

当选定通道进行编辑时，在拾色器中选择的颜色都会变成灰色（黑、白色不会变化），运用白色可以增加选区，运用黑色可以减少选区，而灰色对应的区域则是半透明的区域，利用半透明区域选择的图像也会是半透明的，而渐变的灰色选择的图像的不透明度也是渐变的，这一点在图像的合成中是非常重要的。在“通道”面板中还可以通过通道的相加、相减、相交来实现相应选区的进一步控制。

下面以一个实例来讲解 Alpha 通道的使用方法。

步骤 1： 新建文件，名称为“霓虹字”，大小为“700 像素×300 像素”，分辨率为“72 像素/英寸”，颜色模式为“RGB 颜色”，背景内容为“白色”。

步骤 2： 使用“横排文字工具”输入文字“圣诞快乐”，调整字体（华文新魏、黑色、加粗），如图 6.49 所示。

步骤 3： 按住“Ctrl”键的同时，点击文字层，创建选区，进入“通道”面板，点击面板底部的“将选区存储为通道”按钮，创建“Alpha1”通道。此时，“通道”面板如图 6.50 所示。

步骤 4： 返回“图层”面板，删除文字层。如图 6.51 所示。

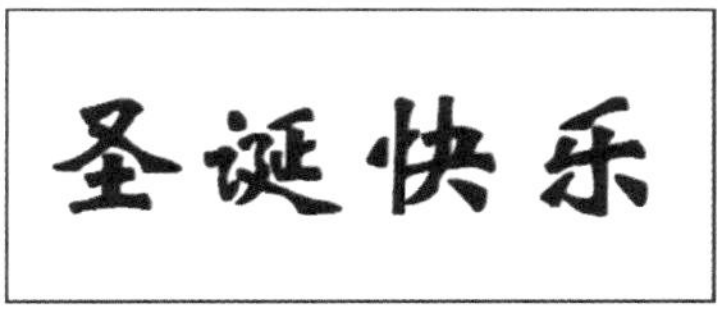

图 6.49　输入文字

图 6.50　“通道”面板

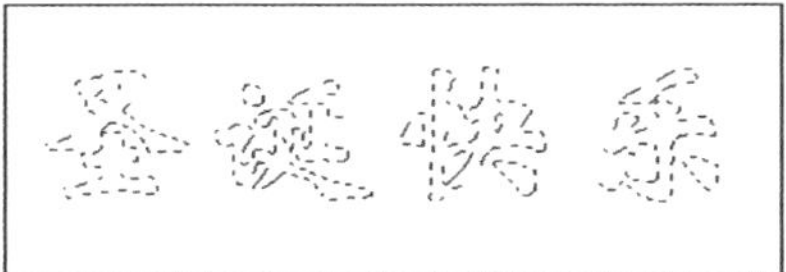

图 6.51　删除文字层

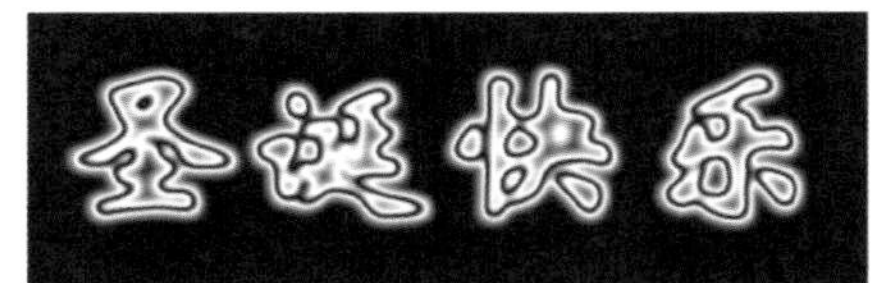

图 6.52　执行滤镜效果和调整“曲线”后的“Alpha1”通道

步骤 5：返回“通道”面板，选中“Alpha1”通道，按“Ctrl＋D”组合键取消选择，选择“滤镜｜模糊｜高斯模糊”菜单，设置半径为“3”，单击“确定”按钮，再选择“图像｜调整｜曲线”菜单，把曲线调整成为“M”形，此时的“Alpha1”通道如图 6.52 所示。

步骤 6：返回“图层”面板，新建图层，进入“通道”面板，点击面板底部的“将通道作为选区载入”按钮，在“图层”面板的新图层上创建选区，选择渐变工具，设置渐变颜色，填充渐变效果，按“Ctrl＋D”组合键取消选择，效果如图 6.53 所示。

步骤 7：填充背景，衬托字体。最终效果如图 6.54 所示。

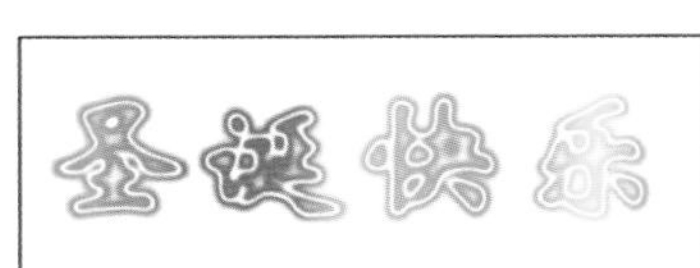

图 6.53　设置渐变效果

图 6.54　效果图

（3）专色通道。

指定用于专色油墨印刷的附加印版，主要用于印刷。它可以使用一种特殊的混合油墨替代或附加到图像颜色油墨中。在印刷时，每一个专色通道都有一个属于自己的印版。

如果要印刷带有专色的图像，则需要创建存储这些颜色的专色通道，该通道被单独打印输出。为了输出专色通道，图像文件应以 DCS2.0 格式或 PDF 格式存储。

在处理专色时，需要注意以下事项：

● 对于具有锐边并挖空下层图像的专色图形，需要考虑在页面排版或图形应用程序中创建附加图片。

● 要将专色作为色调应用于整个图像时，需将图像转换为“双色调”模式，并在其中一个双色调印版上应用专色，最多可使用四种专色，每个印版一种。

● 专色名称打印在分色片上。

● 在完全复合的图像顶部压印专色，每种专色按照在“通道”面板中显示的顺序进行打印，最上面的通道作为最上面的专色进行打印。

● 除非在多通道模式下，否则不能在“通道”面板中将专色移动到默认通道的上面。

● 不能将专色应用到单个图层。

● 在使用复合彩色打印机打印带有专色通道的图像时，将按照“密度”设置指示的不透明度打印专色。

● 可以将颜色通道与专色通道合并，将专色分离成颜色通道的成分。

2. 通道的基本操作

用户可以对通道进行各种操作，包括通道的建立、复制、删除、显示、隐藏、保存选区、载入选区、合并、分离、顺序排列等，下面来具体了解一下通道的这些基本操作。

（1）通道面板。

所有关于通道的操作都可以在“通道”面板中进行，用户可以在“通道”面板中编辑并管理通道，如图 6.55 所示。选择“窗口｜通道”菜单，可以控制“通道”面板的显示与隐藏。

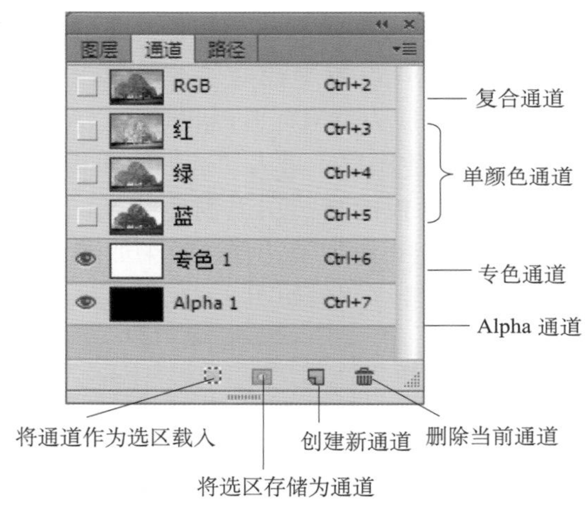

图 6.55 “通道”面板

从图中可以看出，“通道”面板列出了所有的颜色信息通道、Alpha 通道和专色通道，最先列出是复合通道，其次是单颜色通道，最后是专色通道或 Alpha 通道，专色通道和 Alpha 通道的顺序可以改变。当然，不同模式的图像通道会有所不同。

通道内容的缩略图显示在通道名称的左侧，在编辑通道时会自动更新缩略图。“通道”面板底部各按钮的作用如下：

● 将通道作为选区载入：从当前选中的通道中载入相应的选区。

● 将选区存储成通道：当存在选区时，该按钮可用：将当前选区存储到一个新建的通道中，并为新建的通道指定名称。

● 创建新通道：新建一个 Alpha 通道，并自动指定通道名称。

● 删除当前通道：删除选中的通道。

可以使用该面板来查看文档窗口中的任何通道组合，例如，可以同时选中 Alpha 通道

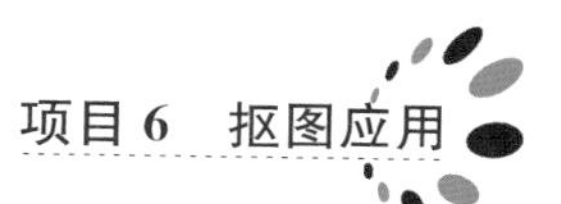

和复合通道，观察 Alpha 通道中的更改会引起整幅图像怎样的变化。

各个通道以灰度显示，在 RGB、CMYK 或 Lab 图像中，用户可以看到用原色显示的各个通道，在 Lab 图像中，只有 a 和 b 通道用原色显示。如果有多个通道处于选中状态，则这些通道始终用原色显示。可以更改默认设置，以便用原色显示各个颜色通道。

当通道的左侧有眼睛图标时，表示该通道在图像中是可见的。

除了在"通道"面板底部进行的基本操作外，还可以点击"通道"面板右上角的按钮打开"通道"面板菜单进行其他操作，如图 6.56 所示。

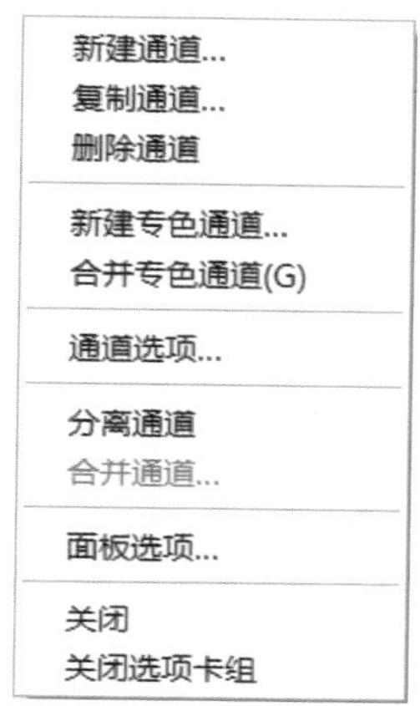

图 6.56　"通道"面板菜单

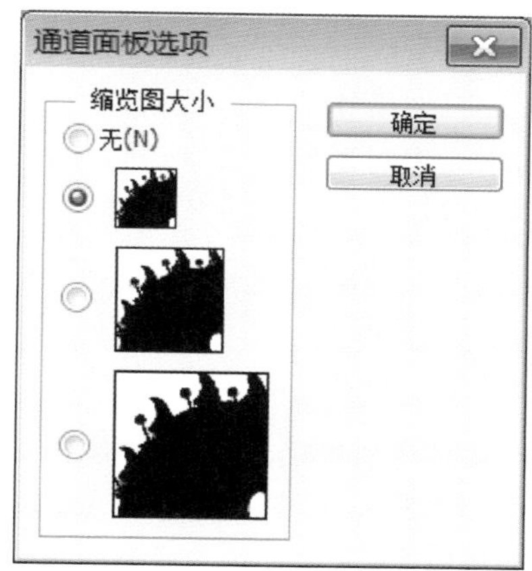

图 6.57　"通道面板选项"对话框

在菜单中可以进行的操作更多，包括"新建通道"、"复制通道"、"删除通道"、"新建专色通道"、"合并专色通道"、"通道选项"、"分离通道"、"合并通道"、"面板选项"等。其中"面板选项"是对面板本身的操作，用来设置面板中缩略图的大小以及是否出现缩略图，如图 6.57 所示；其他各命令则是对通道的操作，后面的内容将对此做具体的介绍。

（2）将选区存储为通道。

对于已经存在的选区，经常需要借助通道作进一步的编辑，这就必须将选区存储为通道，实现该操作的方法有两种：

方法一：选择"选择 | 存储选区"菜单，具体的操作在前面章节中已有介绍，在此不再赘述。

方法二：进入"通道"面板，点击"通道"面板底部的"将选区存储为通道"按钮，此时将自动建立一个新的通道用来保存当前选区。

下面以一个实例来介绍选区的存储方法，在本例中将"懒羊羊"对应的选区保存到通道中，具体步骤如下：

步骤 1：打开配套素材文件 06/相关知识/懒羊羊 . jpg。

步骤 2：运用"魔棒工具"选中图像的白色背景，选择"选择 | 反向"菜单，选中懒羊羊，如图 6.58 所示。

步骤 3：进入"通道"面板，点击"通道"面板底部的"将选区存储为通道"按钮，此时在"通道"面板底部生成一个名为"Alpha1"的通道，图 6.58 中的选区即被保存到了通道"Alpha1"中，如图 6.59 所示。

图 6.58　创建选区

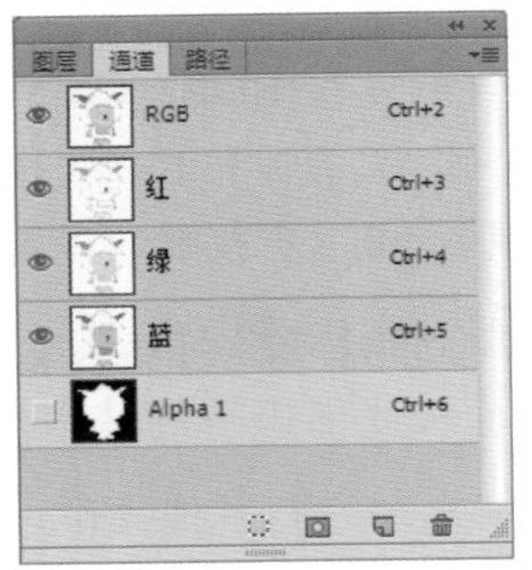

图 6.59　将选区存储为通道

（3）将通道作为选区载入。

运用通道对现有的选区进行编辑或构造出新的选区后，需要从通道中将它所对应的选区调出来加以运用，实现该操作的方法有两种：

方法一： 通过选择“选择｜载入选区”菜单实现，具体的操作在前面的内容中已做过介绍，在此不再赘述。

方法二： 进入“通道”面板，点击“通道”面板底部的“将通道作为选区载入”按钮◯，此时将从当前选中的通道中载入相应的选区。

下面以图 6.60 中的通道“Alpha1”为例，从该通道中载入选区的步骤如下：

步骤 1： 进入“通道”面板，单击选中“Alpha1”通道，如图 6.60 所示。

步骤 2： 单击“通道”面板底部的“将通道作为选区载入”按钮◯，此时在图像中即可形成与通道“Alpha1”对应的选区，如图 6.61 所示。

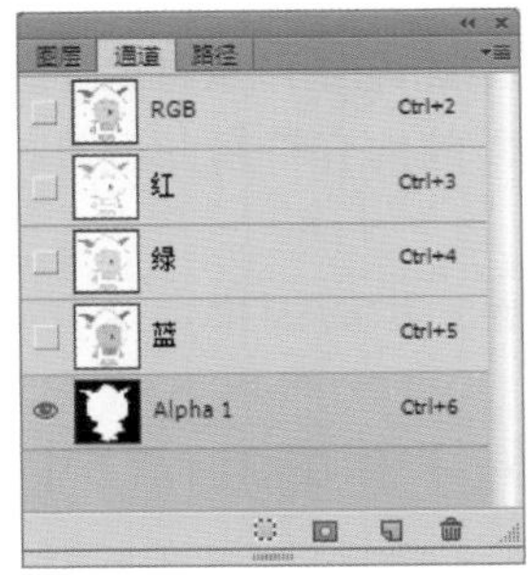

图 6.60　选中“Alpha1”通道

图 6.61　载入选区

（4）创建新通道。

创建新通道的方法有很多，除了前面介绍的将选区存储成新通道的方法以外，还可以在“通道”面板中建立新的通道，具体方法有如下两种：

方法一： 单击“通道”面板底部的“创建新通道”按钮，即可按照默认参数新建一个 Alpha 通道，通道的名称按照 Alpha1、Alpha2、Alpha3、Alpha4……的顺序自动命名。

方法二： 在“通道”面板中选择“新建通道”命令，打开“新建通道”对话框，如图 6.62 所示。

该对话框中各选项的作用如下：

- 名称：可输入通道的名称，Photoshop 提供默认名称。

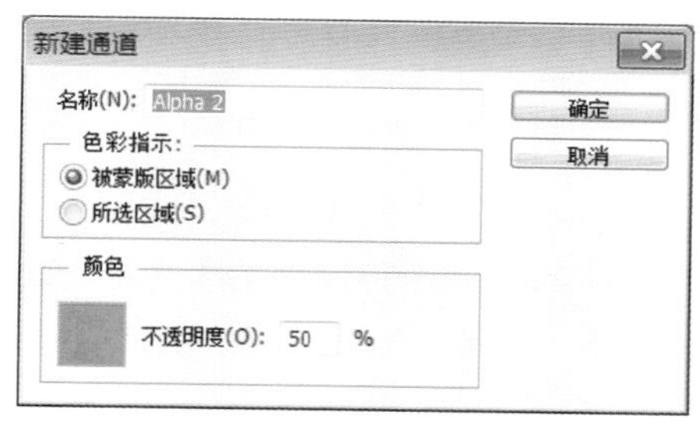

图 6.62　"新建通道"对话框

● 色彩指示：默认选中"被蒙版区域"选项，表示在新建的通道中有颜色的区域为被遮盖的范围，没有颜色的区域为选取区域。若选中"所选区域"，则正好相反。

● 颜色：单击该框将出现"拾色器"对话框，可用于设置显示蒙版的颜色。

● 不透明度：该文本框中可输入 0～100 的数值，用来设置蒙版区域显示的不透明度。

（5）复制通道。

在通道的编辑过程中可能需要备份通道，该操作可通过"通道"面板菜单中的"复制通道"命令或直接单击鼠标右键来实现，其具体操作步骤如下：

步骤 1： 选中需要复制的通道。

步骤 2： 在"通道"面板菜单中选择"复制通道"命令，或单击鼠标右键，打开如图 6.63 所示的对话框。

步骤 3： 在图 6.63 中进行相应设置，设置完成后单击"确定"按钮即可。

图 6.63　"复制通道"对话框

该对话框中各选项的作用如下：

● 为：该文本框中可输入复制得到的新通道的名称。

● 目标：该选项组用来设置复制通道的目标文档及复制之后是否反相。其中"文档"文本框用来选择目标文档，包括当前文档和新建文档，当选择"新建"时，"名称"文本框可用来输入目标文档的名称，而选中"反相"复选框则表示在通过复制形成的通道中将蒙版区域和选择区域反转。

（6）删除通道。

对于已经没有用的通道可以删除，删除通道的操作比较简单，具体方法有如下三种：

方法一： 选中需要删除的通道，单击"通道"面板底部的"删除当前通道"按钮即可删除选中的通道。

方法二： 选中需要删除的通道，单击"通道"面板右上角的按钮，在弹出的菜单中选择"删除通道"命令即可删除当前选中的通道。

方法三：选中需要删除的通道，单击鼠标右键，在弹出的菜单中选择“删除通道”命令也可删除当前选中的通道。

（7）新建专色通道。

如果需要印刷带有专色的图像，则需要创建存储这些颜色的专色通道。在 Photoshop 中可以创建新的专色通道或将现有的 Alpha 通道转换为专色通道。

在 Photoshop 中建立专色通道，需要先在图像窗口中选中需要填充专色的区域。在“通道”面板中创建新的专色通道有两种方法：

方法一：按住“Ctrl”键，单击“通道”面板底部的“创建新通道”按钮。

方法二：单击面板右上角的按钮弹出面板菜单，在菜单中选择“新建专色通道”命令。

通过以上两种方法建立专色通道时，都会弹出如图 6.64 所示的对话框。

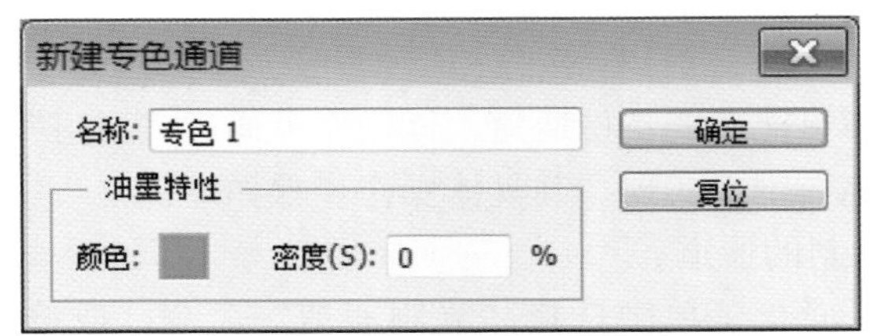

图 6.64 “新建专色通道”对话框

该对话框中各选项的作用如下：

● 名称：输入专色通道的名称。如果选取自定义颜色，通道将自动采用该颜色的名称。专色通道必须命名，以便其他应用程序在读取该文件时能够识别它们，否则可能无法打印此文件。

● 颜色：点击颜色框可以在“拾色器”中选取颜色，点击“颜色库”按钮可以从自定义颜色系统中进行选取，此时通道的名称将变为所选取颜色的名称，如图 6.65 所示。

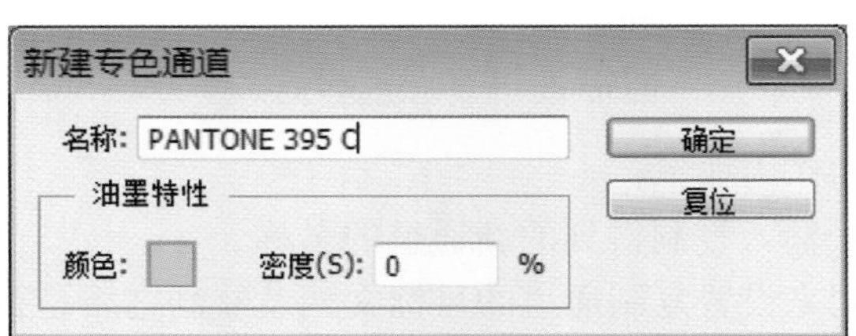

图 6.65 自定义颜色

● 密度：该文本框中可以输入介于 0～100%的数值。该选项主要用于在屏幕上模拟印刷后专色的密度。值为 100%时模拟完全覆盖下层油墨的油墨（如金属质感油墨）；值为 0 时模拟完全显示下层油墨的透明油墨（如透明光油）。也可以用该选项查看其他透明专色（如光油）的显示位置。

另外，还可以将 Alpha 通道转换成专色通道，具体有以下两种方法：

方法一：用鼠标双击需要转换的 Alpha 通道，弹出如图 6.66 所示的对话框。

方法二：选中需要转换的 Alpha 通道，单击面板右上角的面板菜单，在菜单中选择“通道选项”命令，出现如图 6.66 所示的对话框。

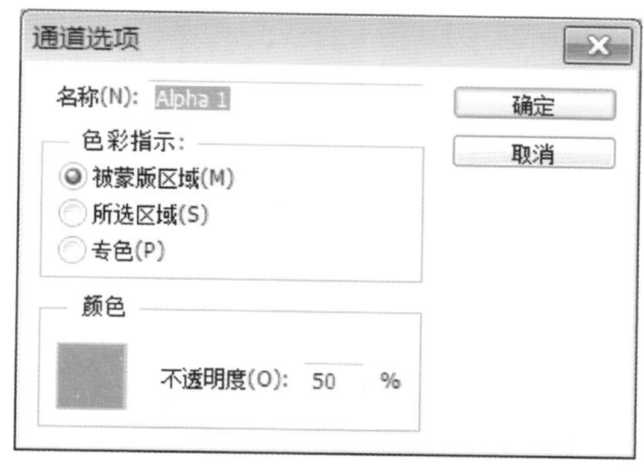

图 6.66　“通道选项”对话框

该对话框中各选项的作用如下：

- 名称：在“名称”文本框中输入专色通道的名称。
- 色彩指示：在“色彩指示”选项组中选择“专色”单选按钮。
- 颜色：单击“颜色”框可以选取颜色。
- 不透明度：在“不透明度”文本框中可以设置不透明度百分比值。

（8）合并专色通道。

专色通道创建完成后，还可以继续进行编辑，比如改变专色通道中的颜色和不透明度、合并专色通道等。

合并专色通道可以拼合分层图像。此外，专色通道合并的结果通常不会重现与原专色通道相同的颜色，因为 CMYK 油墨无法呈现专色油墨的色彩范围。

合并专色通道的具体方法是：先在“通道”面板中选择专色通道；然后从面板的弹出菜单中选取“合并专色通道”命令即可。执行此命令后，专色被转换为颜色通道与颜色通道合并，并从“通道”面板中将被合并的专色通道删除。

打开配套素材文件 06/相关知识/小狗 .jpg，如图 6.67 左图所示。图 6.67 右图是图像的专色通道被合并前的“通道”面板状态，图 6.68 是专色通道被合并后图像的效果和“通道”面板的状态。

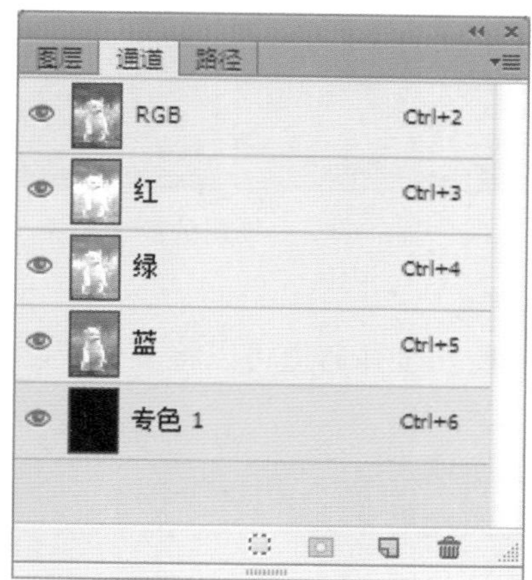

图 6.67　合并专色通道前的状态

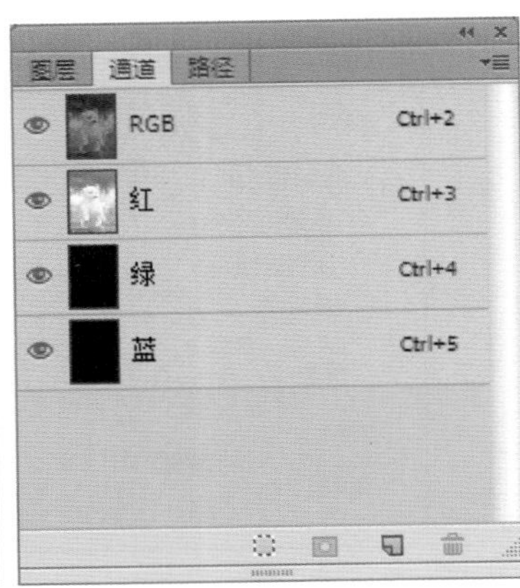

图 6.68　合并专色通道后的状态

（9）分离通道。

当需要在不能保留通道的文件格式中保留单个通道信息时，分离通道的操作就显得非常重要。

分离通道的操作可以将存储图像颜色信息的通道分离成为单独的图像，比如，一幅 RGB 模式的图像，其颜色信息分别存储在红、绿、蓝这三个颜色通道中，执行分离通道的操作后，就可以将该 RGB 模式的图像依据这三个通道分离成三个单独的灰度图像，原文件被关闭，单个通道出现在单独的灰度图像窗口。

新的灰度图像窗口中的标题栏显示原文件名以及通道的缩写，如图 6.69 所示，名为“小狗 .jpg”的一幅 RGB 模式的图像被分离后生成三幅图像，分别名为“小狗 .jpg _ R”、“小狗 .jpg _ G”、“小狗 .jpg _ B”。新图像中会保留上一次存储后的任何更改，而原图像则不保留这些更改。

图 6.69　分离后的灰度图像（左：R，中：G，右：B）

（10）合并通道。

与分离通道相反，合并通道可以将多个灰度图像合并成一个图像，要合并的图像必须满足以下三个条件：

- 都必须是灰度模式。
- 具有相同的像素尺寸。
- 都处于打开状态。

已打开的灰度图像的数量决定了合并通道时可用的颜色模式。例如，如果打开了三个图像，可以将它们合并为一个 RGB 图像；如果打开了四个图像，则可以将它们合并为一个 CMYK 图像。不能将打开的三个图像合并成 CMYK 图像。

某些灰度扫描仪可以通过红色滤镜、绿色滤镜和蓝色滤镜扫描彩色图像，从而生成红色、绿色和蓝色的图像，而合并通道功能则可以将单独的扫描图像合成一个彩色图像。

合并通道的具体操作步骤如下：

步骤 1： 打开要合并通道的多个灰度图像，并使其中一个图像成为当前图像。

步骤 2： 从“通道”面板菜单中选取“合并通道”选项，弹出如图 6.70 所示的对话框。在“模式”下拉列表框中选取要创建的图像模式，如果某图像模式不可用，则该模式将在下拉列表框中变暗显示，选取好模式后，适合该模式的通道数量自动出现在“通道”文本框中。

步骤 3： 在步骤 2 中设置完毕之后单击“确定”按钮，将出现如图 6.71 所示的对话框，在这里为每一个通道指定对应的文件，还可以单击“模式”按钮返回上一步重新选择模式，设置完毕之后，单击“确定”按钮即可完成通道的合并操作，此时，原来打开的多个灰度图像都自动关闭，新图像出现在未命名的窗口中。

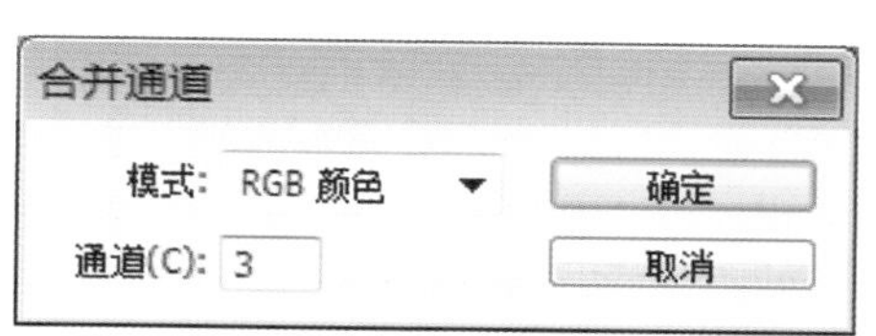

图 6.70　“合并通道”对话框

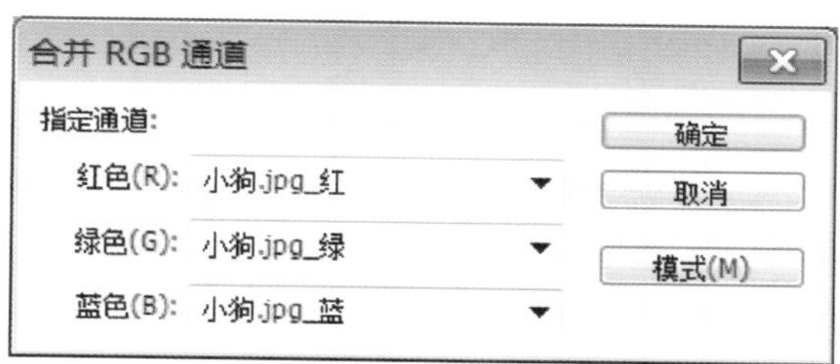

图 6.71　指定要合并的文件

6.5.3　任务实现

步骤 1： 打开配套素材文件 06/任务实现/猫 .jpg，如图 6.41 左图所示。

步骤 2： 新建三个图层，分别命名为 R、G、B。

步骤 3： 单击“背景”图层，打开“通道”面板，按住“Ctrl”键并单击“红”通道，载入选区，如图 6.72 所示。

步骤 4： 回到“图层”面板，在“R”图层填充红色，如图 6.73 所示。

图 6.72　载入“红”通道选区

图 6.73　为“R”图层填充红色

步骤 5： 按住“Ctrl+D”组合键取消选区。同样，选择“背景”图层，在“通道”面板中按住“Ctrl”键并单击“绿”通道，载入选区。如图 6.74 所示。

图 6.74　载入“绿”通道选区

图 6.75　为“G”图层填充绿色

步骤 6： 回到“图层”面板，在“G”图层填充绿色，如图 6.75 所示。

步骤 7： 用同样的方法，载入“蓝”通道选区，并在“B”图层填充蓝色，分别如图 6.76 和图 6.77 所示。

图 6.76　载入“蓝”通道选区

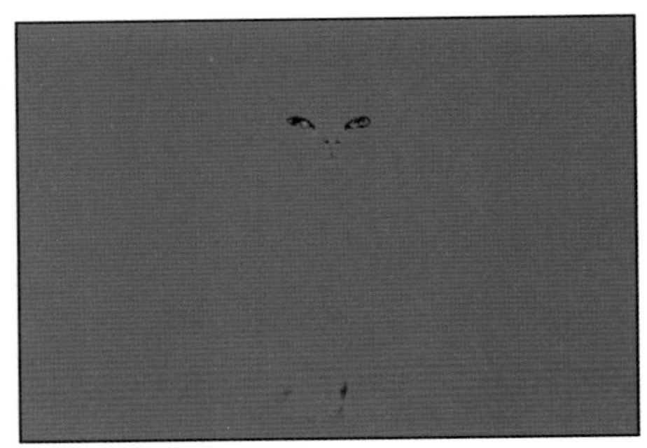

图 6.77　为“B”图层填充蓝色

步骤 8： 更改“R”、“G”和“B”图层的混合模式为“滤色”。如图 6.78 所示。

步骤 9： 拖入一幅背景图片，查看效果。如图 6.79 所示。

图 6.78　设置图层混合模式为“滤色”

图 6.79　添加背景

步骤 10： 复制“背景”图层，将“背景副本”图层调整至“R”图层的上方。此时“图层”面板如图 6.80 所示。

步骤 11： 选择“魔棒工具”，设置“容差”为“80”，在“背景副本”图层的蓝色背景上单击，选中图像的背景。按“Ctrl＋Shift＋I”组合键反转选区，如图 6.81 所示。

步骤 12： 单击“图层”面板底部的“添加图层蒙版”，为“背景副本”图层添加蒙版。如图 6.82 所示。

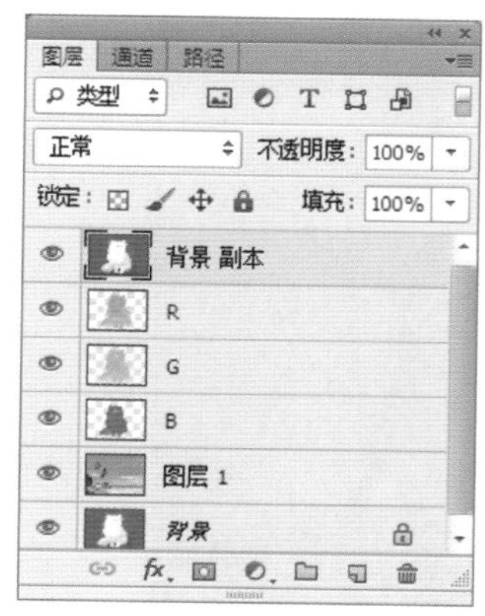

图 6.80　“图层”面板

图 6.81　反转选区

步骤 13：选择工具箱中的“画笔工具”，将前景色设为“黑色”，笔触大小设为“80”，硬度设为“0”；编辑“背景副本”图层的蒙版。沿猫的边缘仔细地涂抹，使边缘过渡柔和。如图 6.83 所示。

图 6.82　添加蒙版

图 6.83　编辑蒙版

步骤 14：反复修改“画笔工具”的笔触大小，对蒙版进行细致的调整，调整后的效果如图 6.84 所示。

步骤 15：按住“Ctrl”键的同时，单击“背景副本”图层的蒙版，将其作为选区载入。

步骤 16：选择“B”图层，按“Ctrl+Shift+I”组合键反选，将“猫”身体以外的颜色信息删除，最终效果如图 6.85 所示。

图 6.84　编辑蒙版后的效果

图 6.85　效果图

6.5.4　练习实践

打开配套素材文件 06/练习实践/树 .jpg，根据本任务学习的通道的相关知识为图像更换背景，更换背景前后的效果如图 6.86 所示。

图 6.86　更换背景前后的效果

任务 6　运用滤镜抽取图像

6.6.1　任务描述

“抽出”滤镜可以轻松地将一个具有复杂边缘的图像从它的背景中分离出来。“抽出”滤镜常用于精确选取人的头发、动物的毛发及其他具有纤细边缘的图像。本任务通过运用“抽出”滤镜命令抽出半透明的婚纱，再配合“图层蒙版”命令实现去除图像背景的效果，更换背景前后的效果如图 6.87 所示。

图 6.87　更换背景前后的效果

在此，特别需要强调的是，使用“抽出”滤镜后会直接删除图片上被抠取部分以外的像素，为了安全起见，最好在使用“抽出”滤镜前复制图层，以保留原始图像信息。

6.6.2　相关知识

“抽出”滤镜可以轻松地将一个具有复杂边缘的图像从它的背景中分离出来，抽出的图像将出现在透明的图层中，而图像的背景将被删除。

选择“滤镜｜抽出”菜单或按“Alt＋Ctrl＋X”组合键，弹出“抽出”滤镜对话框，如图 6.88 所示。

该对话框的左边是工具箱，由上到下各个工具的功能如下：

图 6.88　“抽出”滤镜对话框

- 边缘高光器工具：用于标示出需要选择的区域。
- 填充工具：用于填充选择的区域。
- 橡皮擦工具：用于擦除高亮显示的区域。
- 吸管工具：用于拾取用户需要在图像中保留的颜色。
- 清除工具：用于使蒙版变为透明。
- 边缘修饰工具：用于修饰图像的边缘。
- 缩放工具：用于对图像进行放大和缩小。
- 抓手工具：用于移动图像，使图像中需要的部分显示出来。

图 6.88 对话框的中间是预览图，右面是参数设置区，各参数的作用如下：

- 画笔大小：用于设定所选工具的笔触大小。
- 高光：用于选择边缘高光器工具的画笔颜色。
- 填充：用于设定填充的颜色。
- 智能高光显示：用于提高抽出对象的效率，能够自动捕捉对比最鲜明的边缘。
- 带纹理的图像：如果图像的前景或背景包含大量纹理，需选择此选项。
- 平滑：用于调整抽出后图像的平滑度。通常，为避免不需要的细节模糊处理，最好以 0 或一个较小的数值开头。
- 通道：如果图像存在通道，在此选择通道的名称。
- 强制前景：此选项可以设置前景色。如果对象非常复杂或者缺少清晰的内部，需选择此选项。

前面介绍了“抽出”滤镜基本参数的用法及相关事项，其实抽出就是制作选区，把选区内的颜色提取出来。目前运用“抽出”滤镜对图片进行更换背景的操作有单色抠取和全色抠取两种。下面通过实例来分别加以说明。

1. 单色抠取

单色抠取的详细步骤如下：

步骤 1：打开配套素材文件 06/相关知识/窗花.jpg，如图 6.89 所示。

步骤 2：复制“背景”图层，得到“背景副本”图层。

图 6.89　素材图

步骤 3：单击“背景副本”图层，选择“滤镜｜抽出”菜单，在“强制前景”处打钩，颜色设置为图 6.90 光标所在处的颜色，即红色。用“边缘高光器工具”按图 6.91 所示进行涂抹。

图 6.90　设置颜色

图 6.91　设置抽出范围

步骤 4：单击“确定”按钮，可看到抽出后的效果，如图 6.92 所示。

图 6.92　抽出后的效果

2. 全色抠取

全色抠取的详细步骤如下：

步骤 1：打开配套素材文件 06/相关知识/狗狗 .jpg，如图 6.93 左图所示。

图 6.93　抠除背景前后的效果

步骤 2：选择“滤镜｜抽出”菜单，弹出“抽出”滤镜对话框，如图 6.94 所示。

图 6.94　“抽出”滤镜对话框

步骤 3：在工具选项中设置画笔大小为“20”，高光为“绿色”，填充为“蓝色”，在“预览”中勾选“显示高光”和“显示填充”，设置好相关参数后，运用“边缘高光器工具”，沿图像的轮廓勾画一个闭合的边缘高光线，如图 6.95 所示。

步骤 4：使用“填充工具”在画笔勾画出的封闭线条中单击以填充实色，从而定义出需要抽出的图像区域，如图 6.96 所示。

图 6.95　勾画边缘高光线

图 6.96　填充保留区域

步骤 5：单击“预览”按钮查看抽出的效果，如图 6.97 所示。

图 6.97　预览抽出效果

步骤 6： 单击“确定”按钮，完成抽出。最终效果如图 6.93 右图所示。

由此可见，单色抠取与全色抠取两者的区别在于前者要勾选“强制前景”选项，并设置要抠取的颜色，而后者则不需要。

6.6.3　任务实现

本任务的实现步骤如下：

步骤 1： 打开配套素材文件 06/任务实现/婚纱.jpg，如图 6.87 左图所示。

步骤 2： 复制“背景”图层两次，分别得到“背景副本”和“背景副本 2”图层。其中“背景副本”图层通过“抽出”滤镜得到半透明婚纱，“背景副本 2”图层用来保留人物不透明的部分。

步骤 3： 选中“背景副本”图层，选择“滤镜 | 抽出”菜单，打开图 6.98 所示的对话框。

图 6.98　“抽出”滤镜对话框

步骤 4： 勾选对话框右侧的“强制前景”复选框，单击左侧的“吸管工具”，在图 6.99 中鼠标所在的位置单击，设置抽出颜色为“白色”。

步骤 5： 单击“边缘高光器工具”，在“工具选项”栏调整画笔大小为“50”。然后在要抠出的人像上涂抹，注意婚纱要全部涂抹到。涂抹效果如图 6.100 所示。

图 6.99　吸取颜色

图 6.100　涂抹人像

步骤 6：单击“预览”按钮，预览效果。如图 6.101 所示。

步骤 7：单击“确定”按钮，透明婚纱部分已经抠出来了。观察此时的“图层”面板，如图 6.102 所示。

图 6.101　预览抽出效果

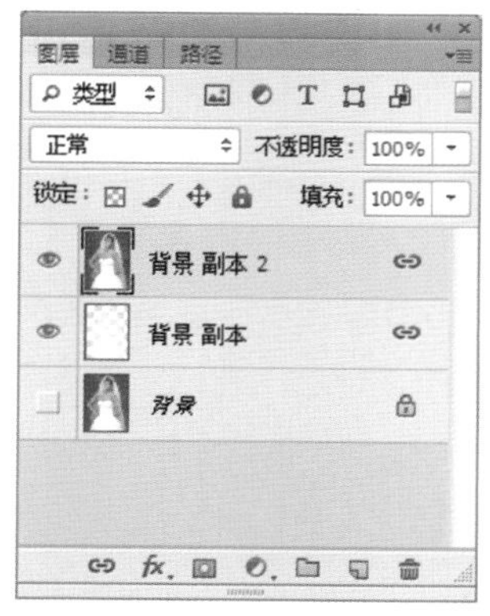

图 6.102　“图层”面板

步骤 8：单击“背景副本 2”图层，选择工具箱中的“磁性套索工具”，沿着人物的主体轮廓勾勒，创建人物主体选区，效果如图 6.103 所示。

步骤 9：单击“图层”面板底部的“添加图层蒙版”按钮，将选区以外的其他部分隐藏，此时图像效果如图 6.104 所示。

图 6.103　创建选区

图 6.104　添加蒙版后的效果

步骤 10：为人物添加新背景。打开一幅素材文件，将其拖到“背景副本”图层的底部，最终效果如图 6.87 右图所示。

6.6.4 练习实践

打开配套素材文件 06/练习实践/婚纱 .jpg，根据本任务学习的知识运用“抽出”滤镜将图像中的透明婚纱抽取出来，并为图像更换背景，更换背景前后的效果如图 6.105 所示。

图 6.105 更换背景前后的效果

项目 7　自动处理应用

教学目标

- 熟悉动作的各种基本操作。
- 掌握自定义动作的方法。
- 熟悉各种批量处理命令的运用。
- 熟悉图片批量处理的方法和技巧。

课前导读

在图片处理过程中，经常会碰到需要将大量图片处理成统一大小、统一格式的情况，如果一张张处理效率很低，而借助 Photoshop 的批量处理功能则可以实现图像的自动化处理，大大提高了工作效率。

Photoshop 所提供的动作功能可以将一系列命令组合起来，执行这个单独的动作就相当于执行了一系列的命令，从而使执行多个命令的过程自动化，如批量加水印、批量加画框、批量裁剪、批量修改大小、批量设置文件格式等，从而大大简化了编辑图像的重复性操作。本项目通过两个典型的任务帮助读者掌握运用动作及批处理命令快速编辑图片的一般方法。

任务 1　批量处理图片大小

7.1.1　任务描述

出门旅游时经常会拍很多照片，存放在自己的相机中。我们知道相机中存放的一般都是 2048 像素×1536 像素或者更大像素的照片，每张都在 1M 以上，如果设置的清晰度过高，照片还会更大，这样的照片通常一方面占据了相机有限的存储空间，另一方面在与朋友的网络分享中，传输速度也较慢，所以有必要调整照片的大小。本任务将通过自定义动作，对如图 7.1 所示的大量原始图像的大小进行调整，实现图像的批量处理。具体要求是：将待处理文件夹中的所有图片大小调整成 320 像素×240 像素，效果如图 7.2 所示。

图 7.1 待处理图片

图 7.2 处理完成后的图片

7.1.2 相关知识

1. 动作

动作是指在单个或一批文件上执行一系列任务，是 Photoshop 中的一种能够自动完成多个命令的功能。可以将一系列的命令组合为单个动作，从而简化任务，提高工作效率。动作的自动化功能非常强大，可以将常用的编辑功能录制成一个动作，然后进行反复使用。另外，它还可以利用“批处理”功能将需要使用同一操作的大批量图形文件的操作交给计算机自动处理。例如，如果要将一万幅 RGB 格式的图像全部进行去色处理，用户很清楚要将每一幅图像进行去色处理，都需要经过打开、转化、保存和关闭四步操作，那么一万幅就需要四万步操作，需耗费大量的时间和精力，然而，如果使用“批处理”功能进行转换，用户只需执行一步操作，Photoshop 就会自动地执行打开、转化、保存和关闭操作，直至全部图像被转换完毕。

2. 动作面板

使用“动作”面板可以记录、播放、编辑和删除动作，也可以进行存储、载入和替换动作等操作。动作的操作在“动作”面板中进行，如果在 Photoshop 界面上没有显示“动作”面板，可选择“窗口｜动作”菜单或者按下“Alt＋F9”键调出“动作”面板，如图 7.3 所示。

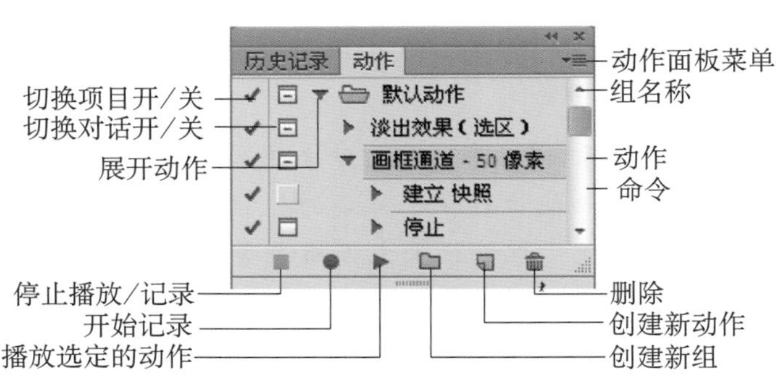

图 7.3 “动作”面板

● 切换项目开/关：当按钮显示时，表示该组中的动作或命令可以被正常执行；当按钮没有显示时，则该组中的所有动作都不能被执行；当按钮显示的为红色时，则该组中的部分动作或命令不能被执行。

● 切换对话开/关：当按钮显示时，在执行动作的过程中，会在打开对话框时暂停，单击“确定”按钮后才能继续；当按钮没有显示时，Photoshop 会按动作中的设定逐一执行下去，直到执行完成；当按钮显示的为红色时，表示文件夹中只有部分动作或命令设置了暂停操作。

● 展开动作：单击此按钮可以展开文件夹中的所有动作。

● 停止播放/记录：可停止当前的录制操作，此按钮只有在录制动作按钮被按下时才可以使用。

● 开始记录：可录制一个新的动作，当处于录制过程中时，该按钮为红色。

● 播放选定的动作：可执行当前被选定的动作。

● 创建新组：建立一个新的动作组，用来存放一些新的动作。

● 创建新动作：建立一个新的动作，新建的动作将出现在当前选定的文件夹中。

● 删除：将当前选定的动作或动作组删除。

● 组名称：显示当前文件夹的名称。文件夹里面是一个动作的集合，它包含了很多个动作，默认设置下为一个（组名称为“默认动作”）文件夹。

● 动作：显示当前动作的名称。

● 命令：显示当前命令的名称。

● 动作面板菜单：执行面板菜单中的命令，也可以实现各种操作，其中包括“按钮模式”、“新建动作”、“新建组”、“复制”、“删除”、“播放”、“开始记录”、“再次记录”、“插入菜单项目”、“插入停止”、“插入路径”、“动作选项”、“回放选项”、“清除全部动作”、“复位动作”、“载入动作”、“替换动作”、“存储动作”等，此外还会显示一些 Photoshop 预设的动作文件夹名称，如图 7.4 所示。执行“按钮模式”该命令，可以将动作切换为按钮状态，如图 7.5 所示。再次执行该命令，可以切换到普通显示状态。

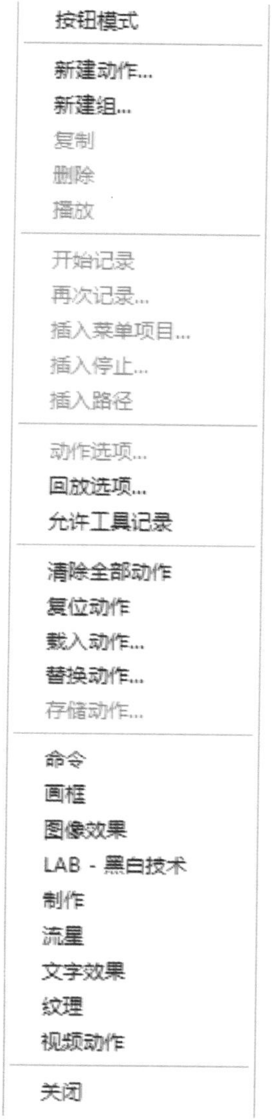

图 7.4 “动作”面板菜单

图 7.5　按钮模式

3. 动作的基本操作

（1）新建动作。

“动作”面板可以记录大多数的操作命令，如渐变、选框、剪裁、索套、直线、移动、魔术棒、文字工具、色彩填充以及通道、图层、历史面板等均可被录制成动作。但也有少数特殊的命令不能被录制，例如，绘画和色调工具、视图命令、工具选项以及预置等都不能被录制。

创建动作时，Photoshop 将按照使用命令和工具（包含设定的参数）的顺序记录操作过程和使用过的命令。

下面将详细介绍如何创建一个新动作。

步骤 1： 单击“动作”面板中的“创建新组”按钮或执行面板弹出菜单中的“新建组”命令，将打开“新建组”对话框，如图 7.6 所示。在“名称”文本框中可以设定新建组的名称，单击“确定”按钮后，面板中就会多了一个新的文件夹。建立该组后便可以和 Photoshop 自带的动作相区分。若要更改新建组的名称，双击该文件夹名称便可以修改了。

图 7.6 “新建组”对话框

步骤 2： 打开任意一个图片文件，以便在以下操作步骤中进行动作录制。

步骤 3： 执行“动作”面板菜单中的“创建新动作”命令，打开如图 7.7 所示的对话框。

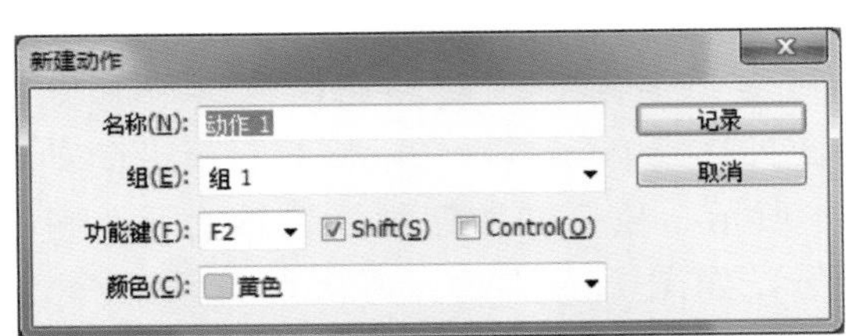

图 7.7 “新建动作”对话框

步骤 4： 在“新建动作”对话框中可以进行各种设置，各项参数功能如下：

- 名称：用于设置新动作的名称。
- 组：显示“动作”控制面板中的所有文件夹，打开下拉工具列表即可进行选择。如果在打开对话框时，已经选定了组，那么打开对话框后，在“序列”列表框中将自动显示已选定的组。
- 功能键：用于设定执行新建动作的快捷键。有“F2～F12”共 11 种快捷键，当选择了其中的一项后，其右边的“Shift”与“Control”复选框将会被置亮，这样三者相互组合便可以产生 44 种快捷键。通常，用户不需要打开列表框来选择，而只需在键盘上按下用户设定的快捷键，对话框中就会出现相应的选择结果。
- 颜色：用于选择动作的颜色，该颜色会在“按钮模式”的“动作”面板中显示出来。

参数设置完成后，单击“记录”按钮，即可进入命令录制状态。

步骤 5： 进入录制状态后，录制动作按钮呈按下状态，且以红色显示。接下来把需要录制的动作，按顺序逐一操作一遍，Photoshop就会将这一过程录制下来。比如，要录制一个修改图像版面的动作，只需打开（在录制前，需事先打开欲制作的图像，否则，Photoshop就会将“打开”这一步操作也录制在动作之中）需改动的图像执行相关的命令即可，而这一过程则会被录制下来成为一个动作。如图7.8所示为录制进行状态。

步骤6：录制完毕，单击“停止播放/记录”停止录制，一个动作的录制就完成了。如图7.9所示为录制完成的状态。

图7.8　录制进行状态

图7.9　录制完成状态

（2）插入菜单项目。

当用户需要录制一些命令时，有时会发现所执行的命令并没有被录制下来，对于这些命令，用户可以在录制过程中或者在录制动作完成后，将其插入“动作”面板中。

执行面板菜单中的“插入菜单项目”命令就可以在选中的动作中插入想要执行的动作命令。执行该命令后会打开一个如图7.10所示的“插入菜单项目”对话框。用鼠标在菜单中单击来指定命令，被指定的命令将出现在“菜单项目”的后面，设定后单击“确定”按钮即可将命令插入到动作中去。

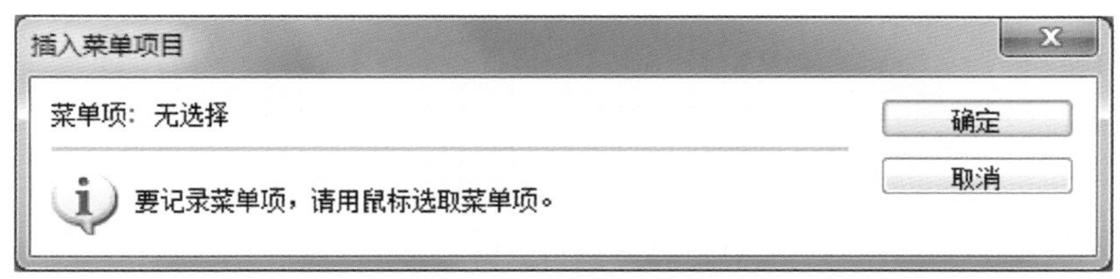

图7.10　“插入菜单项目”对话框

（3）插入停止。

当用户在执行动作时，如果希望加入一些动作无法记录的操作步骤或者希望查看当前的工作进度时，就需要选取“插入停止”命令。

选取要插入停止的位置，单击“动作”面板菜单中的“插入停止”命令即可在动作中插入一个暂停设置。在记录动作时，用喷枪、画笔等绘图工具进行绘制图形的操作不能被记录下来，如果插入暂停命令后，就可以在执行动作时停留在这一步操作上，以便进行部分手动操作，待这些操作完成后再继续执行动作命令。

在“动作”面板菜单中选择“插入停止”命令后会打开如图7.11所示的“记录停止”对话框，在“信息”文本框中可以键入文本内容作为显示暂停对话框时的提示信息，动作运行到这一步时就会打开信息提示框，而该提示框便显示出设定的文本内容。

图 7.11 “记录停止”对话框

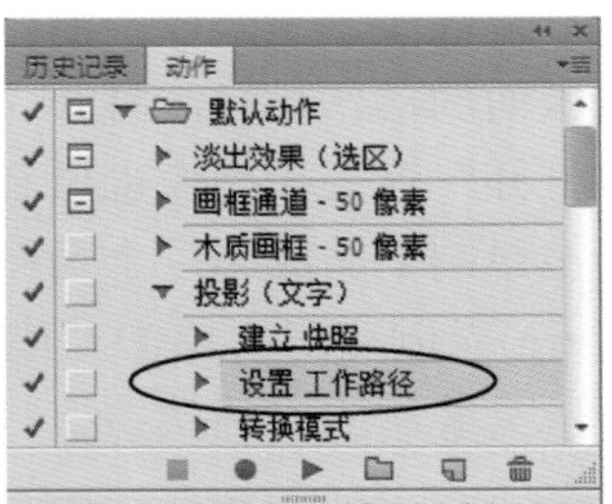

图 7.12 在动作中插入路径

（4）插入路径。

由于在记录动作时不能同时记录绘制路径的操作。因此 Photoshop 提供了一种专门在动作中插入路径的命令。即先在“路径”面板中选定要插入的路径名，然后在“动作”面板中指定要插入的位置。最后在“动作”面板菜单中选择“插入路径”命令，即可在动作中插入一个路径，如图 7.12 所示。当用户回放该动作时，工作路径即被设置为所记录的路径。如果当前图像中不存在路径，则“插入路径”命令不可用。

（5）动作选项。

“动作选项”功能可用于帮助用户修改动作的名称、功能键、颜色等属性。选中需要修改的动作后，执行“动作”面板菜单中的“动作选项”命令，打开如图 7.13 所示的“动作选项”对话框，在其中修改相应的参数后单击“确定”按钮即可完成修改。

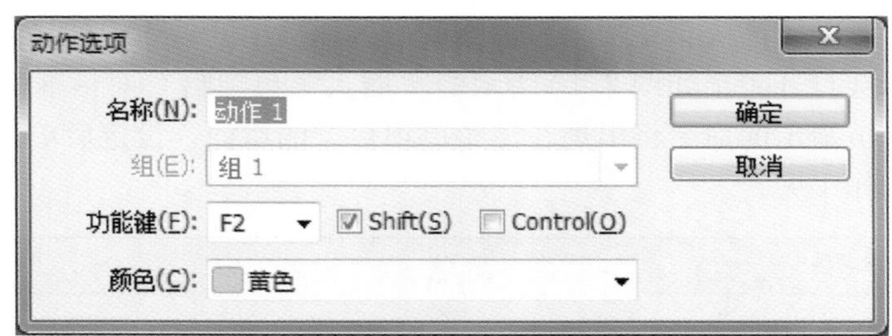

图 7.13 “动作选项”对话框

（6）回放选项。

“回放选项”对话框如图 7.14 所示，其中的各选项作用如下：

- 加速：为默认设置，以正常速度播放动作。
- 逐步：顺序完成每个命令并重绘图像，然后再执行下一个命令。
- 暂停：顺序输入执行各个命令后的暂停时间，其暂停时间由其后的文本框设置的数值决定，数值的变化范围是 1～60 秒。

（7）播放动作。

动作创建之后，用户可以对要进行相同操作的另一幅图像进行播放。执行动作时，系统将按照记录的顺序执行一系列的命令，其执行方法有以下几种：

- 选中要执行的动作，单击“动作”面板上的“播放选定的动作”按钮，如图 7.15 所示。或者选择“动作”面板菜单中的“播放”命令即可。在“按钮模式”下，只需用鼠标单击动作按钮即可，如图 7.5 所示。
- 若此动作设置了组合键，可直接使用设置的组合键来快速执行该动作。

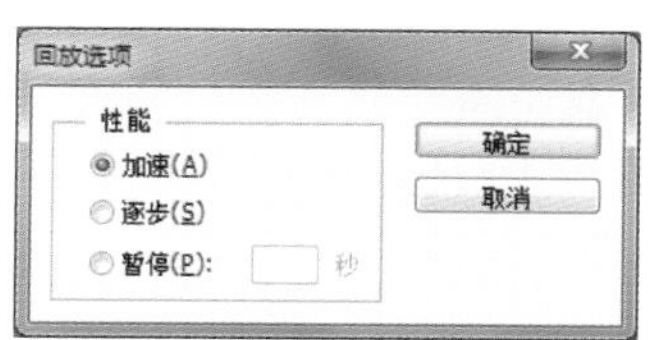

图 7.14 “回放选项”对话框

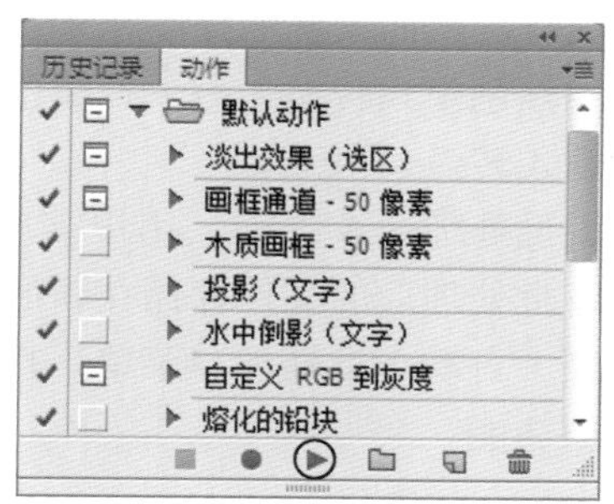

图 7.15 播放动作

（8）复制、移动、删除动作。

复制动作有两种操作方法，可以直接拖动一个动作到“创建新动作”按钮上；也可以在选中动作后，单击动作面板菜单中的“复制”命令。

移动动作比较简单，只需选中需要移动的动作，拖至适当位置释放即可。

删除动作与复制动作类似，也有两种方法，可以直接拖动一个动作到“删除”动作按钮上即可；也可以在选中动作后，单击“动作”面板菜单中的“删除”命令，此时会打开如图 7.16 所示的对话框，单击“确定”按钮确认删除。

（9）复位、存储、载入、替换、清除动作。

● 复位动作：选择“动作”面板菜单中的“复位动作”命令，会出现“复位动作”对话框，单击“确定”按钮，即可用预先设置的动作替换当前窗口内的动作，如图 7.17 所示。若单击“追加”按钮，可将预先设置的动作追加到当前的“动作”面板中。

图 7.16 “删除动作”对话框

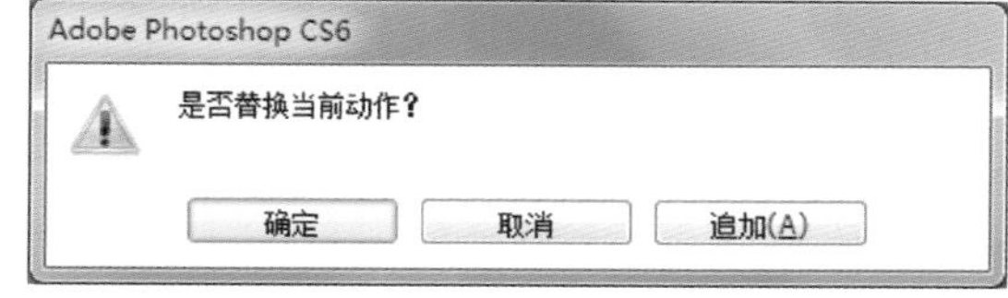

图 7.17 “复位动作”对话框

● 存储动作：用户可将自定义的动作存储起来，先选取某个想要存储的动作集，再从“动作”面板的弹出菜单中选择“存储动作”命令，选择“Program Files \ Adobe \ Adobe Photoshop CS6 \ Presets \ Actions”文件夹，输入文件名称，单击“存储”按钮即可，保存后的文件扩展名为 .ATN。

● 载入动作：如果要将已存储的动作集再次载入并且播放，用户可以从“动作”面板的弹出菜单中选择“载入动作”命令。在打开的对话框上选择要载入的动作集，即可将存储的动作集载入到“动作”面板上。

● 替换动作：如果要替换“动作”面板上的动作集，用户可以从“动作”面板的弹出菜单中选择“替换动作”命令，并在弹出的对话框中选择要载入的动作集即可将“动作”面板上的动作集取代。

● 清除动作：如果要将“动作”面板上所有的动作集清除，用户可以直接从“动作”面板的弹出菜单中选择“清除所有动作”命令即可。

4. 批处理

Photoshop 提供的批处理命令允许用户对一个文件夹内的所有文件和子文件夹批量输入

并且自动执行动作，从而大幅度提高设计人员处理图像的效率。比如，用户要把某个文件夹内的所有图像的颜色模式转换为另一种颜色模式，那么就可以使用批处理命令批量地实现图像文件的颜色模式转换。

在用户使用批处理命令之前，用户需要将要进行批处理的所有文件放在同一个文件夹内，如果需要将批处理后的文件存储在新的位置，则还需要建立一个新文件夹。

选择“文件｜自动｜批处理”菜单，打开如图 7.18 所示的对话框。下面将详细介绍该对话框中的各项功能。

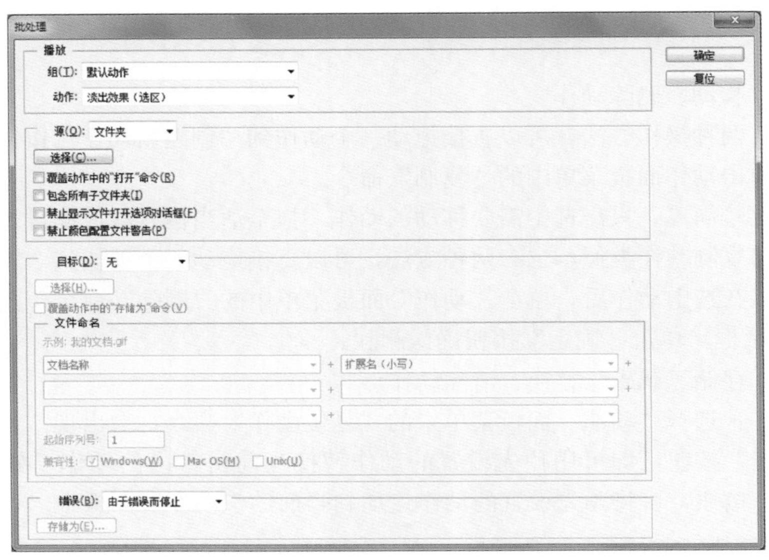

图 7.18 “批处理”对话框

- 组：用于显示“动作”面板中的所有动作组，打开该列表框即可进行选择。
- 动作：用于显示在序列列表框中选定的动作组中的所有动作。
- 源：用于指定图片的来源，当选择“文件夹”选项时，从中可以指定图片文件夹的路径。在“选择”按钮下面有四个复选框，这四个复选框是为“文件夹”选项设置的。

➢覆盖动作中的“打开”命令：在指定的动作中，若包含“打开”命令，在进行批处理操作时，就会自动跳过该命令。

➢包含所有子文件夹：指定的文件夹中若包含有子文件夹，也会一并执行批处理动作。

➢禁止显示文件打开选项对话框：表示在执行批处理操作时不打开文件选项对话框。

➢禁止颜色配置文件警告：表示打开文件的色彩与原来定义的文件不同时，不打开提示对话框。

当在“源”列表框中选择“导入”选项时，“批处理”对话框会有一些变化，此时可以在“自”列表框中设定扫描来源。

- 目标：用于设定执行完动作后文件保存的位置。

➢当选择“无”选项时，表示不保存。使用批处理命令选项保存文件时，它总是将文件保存为与原文件相同的格式。如果要使批处理命令将文件保存为新的格式，则需在录制过程中，记录“保存为”或“保存副本”命令，并记录关闭命令为原动作的一部分。然后，在设置批处理时对目标选取“无”即可。

➢当选择“存储并关闭”选项时，表示执行批处理命令后的文件以原文件名保存后关闭。

➢当选择“文件夹”选项时，表示处理后生成的目标文件保存到指定的文件夹里，单击下面的“选择”按钮，可以选择目标文件所在的文件夹。

➢当选择“覆盖动作中的‘存储为’命令”选项时，表示生成目标文件时覆盖动作“存储为”命令。选择该项可以确保进行批处理操作后，文件被保存到指定的目标文件夹内，而不会保存到使用“存储为”命令记录的位置。

● 错误：用于指定批处理过程中产生错误时的操作。

➢当选择“由于错误而停止”选项时，则在批处理的过程中会打开出现错误的提示信息，与此同时中止动作继续往下执行。

➢当选择“将错误记录到文件”选项时，则在批处理的过程中出现错误时动作还会继续往下执行，不过 Photoshop 将会把出现的错误记录下来，并保存到文件夹中。

当设置完毕后，单击“确定”按钮就可以进行批处理了。当执行“批处理”命令时，如想要中止它，则按下“Esc”键即可。用户也可以将“批处理”命令录制到动作中，这样可以将多个动作组合到一个动作中，从而一次性地执行多个动作。

7.1.3　任务实现

步骤 1：先准备两个文件夹，一个存放将要处理的图片；另一个是空文件夹，用来存放处理好的图片。

步骤 2：在 Photoshop 中打开配套素材文件 07/任务实现/等待处理/DSC03403.jpg，也可以选择其他图片文件。

步骤 3：在“动作”面板中，单击底部的“创建新组”按钮，创建一个新组，可修改名称为“用户自定义”，如图 7.19 所示。

步骤 4：在“动作”面板中，选择“用户自定义”组，单击底部的“创建新动作”按钮创建一个新动作，设置“名称”为“批量修改图片大小”、“组”为“用户自定义”、“功能键”为“F2”、“颜色”为“红色”，如图 7.20 所示，单击“记录”按钮。

步骤 5：选择“图像 | 图像大小”命令，打开“图像大小”对话框，将“约束比例”前面的勾选去掉，设置宽度为“320 像素”、高度为“240 像素”，如图 7.21 所示，单击“确定”按钮。

步骤 6：选择“文件 | 存储为”命令，打开“存储为”对话框，为文件命名，单击“保存”按钮，打开“JPEG 选项”对话框，设置“品质”参数，如图 7.22 所示，单击“确定”按钮。

图 7.19　“新建组”对话框

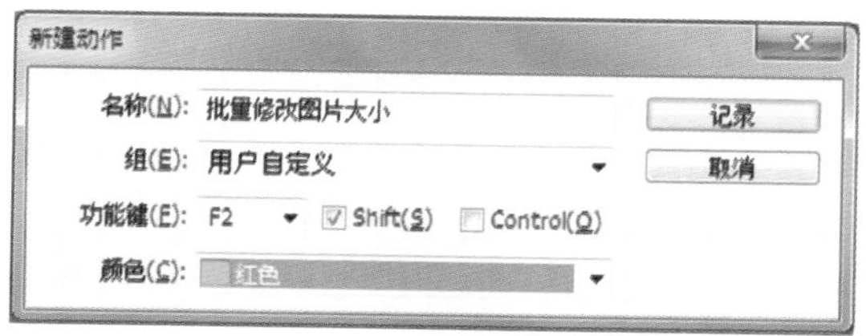

图 7.20　“新建动作”对话框

步骤 7：关闭所打开的图片文件，此时在“动作”面板中，可以看到刚刚所做的每一个步骤都已被记录下来，如图 7.23 所示。单击面板底部的“停止播放/记录”按钮停止动作的录制。

步骤 8：至此，已经完成了调整一张图片大小的操作，并利用动作记录将所有的步骤录制了下来，下面就可以运用刚刚录制完成的动作批量处理图片了。

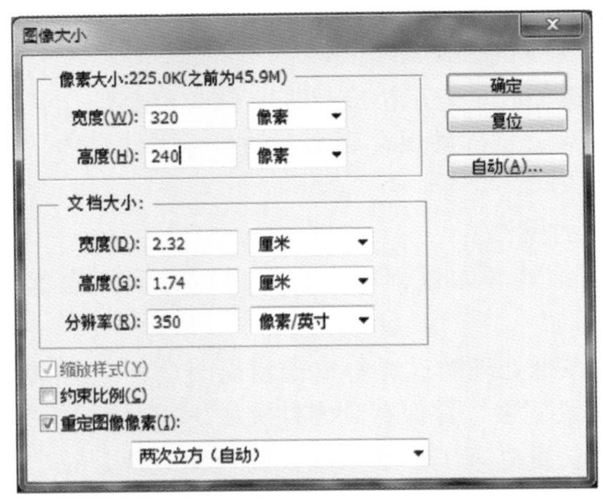

图 7.21 “图像大小”对话框

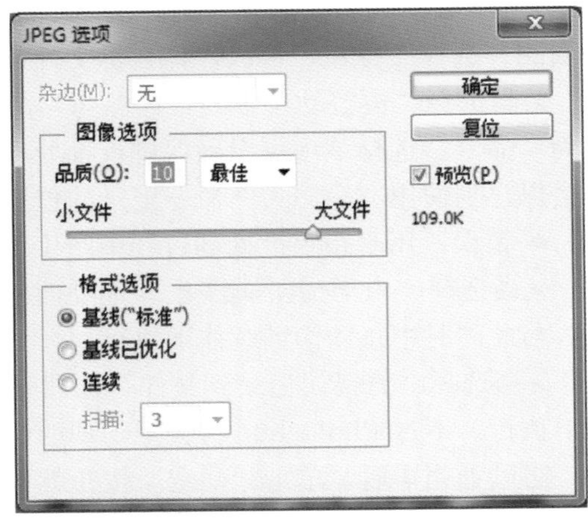

图 7.22 “JPEG 选项”对话框

步骤 9：选择“文件 | 自动 | 批处理”命令，打开“批处理”对话框，如图 7.24 所示。

步骤 10：在批处理对话框中，选择“组”为“用户自定义”、“动作”为“批量修改图片大小”、“源”选择“文件夹”、“目标”选择“文件夹”，单击“源”下面的“选择”按钮，指定需要处理的图片所在的文件夹，单击“目标”下面的“选择”按钮，指定处理后的图片所存放的文件夹，设置完成后，单击“确定”按钮即可自动批处理源文件夹中的所有图片文件。

图 7.23 记录动作后的“动作”面板

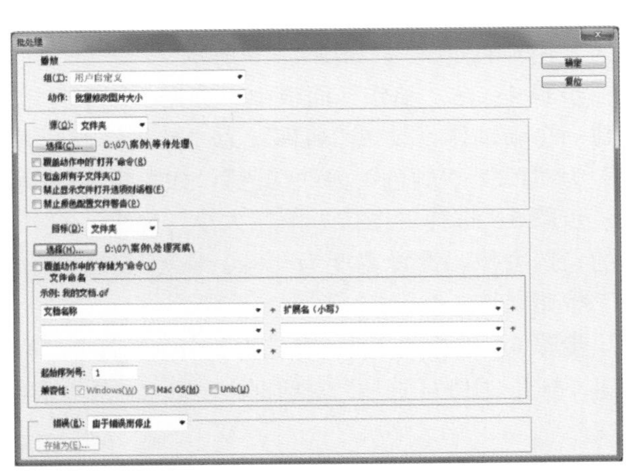

图 7.24 “批处理”对话框

7.1.4 练习实践

1. 在“动作”面板中载入预设的“图像效果”动作组，运用“仿旧照片”动作将配套素材 07/练习实践/等待处理文件夹中的所有图片处理成如图 7.25 所示的仿旧照片效果。

2. 在“动作”面板中录制新动作，将配套素材 07/练习实践/等待处理文件夹中的所有图片加上如图 7.26 所示的暴风雪效果。

图 7.25 仿旧照片效果

图 7.26 暴风雪效果

任务2 自动添加水印

7.2.1 任务描述

为了使自己上传到博客上的图片具有唯一性，免遭侵权，可在上传到博客的图片上添加版权信息，即在图片右下角加上水印效果，并批量添加，图片添加水印前后的效果分别如图7.27和图7.28所示。该操作主要涉及“动作”面板、创建快捷批处理等。通过创建快捷批处理，可以无须打开Photoshop实现图片的批量处理。

图 7.27 加水印前的效果

图 7.28 加水印后的效果

7.2.2 相关知识

快捷批处理实际上是一个包含动作命令的应用程序。建立快捷批处理图标后，只要将图像或文件夹拖动到该图标上，即可对图像进行自动处理。

选择“文件|自动|创建快捷批处理”菜单，打开“创建快捷批处理”对话框，如图7.29所示。

可单击“将快捷批处理存储为”下的“选择”按钮，指定存储快捷批处理的位置及名称，其余选项的设置方法与上一任务中“批处理”对话框选项的设置基本相同，在此不再赘述。

创建完成后，快捷批处理的图标会出现在指定的文件夹中。快捷批处理的特点是用户不必打开Photoshop软件就可以对需要处理的图像进行快捷批处理。即直接把需要处理的文件拖到快捷批处理的图标上，而无须设置参数或进行任何操作就可以执行批处理动作。如果拖动的是文件夹，那么可对文件夹中的所有文件进行批量处理。

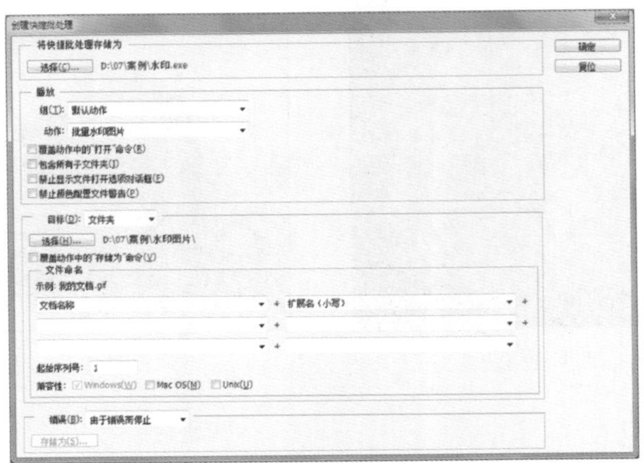

图 7.29 “创建快捷批处理”对话框

7.2.3 任务实现

步骤 1： 首先准备两个文件夹，其中一个命名为“原始图片”，里面存放的是待处理的图片，另一个命名为“水印图片”，用来存放添加水印后的图片。在 Photoshop 中打开配套素材文件 07/任务实现/原始图片/09.jpg，如图 7.30 所示。

步骤 2： 在“动作”面板中单击“创建新动作”按钮，打开“新建动作”对话框，如图 7.31 所示，在名称栏中输入“批量水印”，然后单击“记录”按钮开始记录动作。

图 7.30 素材图

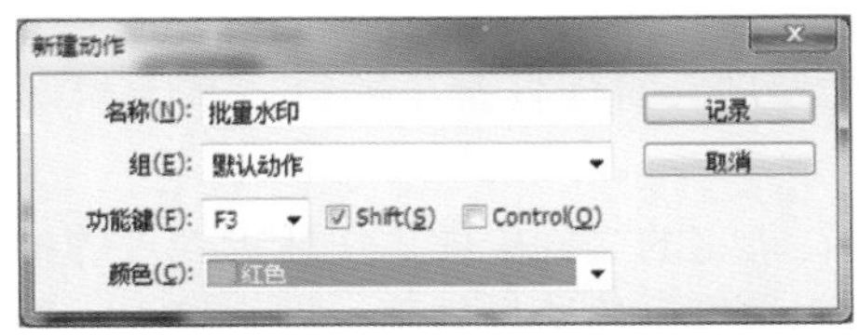

图 7.31 “新建动作”对话框

图 7.32 “图层”面板

步骤 3：在工具箱中选择“横排文字工具”，设置字体为“微软雅黑”、字号为“24 点”、颜色为“#2400ff”，在图片的右下角输入文字“宝宝 三周啦!”，设置文字图层的混合模式为“强光”，此时“图层”面板如图 7.32 所示，文字效果如图 7.33 所示。

图 7.33 文字效果

步骤 4：选择“文件 | 存储为”菜单，将文件保存到“水印图片”文件夹，保存类型为“JPEG”。

步骤 5：返回到“动作”面板中单击“停止播放/记录”按钮停止记录，关闭当前图片文件。

步骤 6：选择“文件 | 自动 | 创建快捷批处理”菜单，打开“创建快捷批处理”对话框。在“将快捷批处理存储为”下单击“选择”按钮，选择快捷批处理的保存位置、输入文件名“水印 . exe”；在“播放”中设置“组”为“默认动作”、“动作”为“批量水印”，该动作是刚才创建的动作；在“目标”下拉列表中选择“文件夹”，单击其下的“选择”按钮，并在打开的对话框中选择“水印图片”文件夹，将其下面的复选框“覆盖动作中的‘存储为’命令”选中，单击“确定”。

步骤 7：将“原始图片”文件夹拖放到快捷批处理图标上，即可自动处理“原始图片”文件夹中所有的图片，并在“水印图片”文件夹中生成对应的水印图片，如图 7.34 所示。

图 7.34 生成的文件

7.2.4 练习实践

创建快捷批处理，为一批自然风景图加上画框效果，如图 7.35 所示。

图 7.35 画框效果

项目 8　综合设计应用

教学目标

- 掌握产品广告设计的一般思路和方法。
- 掌握实物模型设计的一般思路和方法。

课前导读

前面的内容分别根据不同类型的应用情况，结合具体的任务，对各种工具、面板、菜单命令的基本操作方法及技巧进行了介绍，本部分将以两个典型的设计为例，介绍如何综合运用 Photoshop 中的各种功能完成不同类型作品的设计。

任务 1　防晒霜广告

8.1.1　任务描述

本任务是完成一个防晒霜产品的广告设计。在该任务中综合运用了色彩调整、滤镜、路径、通道等知识，是一个具有多知识点、多技巧，同时又有很强的实用性的综合性任务。广告设计的最终效果如图 8.1 所示。

图 8.1　防晒霜广告效果

8.1.2　任务实现

步骤 1： 新建文件，名称为“防晒霜广告”，大小为“370 像素×570 像素”，分辨率为“72 像素/英寸”，颜色模式为“RGB 颜色”。

步骤 2： 打开配套素材文件 08/任务实现/皮肤素材 .jpg，如 8.2 所示，利用“移动工具”将其移至“防晒霜广告”文件中，生成新的图层并改名为“人物斑点”，然后将人物调整至合适位置，如图 8.3 所示。

图 8.2　素材图

图 8.3　调整至合适位置

步骤 3： 接下来要对人物的皮肤做磨皮处理。复制“人物斑点”图层，选择“滤镜｜模糊｜高斯模糊”菜单，设置半径为“8.0 像素”，如图 8.4 所示，此时的图像效果如图 8.5 所示。

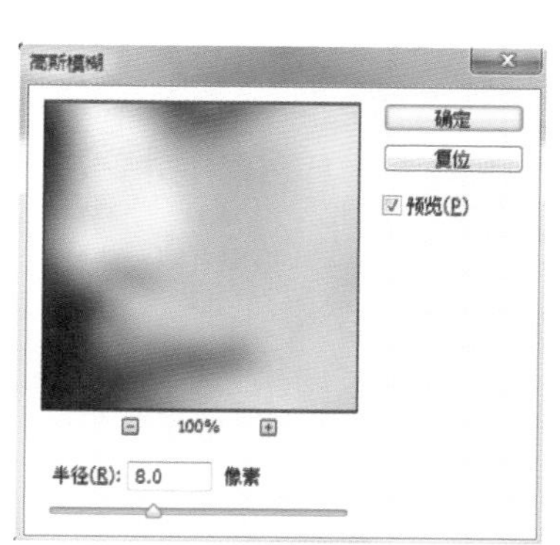

图 8.4　“高斯模糊”滤镜对话框

图 8.5　“高斯模糊”滤镜效果

步骤 4： 为“人物斑点副本”图层添加蒙版，按“D”键，恢复前景色与背景色的设置，按“Ctrl＋Delete”组合键，将蒙版填充为“黑色”，此时“图层”面板如图 8.6 所示。

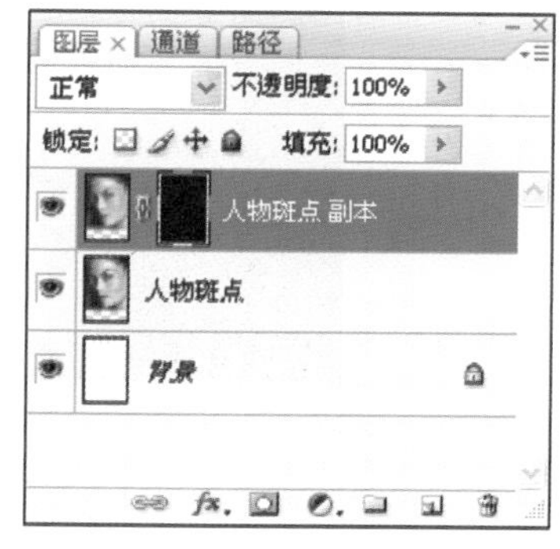

图 8.6　“图层”面板

步骤 5： 设置前景色为“白色”，选择“柔角”画笔工具，其选项栏的设置如图 8.7 所示。然后在人物额头处涂抹，此时人物的额头即可变得光滑白皙，效果如图 8.8 所示。

步骤 6： 使用不同大小的“柔角”画笔，并适当调整“不透明度”与“流量”，在人物的面部（除眉毛、眼睛、鼻子及嘴唇部位以外）进行涂抹，对人物的整个面部进行磨皮处理，

图 8.7 “画笔工具”的选项栏

图 8.8 涂抹额头

实现如图 8.9 所示的效果。此时，“图层”面板如图 8.10 所示。

步骤 7：将前景色设置为“黑色”，再用“柔角”画笔工具在眉毛、眼睛及嘴唇部位进行涂抹，将这些部位恢复为本来面目，效果如图 8.11 所示。

图 8.9 磨皮处理

图 8.10 “图层”面板

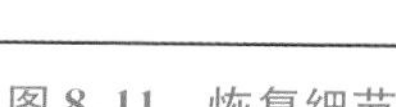

图 8.11　恢复细节

图 8.12　素材图

步骤 8：打开配套素材文件 08/任务实现/拉链.jpg，如图 8.12 所示，利用“钢笔工具”将拉链抠出来，并将其移到“防晒霜广告”文件中，图层命名为“拉链”，如图 8.13 所示。

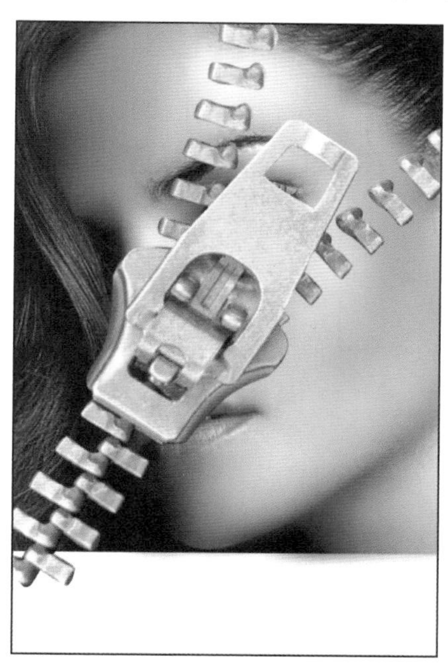

图 8.13　拉链图层

图 8.14　调整拉链位置

步骤 9：选择“拉链”图层，按“Ctrl＋T”组合键，对拉链进行缩小及旋转处理，放置在如图 8.14 所示的位置。

步骤 10：用“套索工具”将拉链右下方的部分圈选，按“Ctrl＋T”组合键，对其进行旋转，如图 8.15 所示。

步骤 11：参照步骤 10，再选择拉链右下方的部分，进行旋转、移动，如图 8.16 所示。

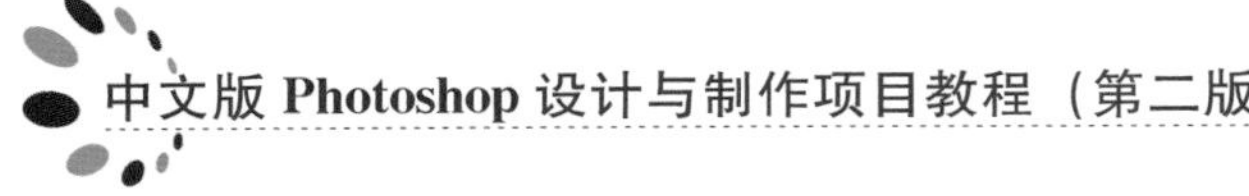

图 8.15　调整拉链右下方圈选部分

图 8.16　进一步调整拉链

步骤 12： 利用复制的方法，将拉链延长，并进行适当的旋转，实现如图 8.17 所示的效果。

步骤 13： 参照步骤 9～步骤 12，将拉链的左下部分延长，实现如图 8.18 所示的效果。

图 8.17　延长拉链

图 8.18　调整拉链左下部分

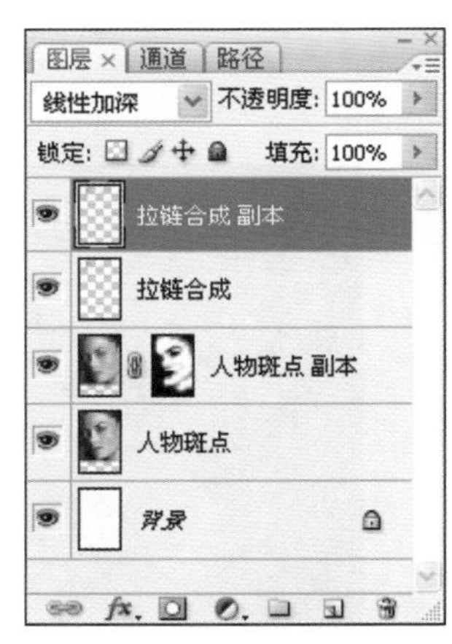

图 8.19　“图层”面板

步骤 14： 将前几步操作中产生的有关拉链的图层进行合并，并命名为“拉链合成”，复制“拉链合成”图层，得到“拉链合成副本”图层，并将该图层的混合模式设置为“线性加深”，如图 8.19 所示。此时，图像效果如图 8.20 所示。

步骤 15： 将“拉链合成”和“拉链合成副本”两个图层合并，重命名为“拉链合成”。选择“图像｜调整｜色相/饱和度”菜单，设置“饱和度”的值为“－36”，如图 8.21 所示，单击“确定”按钮，效果如图 8.22 所示。

步骤 16： 选择“加深工具”，在拉链的左半部分进行涂抹，使拉链的颜色加深，再选择“减淡工具”在拉链的右半部分进行涂抹，使拉链的颜色减淡，这样能够使拉链和脸部的光感相吻合，效果如图 8.23 所示。

图 8.20　“线性加深”效果

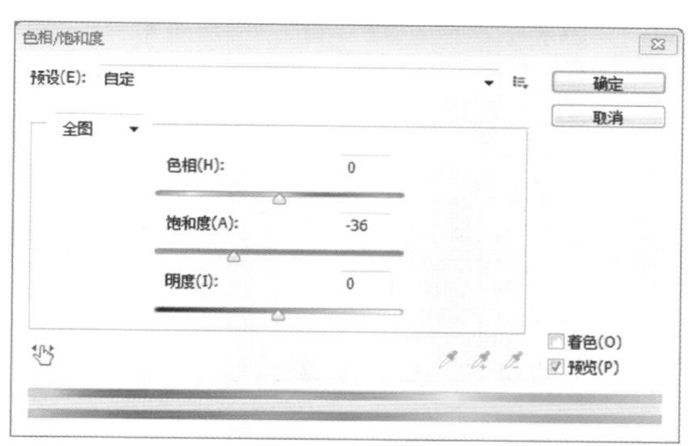

图 8.21　“色相/饱和度”对话框

图 8.22　降低“饱和度”后的效果

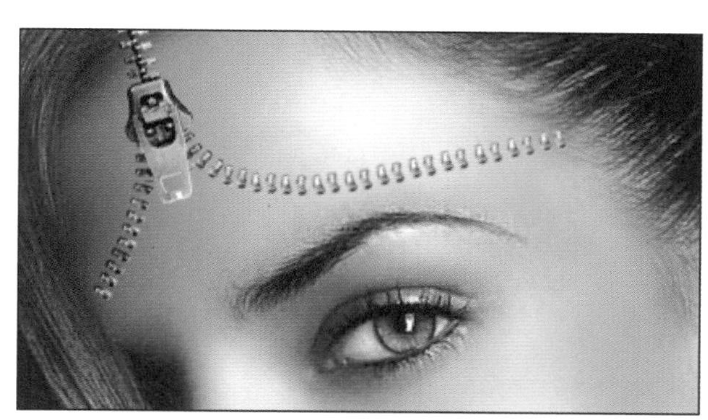

图 8.23　加深、减淡处理后的效果

图 8.24　创建路径

步骤 17：用“钢笔工具”勾出如图 8.24 所示的路径，按“Ctrl+Enter”组合键，将路径转化为选区，拉链只选取一半。

步骤 18：选择“人物斑点”图层，按“Ctrl+J”组合键，新建一图层，命名为“额头斑点”，并将该图层移至“拉链合成”图层的下方，如图 8.25 所示。此时，效果如图 8.26 所示。

步骤 19：选择“额头斑点”图层，选择“图像｜调整｜曲线”菜单，适当压暗色调，按照图 8.27 所示进行设置。单击“确定”按钮，此时，人物额头上的斑点变暗，效果如图 8.28 所示。

步骤 20：为“额头斑点”图层添加“投影”图层样式，按照图 8.29 所示进行设置，单击“确定”按钮，效果如图 8.30 所示。

图 8.25　“图层”面板

图 8.26　下移“额头斑点”图层

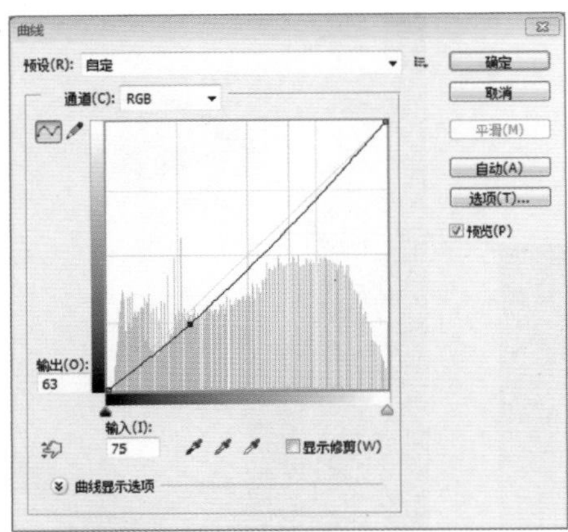

图 8.27　“曲线”对话框

图 8.28　斑点变暗

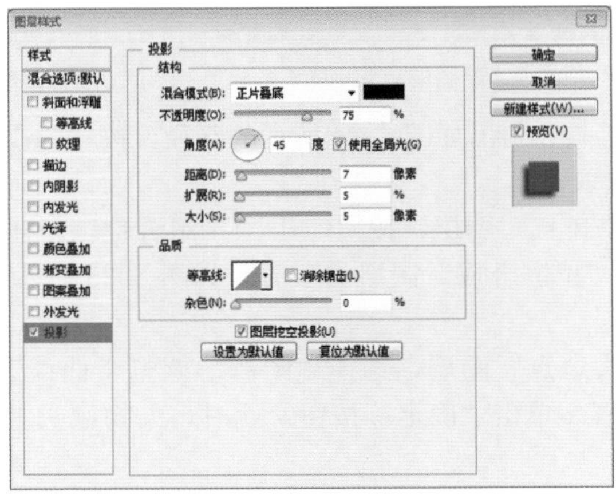

图 8.29　设置“投影”图层样式

步骤 21：观察图 8.30 中左上方的头发区域，由于对“额头斑点”进行了变暗及投影处理，使皮肤和头发之间出现了明显的分界线，所以要将其删除。选中“额头斑点”图层，利用软橡皮擦（硬度调低）将其清除，效果如图 8.31 所示。

图 8.30　“投影”效果（“额头斑点”图层）

图 8.31　清除分界线

步骤 22：选择“拉链合成”图层，为该图层添加“投影”图层样式，按照图 8.29 所示进行设置，单击“确定”按钮，效果如图 8.32 所示。

步骤 23：利用软橡皮擦将拉链的上方擦除一小部分，效果如图 8.33 所示。

图 8.32　“投影”效果（“拉链合成”图层）

图 8.33　擦除拉链上方一部分

步骤 24：利用“横排文字工具”在人物下方的空白处添加相应文字，效果如图 8.34 所示。

步骤 25：新建图层，命名为“LOGO”，在文字右侧的空白区域，利用“钢笔工具”绘制一个路径，按“Ctrl+Enter”组合键，将路径转化为选区，效果如图 8.35 所示。

图 8.34　添加文字

图 8.35　绘制 LOGO

步骤 26： 将前景色设置为“黑色”，背景色设置为“白色”，选择“渐变工具”，其选项栏设置如图 8.36 所示。

步骤 27： 选择“线性渐变”，为选区填充渐变颜色，效果如图 8.37 所示。

步骤 28： 在“LOGO”的下方，利用“横排文字工具”输入字母“Usee”，其选项栏设置如图 8.38 所示。文字效果如图 8.39 所示。

图 8.36　“渐变工具”的选项栏

图 8.37　填充渐变颜色

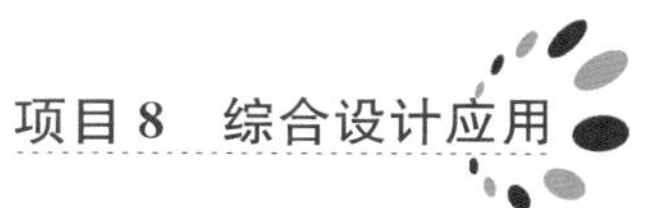

黑体　Regular　36点　犀利

图 8.38　“横排文字工具”的选项栏

图 8.39　文字效果

至此，防晒霜广告设计完毕，最终效果如图 8.1 所示。

8.1.3　练习实践

参考本任务中的广告设计效果，选用配套素材文件夹 08/练习实践中的图片，设计出类似风格的广告效果图。

任务 2　戒指

8.2.1　任务描述

本任务实现的是戒指实物模型的制作。本任务没有利用任何素材图片，完全属于手绘制作。任务的重点在于戒指外观形状、色泽以及镂空的装饰花纹的制作。首先利用“椭圆选框工具”、“图层混合模式”以及“曲线”命令制作出戒指的外观形状以及色泽，然后利用“钢笔工具”绘制出戒指上的装饰花纹图案，再经过处理制作出镂空效果。另外利用“横排文字工具”及“斜面和浮雕”图层样式制作戒指内侧的文字效果。最后再以渐变背景衬托出戒指的华贵，最终效果如图 8.40 所示。

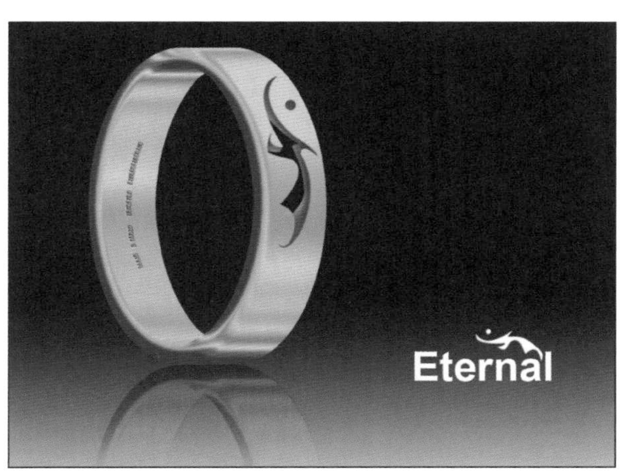

图 8.40　戒指效果图

8.2.2　任务实现

步骤 1： 新建文件，大小为“800 像素×600 像素”，分辨率为“200 像素/英寸”，颜色模式为“RGB 颜色”，背景内容为“透明”。

步骤 2： 用“椭圆选框工具”绘制一个椭圆，并填充“黑色”，效果如图 8.41 所示。

步骤 3：按“Ctrl”键，单击“图层”面板中“图层 1”的缩略图，调出椭圆选区，选择“选择｜修改｜收缩”菜单，设置收缩量为“23 像素”，如图 8.42 所示，单击“确定”按钮。此时，效果如图 8.43 所示。

图 8.41　制作黑色椭圆形

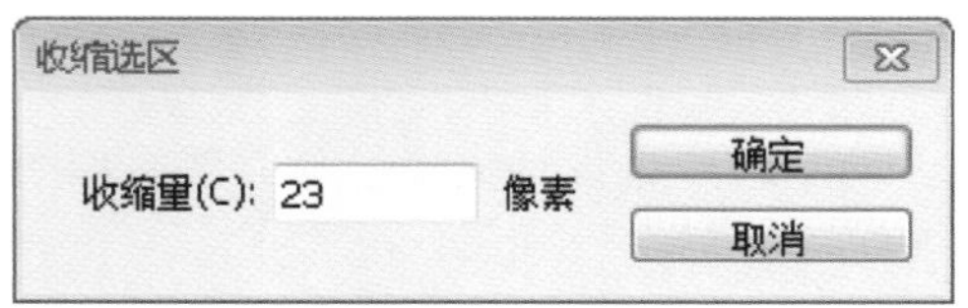

图 8.42　“收缩选区”对话框

步骤 4：选择“选框工具”，利用键盘上的方向键将选区向“左上”方移动，然后按“Delete 键”，将选区内容删除，效果如图 8.44 所示。该步骤是为以后的透视效果做基础的。

图 8.43　收缩选区

图 8.44　删除选区

步骤 5：复制当前图层，形成“图层 1 副本”层，在该图层上选择图层样式中的“斜面和浮雕”，按照图 8.45 所示进行设置。“光泽等高线”的设置如图 8.46 所示。单击“确定”按钮，效果如图 8.47 所示。

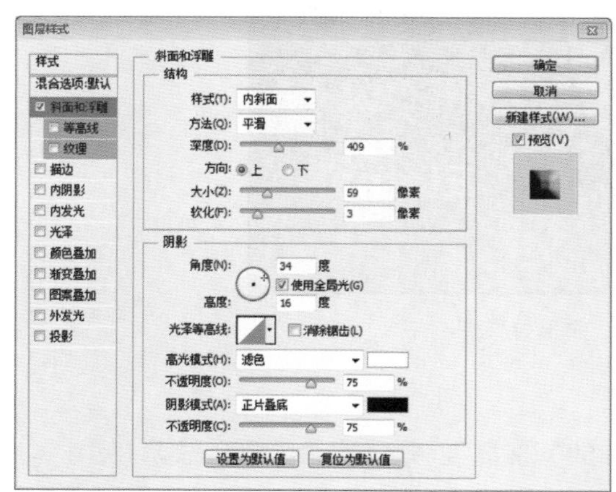

图 8.45　设置“斜面和浮雕”图层样式

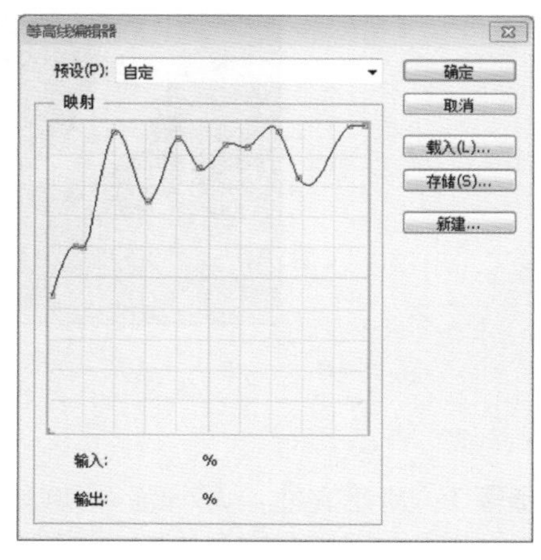

图 8.46　“等高线编辑器”对话框

步骤 6：新建“图层 2”，同时选中“图层 2”与“图层 1 副本”，将两个图层合并，如图 8.48 所示。这样原来的椭圆图层样式就没有了，但保留了添加图层样式后的效果，此时的“图层”面板如图 8.49 所示。

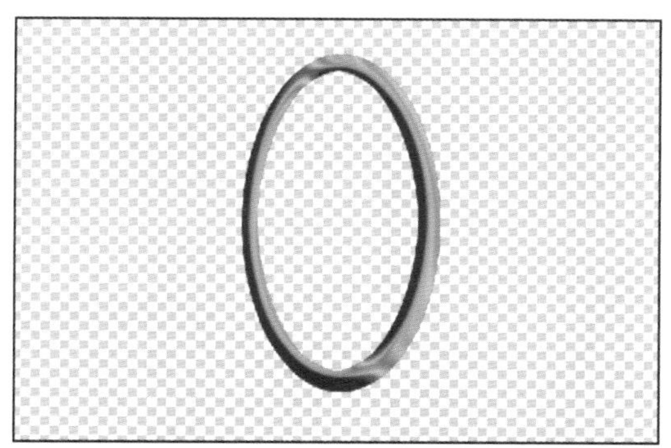

图 8.47　“斜面和浮雕”效果

图 8.48　合并图层

图 8.49　“图层”面板

步骤 7：对“图层 2”的曲线进行调整，选择“图像｜调整｜曲线”菜单，打开“曲线”对话框，具体设置如图 8.50 所示。单击“确定”按钮，效果如图 8.51 所示。

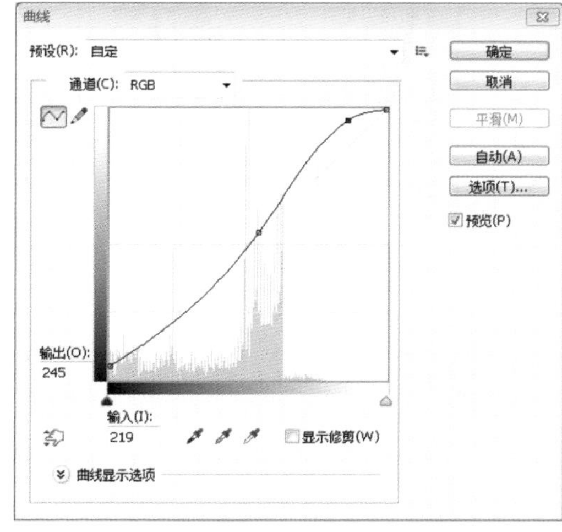

图 8.50　“曲线”对话框

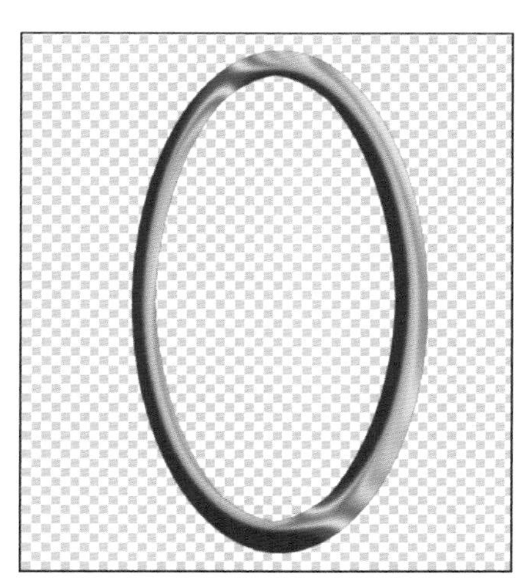

图 8.51　调整“曲线”后的效果

步骤 8：按“Ctrl”键，点击“图层”面板中“图层 2”的缩略图，调出椭圆选区，然后选择“移动工具”，按“Alt”键的同时按键盘上的方向键，使选区“向左”移动，这样就会把调整好的椭圆环向左复制若干到合适的宽度，然后取消选区，效果如图 8.52 所示。

步骤 9：接下来要将戒指调整成金黄色，切换至“通道”面板，选择蓝色通道，如图 8.53 所示。选择“图像｜调整｜曲线”菜单，打开“曲线”对话框，选择“蓝”色通道，按照图 8.54 所示进行设置，单击“确定”按钮，效果如图 8.55 所示。

图 8.52　左移选区

图 8.53　选择蓝色通道

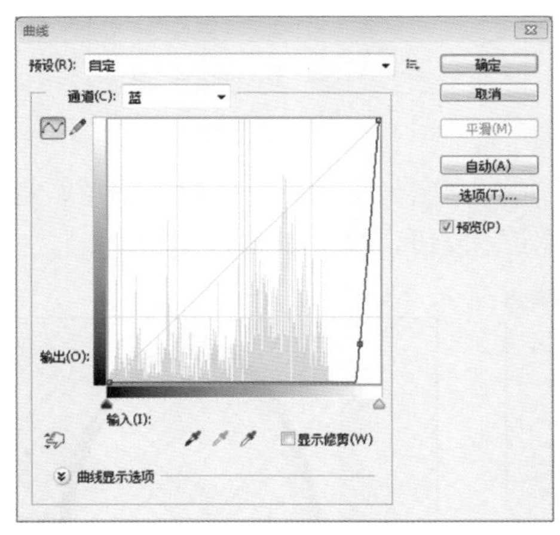

图 8.54　调整蓝色通道

图 8.55　调整蓝色通道后的效果

步骤 10：在“曲线”对话框，选择“红”色通道，按照图 8.56 所示进行设置，单击“确定”按钮，效果如图 8.57 所示。

步骤 11：在“图层 2”上，用“钢笔工具”绘制一个装饰花纹路径，切换至“路径”面板，单击下方的“将路径作为选区载入”按钮○，再按“Delete”键，将选区内容删除，这样能使花纹部分镂空，效果如图 8.58 所示。

步骤 12：新建图层，命名为“厚度”，置于“图层 2”下方，用“钢笔工具”绘制出体现镂空厚度的路径并转换成选区，填充深咖啡色，效果如图 8.59 所示。

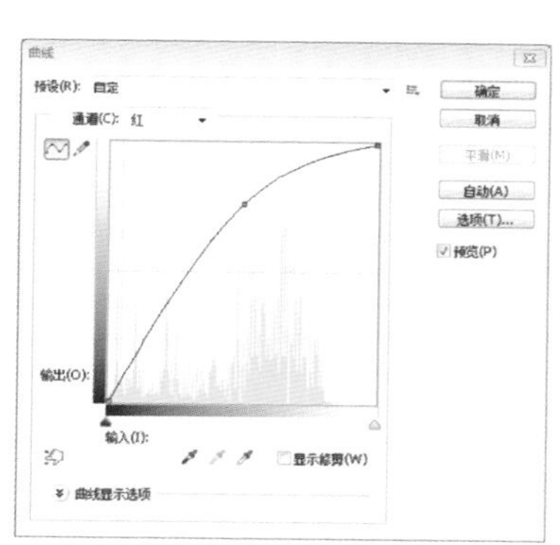

图 8.56　调整红色通道

图 8.57　调整红色通道后的效果

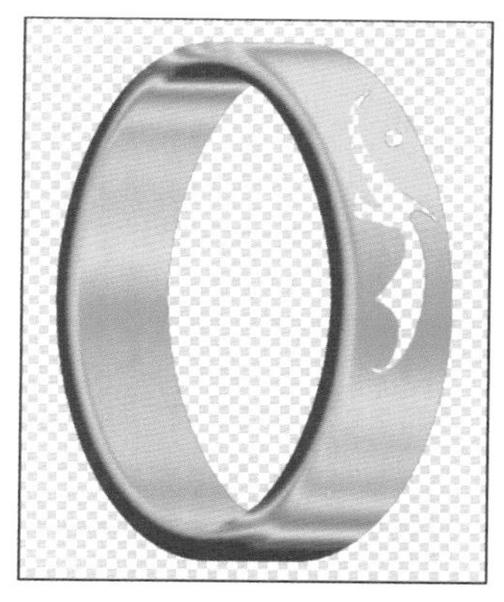

图 8.58　制作装饰花纹

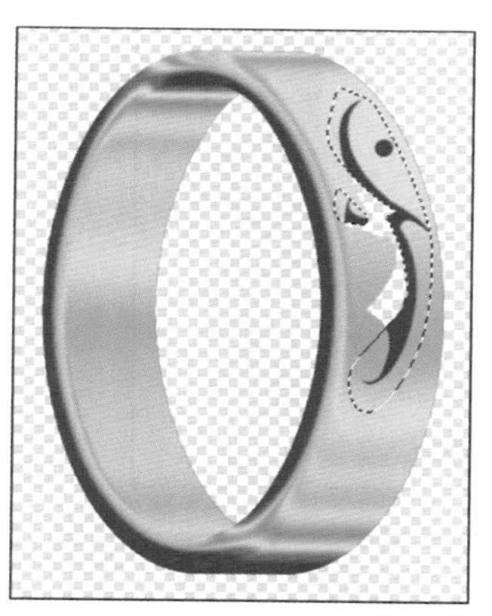

图 8.59　制作镂空厚度效果

步骤 13：选择“减淡工具”，其选项栏的设置如图 8.60 所示。利用“减淡工具”对厚度部分进行反光面处理，让厚度有反光的感觉，避免生硬。处理后的效果如图 8.61 所示。

图 8.60　“减淡工具”的选项栏

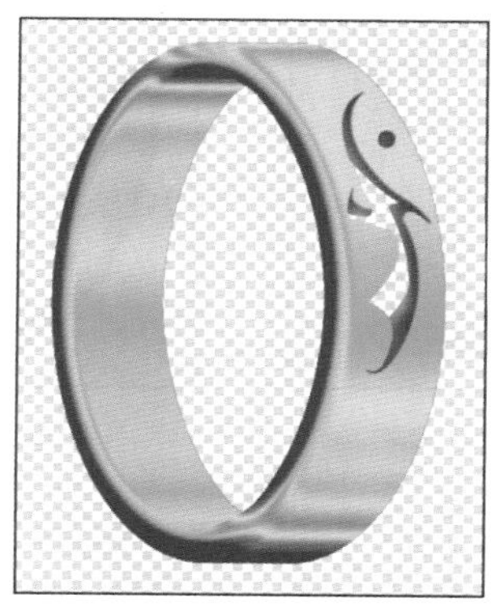

图 8.61　减淡效果

步骤 14： 选择“直排文字工具”，在图像中随意输入一些字母，其选项栏的设置如图 8.62 所示。此时得到一个文字图层，并命名为“字母”，效果如图 8.63 所示。

步骤 15： 在文字工具的选项栏中选择“创建文字变形”按钮，打开“变形文字”对话框，按照图 8.64 所示进行设置，设置完成后单击“确定”按钮。颜色设置为“#8B450A”，效果如图 8.65 所示。

图 8.62 “直排文字工具”的选项栏

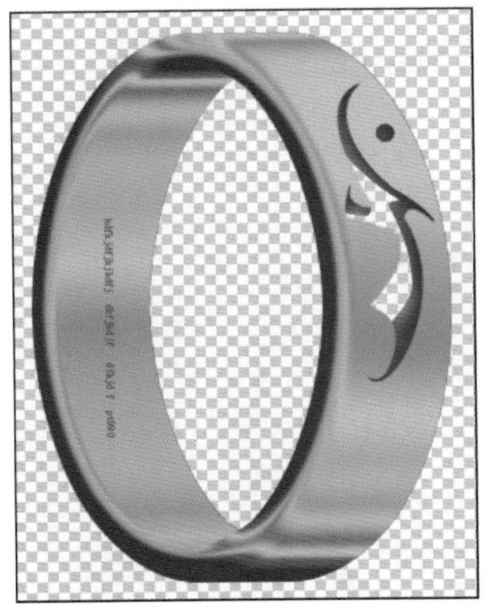

图 8.63 添加文字

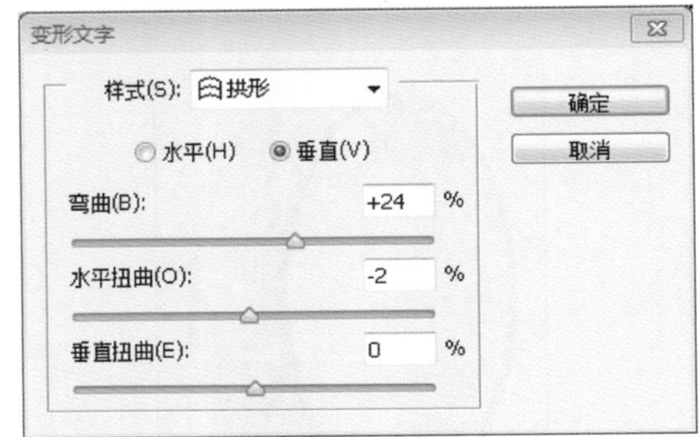

图 8.64 “变形文字”对话框

步骤 16： 选中“字母”图层，按“Ctrl+T”组合键，稍微旋转一点角度，并将字母移至合适的位置，效果如图 8.66 所示。

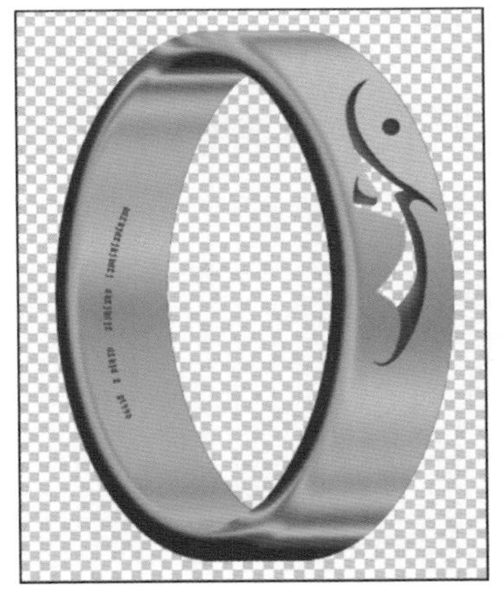

图 8.65 变形文字效果

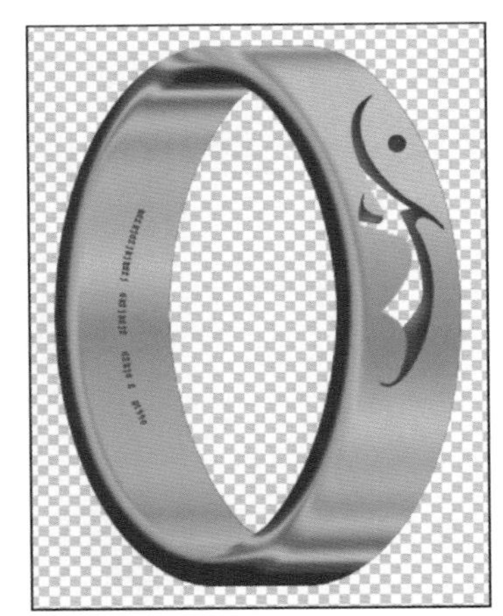

图 8.66 旋转并移动文字

步骤 17： 右击“字母”图层，在打开的菜单中选择“栅格化文字”命令，将文字栅格化，对该图层应用“斜面和浮雕”图层样式，各项参数的设置如图 8.67 所示，其中“阴影模式”颜色设置为“#8B450A”。单击“确定”按钮，效果如图 8.68 所示。

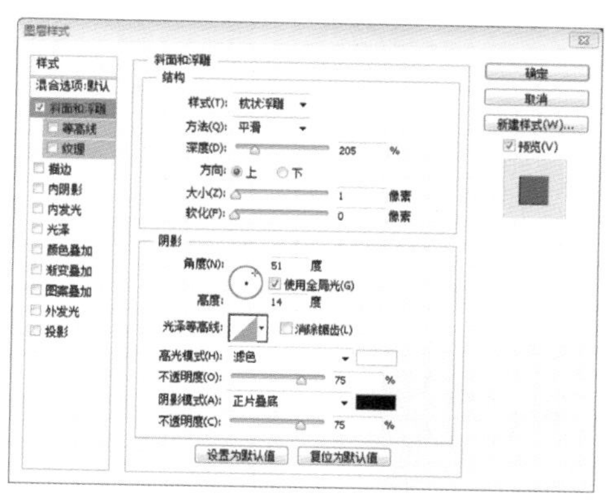

图 8.67　设置“斜面和浮雕”图层样式

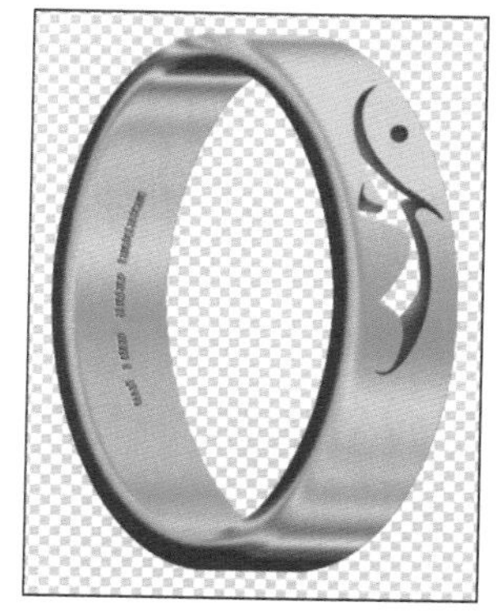

图 8.68　“斜面和浮雕”效果

步骤 18：按“Ctrl”键，点击“图层”面板中“图层 2”的缩略图，调出“图层 2”的选区，按“Ctrl+Shift+I”组合键进行反选，效果如图 8.69 所示。

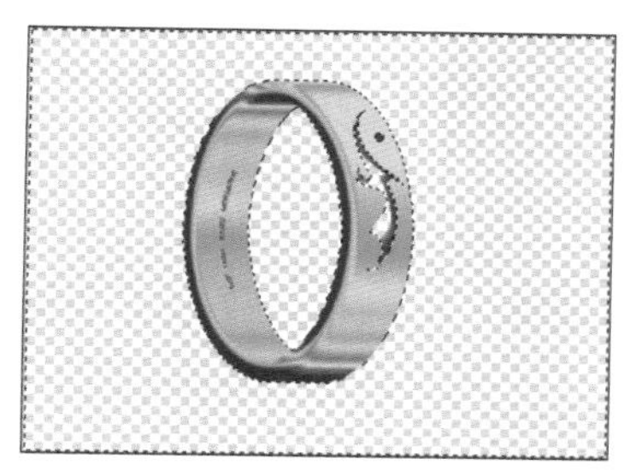

图 8.69　反选

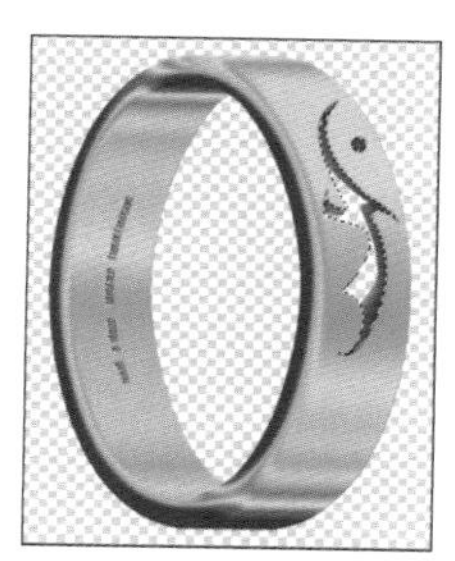

图 8.70　选择装饰花纹选区

步骤 19：选择“磁性套索工具”，并在其选项栏中点击“与选区交叉”按钮，用“磁性套索工具”选择装饰花纹部分，得到装饰花纹的选区，效果如图 8.70 所示。

步骤 20：新建图层，按“Ctrl+Shift+Alt+E”组合键，盖印可见图层，并命名为“戒指”，此时“图层”面板的状态如图 8.71 所示。

步骤 21：将除“戒指”图层以外的所有图层隐藏，选择“戒指”图层，用“移动工具”将“戒指”移至画布偏左的位置，如图 8.72 所示。

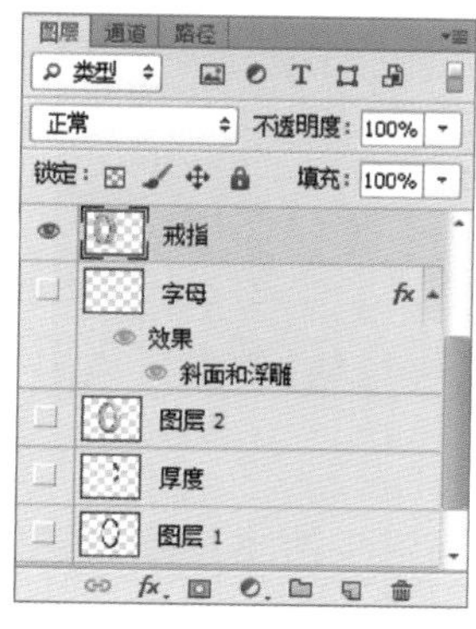

图 8.71　“图层”面板

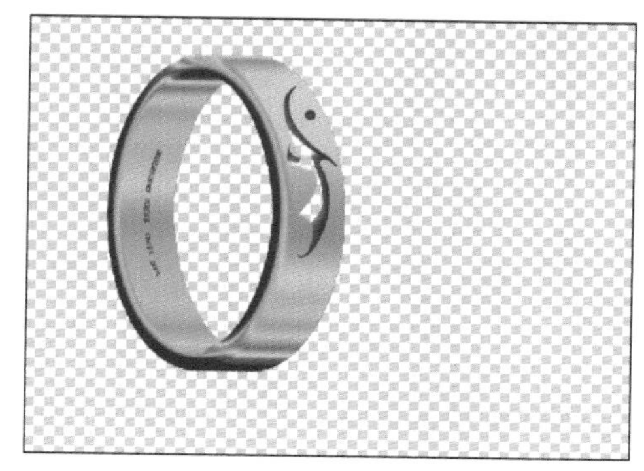

图 8.72　移动“戒指”

步骤 22：新建图层，将其移至最下方，作为背景层，命名为“背景”，选择“渐变工具”，为背景层填充黑白渐变色，其选项栏的设置如图 8.73 所示，效果如图 8.74 所示。

图 8.73 “渐变工具”的选项栏

步骤 23：复制“戒指”图层，命名为“倒影”，选择“编辑｜变换｜垂直翻转”菜单，将图层的混合模式设置为“柔光”，不透明度为“85%”，并将该图层的图像移至画布的下方，“图层”面板如图 8.75 所示，该步骤目的在于做出倒影效果，效果如图 8.76 所示。

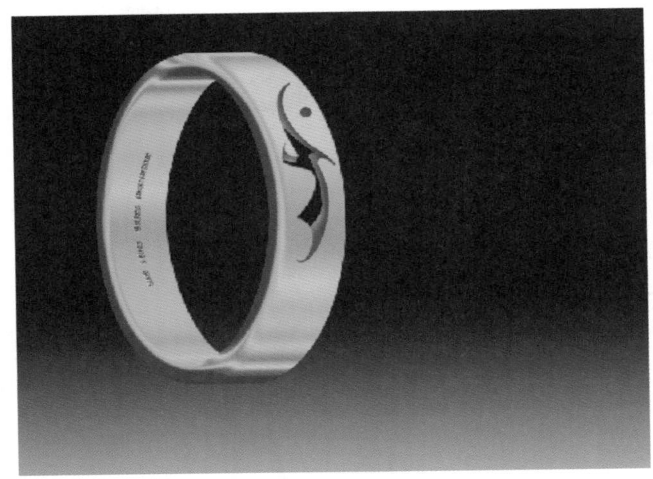

图 8.74 为背景层填充黑白渐变色

图 8.75 “图层”面板

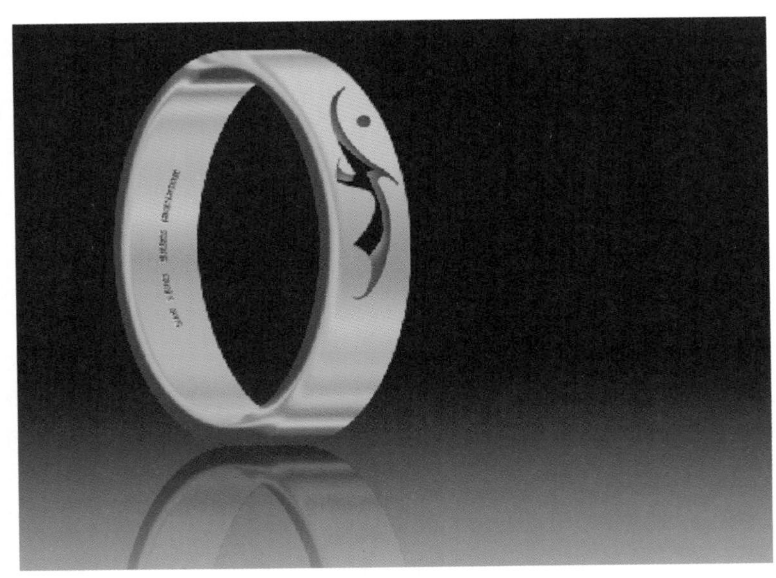

图 8.76 倒影效果

步骤 24：选择“橡皮擦工具”，其选项栏的设置如图 8.77 所示。选择“倒影”层，用“橡皮擦工具”在画布的下方稍微进行擦拭，效果如图 8.78 所示。

图 8.77 “橡皮擦工具”的选项栏

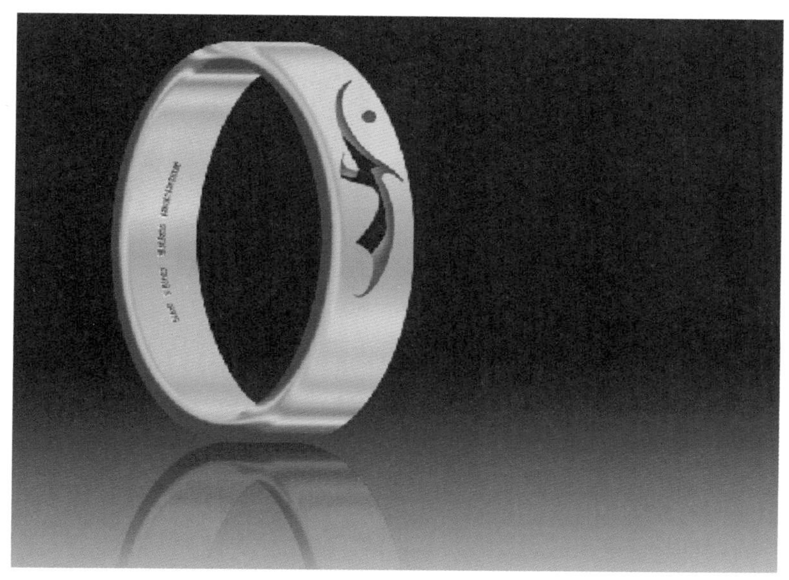

图 8.78 调整“倒影”层

步骤 25：选择“横排文字工具”，其选项栏的设置如图 8.79 所示。输入英文“Eternal”，效果如图 8.80 所示。

图 8.79 “横排文字工具”的选项栏

图 8.80 文字效果

步骤 26：选择“戒指”图层，利用“磁性套索工具”将装饰花纹图像选中，如图 8.81 所示。新建图层，命名为“小花纹”，将选区填充为“白色”，取消选择。

步骤 27：选择“小花纹”图层，用“移动工具”将“小花纹”图像移至文字上方，再按“Ctrl＋T”组合键，将其进行旋转，效果如图 8.82 所示。

图 8.81 选中装饰花纹图像

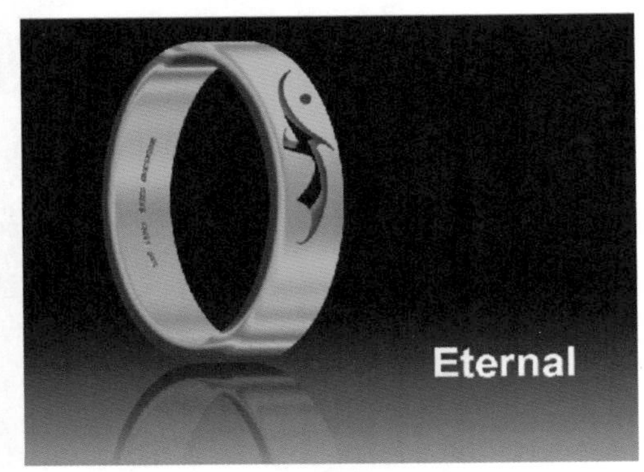

图 8.82 效果图

8.2.3 练习实践

参考本任务的设计过程及相关知识点，选用配套素材文件夹 08/练习实践中的图片，设计出类似的效果。